세이빙 어스

세이빙 어스

우리와 지구를 구하는
새로운 기후행동, 희망, 힐링

캐서린 헤이호 지음 | 정현상 옮김

말하는나무

해결하기 어려운 삶의 문제도
이야기할 가치가 있다고 믿는 모든 이에게

이 책에 쏟아진 찬사들

"『세이빙 어스』는 기후변화에 관한 한 가장 중요한 책의 하나라고 해도 과언이 아니다." —더 가디언

"집단 기후행동이 여전히 가능한 이유, 그리고 그것을 실현하는 방법에 대한 낙관적 견해." —뉴욕타임스

"기후과학자 캐서린 헤이호는 우리에게 기후변화의 진실에 대해 마음과 가슴을 여는 법을 가르쳐준다. 지구온난화에 대해 가족과 친구들과 이야기하는 것은 우리가 할 수 있는 가장 중요한 일들이고, 따라서 우리는 서로 공감하고 이해하며 기후행동에 나서야 한다."
—토니 레이저로위츠 예일대학교 기후변화 프로젝트 책임 교수

"헤이호 박사는 신념을 가진 사람이다. 과학자로서 기후위기의 위험성과 우리가 왜 여전히 희망을 가질 수 있는지에 대해 친근하고 설득력 있게 글을 쓴다. 이 책은 명확한 비전을 갖고 우리에게 기후에 대해 진지하고 지속적으로 대화를 나눌 수 있는 도구를 제공한다." —댄 마이스리 가톨릭기후협약(CCC) 집행이사

"기후변화에 대한 과거의 접근법들이 왜 실패했는지, 우리가 그것을 어떻게 바로잡을 수 있는지를 탐구하는 권위 있는 플레이북이다."
—데이브 레이 에든버러대학교 기후변화연구소 석좌교수

"의미 있는 환경 토론에 필요한 실용적 조언들로 가득 차 있다. 희망적 접근법을 찾는 사람들에게 많은 격려가 된다." — 퍼블리셔스 위클리

"나는 캐서린이 직접 연설하는 것을 보았는데, 그것은 충격적이었고 내가 기후운동에서 경험한 가장 강력한 순간이었을 것이다. 당신이 이 책을 읽는 매 순간이 가치 있을 것이다." — 카와이 스트롱 워시번 펜(PEN) 헤밍웨이상 수상자

"화성행 비행기를 예약하기 전에 이 책을 읽어라. 존중과 공유 가치가 담긴 대화는 우리의 행성을 구하는 데 도움을 줄 수 있다. 캐서린은 우리에게 필요한 일을 할 수 있는 자신감을 준다." —앨런 앨더 에미상 수상 배우

"이 책은 광범위한 글로벌 위기에서부터 지역사회 주도의 해결책에 이르기까지 기후 문제를 해결하기 위한 접근법을 혁신할 수 있는 로드맵을 우리에게 제공한다. 또한 우리의 다양한 목소리가 지속적 변화를 만드는 데 핵심이라는 것을 인식하게 한다."—애비 맥스먼 옥스팜아메리카 CEO

"캐서린은 기후변화에 대해 다른 사람들과 어떻게 이야기할 수 있는지에 대한 강력한 청사진을 제공한다. 이를 위해 그녀는 자신이 겪은 이야기들과 과학적 근거 자료들을 함께 엮었다. 대담하고 실용적인 이 책은 기후변화 논의에 매우 중요한 기여를 하고 있다."—첼시 클린턴 뉴욕타임스 베스트셀러 작가

"이 책은 인간 행동에 대한 깊은 통찰력을 포함하고 있으며, 기후변화에 대한 대화가 어떻게 절망에서 제대로 된 경각심과 참여를 향한 여정으로 출발할 수 있게 하는지 보여준다. 진정한 독서의 기쁨을 준다."
—크리스티아나 피게레스 전 유엔기후변화협약 사무총장

"캐서린은 우리 모두가 기후 해결책을 향한 눈에 띄는 변화를 가져올 수 있고 협력자들을 빅텐트로 초대할 수 있다는 것에 대한 낙관적 전망을 공유한다."
—돈 치들 아카데미상 수상 배우, 전 유엔환경계획 친선대사

"미국인들에게 기후변화의 진실에 대해 일상적으로 이야기하는 것에 관한 한 캐서린 헤이호 박사만큼 강력하고 명확한 사람은 없다."
—데이비드 겔버 에미상 수상 「위험한 삶의 나날들」 제작자

"이 책은 마음에서 가슴으로의 전환을 제공한다. 과학적 팩트와 파편화된 세계를 치유하기 위한 희망 사이를 연결하려면 캐서린 헤이호 같은 의사소통자가 필요하다."
—바르톨로뮤 동방정교회 콘스탄티노플 총대주교

"기후과학을 보면 우리는 너무 절망하고 화가 날 수 있다. 하지만 이 책은 우리에게 사랑, 열린 마음, 존경의 지점에서 시작할 필요가 있다는 것을 상기시킨다. 과학자의 마음과 성인의 마음을 갖춘 캐서린은 곤경에 처한 이 세상에 주는 가장 드문 선물이다. 우리 모두에게 필요한 책이다." — 엘리자베스 메이 전 캐나다 녹색당 대표

"이 책은 기후변화에 대해 다가갈 수 있도록 만드는 독특하고 희망적인 책이다. 캐서린의 전문성은 그녀가 과학에 대해 말하는 방식과 그녀가 제안하는 풍부한 아이디어를 통해 철저히 발휘된다. 그녀의 핵심 주장은 단순하다. 우리는 서로 기후변화에 대해 더 많은 이야기를 나눌 필요가 있다는 것이다."
—토마스 시어마허 세계복음주의연맹 사무총장

차례

서문

**기후는 변화하고 있고, 인간에게 책임이 있으며,
그 영향이 매우 심각하고,
바로 지금 기후행동에 나서야 한다!**

팬데믹이 우리를 하나로 만든 적이 있었다.

코로나바이러스감염증(코로나19)이 전 세계를 휩쓸 때 수많은 국가가 봉쇄에 들어갔다. 학교는 문을 닫았고, 직장도 일을 멈췄다. 한동안 인류 공동의 적에 맞서 모두가 하나 된 느낌이었다.

팬데믹이 지나가자 이런 합치된 의견이 흩어졌다. 국수주의와 포퓰리즘을 내세워 당선된 정치 지도자들은 코로나19 자체보다 예방책들이 사회에 더 많은 해를 가져왔다고 주장했다. 유명한 뉴스 소식통들이 잘못된 치료법을 과장하는 것 같았고, 의도적으로 그 병의 심각성을 잘못 전달하기도 했다. 미국에서는 얼굴 마스크를 쓰지 않고 외출하는 것이 보수주의자의 대의명분을 상징

하는 배지가 됐다. 많은 사람들이 사회적 거리 두기를 계속했지만 어떤 사람들은 집회를 열었다가 감염 확산의 근원지가 되기도 했다. 국가 간에 대응 정도의 차이는 극명했다. 감염률과 사망률의 차이도 분명했다.

사실 슬픈 일이긴 하나 정작 나를 놀라게 한 것은 다른 데 있다. 나는 기후변화를 전공한 사람이다. 코로나19를 정치화하는 데 사용된 똑같은 수법이 수십 년 동안 기후변화에도 적용돼왔다는 점을 말하고자 한다. 이를테면 사이비 과학과 가짜 전문가를 만들어내고, 진짜 전문가를 비난하며, 인간의 삶 그 자체보다 경제의 가치를 더 높이 매기고, 문제가 실제보다 덜 긴급하고 덜 위험한 것처럼 하기 위해 데이터를 숨기거나 부정하는 행위들 말이다. 놀랍게도 정치적 편견 때문에 사람들이 단순한 팩트(진실한 정보)마저 수긍하지 않는 것을 나는 수없이 봐왔다. **그 단순한 팩트는 기후는 변화하고 있고, 인간에게 책임이 있으며, 그 영향이 매우 심각하고, 바로 지금 기후행동에 나서야 한다는 것이다.**

거의 틀림없이, 미국은 진보와 보수가 가장 극단적으로 분열돼 있는 나라다. 그런데 최근에는 이런 분열 양상이 내 조국인 캐나다뿐 아니라 영국, 호주, 유럽을 넘어 더 많은 나라에서 보인다. 우리가 어디에서 살든 그 결과는 마찬가지다. 즉, 사람들이 점점 더 극단적으로 갈라져서 다른 관점을 가진 사람을 외계인으로 취급하고, 존중하기는커녕 같은 인간으로 취급할 가치도 없다고 여기고 있다. 갈등극복연구소The Beyond Conflict Institute의 2020년 보고서 「미국의 분열된 마음America's Divided Mind」에는 이런 직접적인 표현이 나온다.

"자신을 민주당원이나 공화당원이라고 밝힌 미국인들은 점점 더 상대 당원들을 같은 시민으로 보지 않고 자신들의 정체성에 심각한 위협이 되는 적으로 보고 있다."

트럼프 대통령이 이끈 공화당 정부에서 미국은 팬데믹으로 세계 최고의 사망자 수를 기록했다. 당시 종말론적인 산불, 기록적인 허리케인, 기후변화의 위험을 알리는 심각한 과학적 경고가 이어졌다. 그러나 2020년 11월 선거에서 트럼프의 기반이 되었던 지지자들은 변함없이 그를 지지했고, 민주당의 조 바이든이 주요 경합주에서 가까스로 이겼다. 결국, 미국은 다시 극단적으로 분열되었다.

종교, 정치, 돈은 격렬한 반응을 불러일으키는 가연성 주제다. 오늘날에는 기후변화가 가연성 주제의 최상위에 올라 있다. 미국에서 가장 정치화되고 의견이 분열된 주제다. 이 시점에서 양극화를 극복하는 것은 거의 가망 없는 일처럼 보이고, 기후변화 문제를 해결하는 일은 더 가망 없어 보이기도 한다. 정말 이처럼 뿌리 깊고 커지는 분열에 대한 해결책이 있을까?

~~~~~~~~~

하지만 만약 당신이 기후변화에 대해 염려하고 기후행동을 지지한다면 당신은 외롭지 않다. 통계에 따르면 미국에서 50%가 넘는 성인이 기후변화에 대해 경각심을 갖고 염려하고 있다. 다른 나라에서는 더 많은 사람들이 기후변화에 대해 염려하고 있다. 호주에서는 67%, 태국·필리핀·베트남 같은 나라에서는 90%가 넘는 사람들이 그런 경각심을 갖고 있다. 세계 각국에서 "기후변화를 방지하기 위해 싸울 힘을 모두가 갖고 있다고 강하게 느끼고 있다"고 한다. 미국에서는 10명 가운데 7명이 기후변화를 해결하기 위해 뭔가 하고 싶다고 말했다. 그러나 그들 중 절반은 어디에서 시작해야 하는지 모른다. 오직 35%만이 해결책에 대해서 어쩌다 가끔 이야기해보았다고 답했다.

나는 기후변화를 공부하는 과학자다. 그러나 나는 기후변화가 왜 중요한 문제인지를 설명하는 데 점점 더 많은 시간을 보내고 있다. 교회에서는 교인들에게, 과학박물관에서는 아이들에게, 콘퍼런스에서는 사업가들에게, 그리고 지역 모임에서는 이웃들에게 설명하고 있다.

그러는 이유가 있다. 수많은 대화를 통해 나뿐만 아니라 누구나 사람들을 하나로 뭉치게 할 수 있는 가장 중요한 것이 무엇인지 알게 됐기 때문이다. 그것은 모순적이게도 우리가 가장 두려워하는 것인데, 바로 '기후변화에 대해 이야기하기'[1]이다.

사람들은 왜 자신에게 그토록 중요한 문제에 대해서 잘 이야기하려 하지 않을까? 기후변화가 정말로 심각하다고 동의한다 해

---

1 Talk about it(climate change)

도 그것에 대해 이야기하는 것은 희망을 잃게 하고 우울하게 할 수 있다. 또한 다정한 대화로 시작했다가 삿대질과 고함으로 번지거나 그 문제의 거대함 앞에 사람들이 압도될 위험도 크다. 기후변화에 대해 이야기하고 싶어 해도 어디서 어떻게 시작해야 할지 모른다.

"이걸 어떻게 이야기해야 할까요? 엄마나 동생에게, 친구에게, 이웃에게, 또 정치인들에게 어떻게 말해야 할까요?"

나는 어디에 가든 이런 질문들을 받는다. 캘리포니아 유시버클리UC-Berkeley 캠퍼스의 목조 극장에서 강연이 끝난 뒤 한 동료 과학자도 나에게 그렇게 물었다. 슬로바키아에서 나는 그 나라의 첫 국가 기후회의가 열린 낡은 시청 발코니에서 기후 토론에 귀를 기울이고 있었다. 내 페이스북 페이지에는 엄마와 아빠, 선생들이 아이들에게 무슨 말을 하면 좋을지 알고 싶어 하며 글을 올렸다. 또 한 친구는 엄마가 들려준 허위 정보에 대해 어떻게 말해야 하는지 묻기도 했다.

대개 그들은 대화를 시도해보았고, 놀랄 만한 과학적 사실도 들이팠다. 그들은 북극이 얼마나 빨리 녹고 있는지, 꿀벌들이 어떻게 사라지고 있는지, 이산화탄소량이 얼마만큼 상승하고 있는지 설명하려고 노력해왔다. 그러나 그들의 노력은 모두 수포로 돌아갔다. 그 이유는 뭘까? 그것은 우리가 직면한 가장 큰 어려움이 과학을 부정하는 것이 아니라 **분파주의, 무사안일주의, 그리고 두려움의 조합이기 때문이다.** 많은 사람이 기후변화가 자신들에게 영향을 미치고 있다고 생각지 않는다. 기후변화를 멈추기 위해 우리가 어떤 합리적인 일을 할 수 있다고도 생각지 않는다. 그러니 우리가 기후에 대해 이야기하지 않으면 어떻게 기후변화를 멈출 수 있겠는가?

이 세계에 지금 무슨 일이 일어나고 있고, 그것이 우리에게 어떤 영향을 미치고 있는지 이해하는 일은 매우 중요하다. 그러나 많은 데이터와 팩트, 과학적 지식만을 누군가에게 퍼붓는 것은 그들을 더욱 방어적으로 만들고, 자기합리화를 하게 하고, 처음보다 사이를 더 벌어지게 한다. 기후변화나 도덕적 함의가 있는 다른 이슈에 대해 우리는 다른 사람들도 우리와 같은 자명한 이유로 관심을 가져야 한다고 믿는 경향이 있다. 그렇게 하지 않으면 우리는 그들이 모두 도덕적이지 않다고 가정한다. 그런데 사람은 대부분 자신의 도덕률을 갖고 있으며, 그에 따라 행동한다. 그들은 비도덕적인 게 아니라 단지 우리와 다를 뿐이다. 우리가 이런 차이를 인식한다면 그들에게 말을 건넬 수 있게 된다.

여기 더 좋은 소식이 있다. 갈등극복연구소The Beyond Conflict Institute의 보고서에 따르면 사람들은 '다른 편'이 실제보다 더 자신들과 불화한다고 여긴다. 그러니 당신의 의견과 다른 부분에 반응하기보다는 서로 의견이 같은 부분에 대해 얘기를 나눠보는 게 어떨까? 논쟁하기보다는 그저 질문해보는 건 어떨까? 기후변화가 정말로, 개인적으로, 당신이 마음 쓰는 것을 어떻게 위협하는지에 대해 의견을 나눠보는 것은 어떨까? 지금 당장 가능한 실제적이고 현실적인 해결책에 대해 말해보는 건 어떨까?

우리를 분열시키는 것이 아니라 하나로 묶는 무엇인가에 대해 대화를 시작한다는 말은 서로 존중하고 동의하며 이해하는 부분에서 시작한다는 뜻이다. 즉, 보통 기후변화와 같은 논쟁적인 대화가 시작되는 것과는 정반대다. 그리고 우리가 진정으로 서로에게 귀를 기울인다면 더 놀랄 만한 합의점을 찾을 수 있을 것이다.

이 책에서 나는 당신에게 [기후변화 주제에 대해] 실생활에서 가족과 친구들을 다시 연결할 수 있는 대화를 어떻게 시작할 수 있는지를 보여주려고 한다. 분파와 거품보다는 진정한 관계와 공동체를 형성하면서 말이다. 단도직입적인 팩트들은 끔찍하지만, 그래도 대화에 필요하다. 기후변화는 우리 모두가 마음 쓰는 일들과 연결돼 있다. 우리 가족의 건강, 우리 사회의 경제적 힘, 그리고 우리 세계의 안정과 관련된 일이다. 기후변화를 해결하는 일은 지구에만 좋은 일이 아니라 우리 모두에게 좋은 일이다.

결론은 이렇다. 기후변화에 관심을 가지려면 필요한 일은 하나다. 그것은 더 나은 미래를 원하기만 하면 된다. 이 책을 읽는 당신은 이미 그런 사람일 것이다. 다른 모든 사람들도 그럴 것이라는 희망을 가져본다.

무엇이 문제이고
어떻게 해결할 것인가

Saving us

1장
민주당 지지자와 기후변화 무시 그룹[1]

"팩트가 당신을 자유롭게 할 것이라는··· 상식적인 대중 이론이 있다."
—조지 레이코프, 『코끼리는 생각하지 마』 중에서

"기후변화는 코로나 사기극 다음으로 큰 속임수입니다."
—트위터에서, 어떤 남성이 내게 보낸 문자

나는 미움받는 것에 익숙해지고 있다. 내가 행한 일 때문에 미움받는 것은 아니다. 내가 표현하는 것 때문에 생기는 일이다. 공산주의자, 자유지상주의자, 미치광이, 요부 이세벨, 거짓말쟁이, 창녀, 기후 숭배 제사장이자 적그리스도의 시녀. 이게 다 내게 붙은 이름이다.

~~~~~~~~~~

1 '기후변화 무시 그룹Dismissives'은 예일대 기후 커뮤니케이션 프로그램의 기후변화 인식 조사에서 그렇게 분류된 사람들을 말한다. 자세한 내용은 28~29페이지 참조.

우리 과학자들도 비난받을 수 있고, 또 남을 비난하기도 한다. 다른 사람의 원고나 주장에 대해 전문적 의견 교환이나 비평을 할 때도 잘 봐주지 않는다. 하지만 위의 표현들은 지나친 감이 있다. 불안하게도 그런 말들이 갑자기 튀어나와서 어떻게 대응해야 할지도 모르겠다. 만약 동료 과학자가 내 의견에 동의하지 않는다면 나는 거기에 자극받아 더 많은 근거 자료를 모은다. 가끔 내가 틀리고 다른 의견을 가진 동료가 옳을 수도 있다. 그게 과학의 작동 방식이다. 그런데 내가 '기후 창녀'라고 불릴 때 나는 어떻게 해야 할까? 내가 그렇지 않다는 것을 어떻게 입증해야 하나?

비난의 말들은 주로 사이버 무대에서 등장하는데, 그런 태도를 처음 직접 맞닥뜨린 날을 잊을 수 없다. 내가 미국 텍사스테크대학교에서 기후과학 교수가 된 첫해 한 동료가 자신의 지리학 강의에 특강을 해달라고 요청했다. 이른 아침 학부생들을 대상으로 한 강의였다. 탄소가 지구의 대기 시스템을 통해 어떻게 이동하는지와 같은 깨알 지식을 전달하는 데 적절한 시간대는 아니었다. 하지만 나는 여전히 희망적으로 생각하고 프로젝터에 노트북 컴퓨터를 연결하고 컴컴한 동굴 같은 강의실에서 학생들을 뚫어져라 쳐다보았다. 대부분의 좌석은 찼고, 나는 주의 깊게 준비한 프레젠테이션을 시작했다.

모든 선생은 자신이 좋아하는 강연 주제가 환상적이라고 생각하는 경향이 있다. 나도 물론 예외는 아니다. 아니, 이 세계가 어떻게 이뤄져 있는지 그 역사를 이해하는 일에 도무지 관심이 없는 사람이 있을 수 있을까? 그런데 그때 내 이야기는 학생들의 흥미를 끌지 못한 것처럼 보였다. 몇몇 학생은 필기를 하고 있었고, 대부분은 노트북 컴퓨터로 페이스북을 보거나 서서히 졸음에 빠져든 것처럼 보였다. 심지어 그 강의의 끝부분에, 인간이 화석연료를 채굴하고 불태워서 수백 년의 자연적 탄소 순환을 급가속화시켰다는 것을 설명할 때조차 누구도 반응하지 않았다. 나는 실망감을 감추려 애쓰면서 학생들에게 질문이 있으면 하라고 말했다. 키가 크고 운동선수 같아 보이는 한 학생이 손을 들고 일어났다. 나는 (그나마 그런 반응이 있어서 기뻐하며) 열정적으로 고개를 끄덕였다. 그때 그가 호전적인 목소리로 나에게 물었다.

"교수님은 민주당 지지자죠?"

나는 경기에서 참패당한 사람처럼 어안이 벙벙해졌지만 이렇게 말했다.

"아냐, 난 캐나다 사람이야."

～～～～～～

이 일화는 이제 내 삶의 일상적 부분이 된 것을 비교적 점잖게 소개한 것이다. 거의 매일 나는 기후과학자로서 하는 일에 대해 증오로 가득한 반대 의견을 접한다. 트윗(엑스의 전신)과 페이스북 댓글, 전화, 손편지 같은 것을 통해서다. 어떤 사람은 트윗에 "당신은 기후 히스테리로 생계를 꾸려가네요"라고 올렸다. 대학 우편함에는 여러 장의 종이에 여백도 없이 "당신은 거짓말쟁이!!!"

로 시작하는 편지가 들어 있기도 했다. 페이스북 메시지에는 "인간을 증오하는 ×× 낙태시켜버릴 테다"라고 씌어 있었다. 소셜 미디어에서 그 사람들을 차단하기 전에 나는 그들의 프로필을 보았다. 도대체 어떤 사람들이 잘 알지도 못하는 사람에게 이런 글을 쓰기 위해 애쓰는지 궁금했기 때문이다.

모욕적 글을 올리는 소셜 미디어 계정 3분의 1은 온라인 봇[2] 등급에서 높은 점수를 얻고 있는데, 이는 그들이 실제 사람이 아닐 수 있음을 나타낸다. 이것은 진보적 정치인이나 코로나바이러스 학자에 이르기까지 모든 사람을 대상으로 공격하는 자동화된 온라인 공격팀의 일부일 수 있다. 그러나 나머지 대부분은 살아 숨 쉬는 사람들과 관련 있는 계정이다. 그들이 만약 미국 사람들이라면 그들의 프로필에는 우익 이데올로기의 상징인 MAGA[3], KAG[4], QAnon[5] 같은 두음문자 같은 게 드러난다. 그들이 캐나다 사람들이라면 그들은 쥐스탱 트뤼도 캐나다 총리를 싫어하고, 앨버타주의 석유·가스 산업을 좋아하며, 보수당이나 극우 캐나다인 민당을 지지하는 사람들일 것이다. 그들이 영국 사람들이라면 브렉시트 지지자이거나, 호주 사람들이라면 보수당 출신 총리 스콧 모리슨을 지지할 가능성이 높다. 어디 출신이건 그들은 자신들이

---

2 온라인 네트워크에서 로봇처럼 반복적인 일을 하는 자동 소프트웨어.
3 Make America Great Again: 도널드 트럼프 전 미국 대통령이 내세웠던 2016년 대통령 선거 구호.
4 Keep America Great
5 미국 극우 정치 음모 이론

얼마나 나라를 사랑하는지 다른 사람들이 알기를 원한다. 그리고 그들은 정치적 올바름[6] 지지자들, 주류 언론, 그리고 그런 것을 파괴하려는 의도를 가진 '좌파와 공산주의자들'을 얼마나 싫어하는지도 모두가 알기를 원한다.

기후변화 문제가 어떻게 양극화되었나?

여러분의 투표 성향이 다르다고 설마 온도계 눈금이 달라지겠는가. 미국에서조차 기후변화는 우리 삶의 대부분에서 꽤나 초당적인 문제였다. 1998년 갤럽 조사에서 공화당 지지자의 47%, 민주당 지지자의 46%가 지구온난화의 영향이 이미 시작되었다고 인식했다. 2003년 애리조나주 공화당 소속 존 매케인 상원의원과 당시 코네티컷 민주당 소속 조지프 리버먼이 기후 스튜어드십법[7]을 도입했다. 2008년에는 공화당 소속 전 하원의장 뉴트 깅리치와 민주당 소속 하원의장인 낸시 펠로시가 기후변화에 대한 상업 광고를 같이 찍기 위해 국회의사당 앞 러브 의자에 앉아 친근한 표정을 연출했다.

"미국이 기후변화를 해결하기 위해 당연히 행동을 취해야 한다는 데 우리는 동의합니다."

뉴트 깅리치가 말하자 낸시 펠로시는 "우리는 친환경 에너지가

---

6 Political correctness: 사회적 약자나 소수자에 대한 차별 철폐.
7 각 주나 지방정부, 인디언 부족 등의 숲 재생 및 습지 회복 프로젝트를 지원하는 법.

필요합니다. 그것도 매우 빨리 필요해요"라고 덧붙였다.

그러나 지난 10여 년 동안 기후변화는 이민과 총기 규제 정책, 그리고 인종 문제와 함께 미국 정치권에서 가장 양극화된 문제의 최상단에 위치했다. 2020년에 코로나19가 이 리스트에 추가로 올랐다.

이건 미국만의 문제는 아니다. 캐나다에서도 "지구가 더워지고 있나요?"라는 질문에 대한 사람들의 반응과 2019년 연방 선거[8]에서 특정 지역에서 승리한 정당 사이에는 거의 일대일 대응 관계가 있다. 보수적인 캐나다인일수록 더욱더 지난 150년간의 온도 데이터가 우리에게 말하는 사실을 부정하려는 경향이 있다. 영국에서는 보수당 의원들이 노동당 의원들보다 기후 관련 입법에 다섯 배나 더 많이 반대표를 던졌다. 호주에서는 국내 정치에 대한 석탄 산업계와 머독이 장악하고 있는 보수 언론의 영향력을 부인할 수 없다. 호주는 최초로 탄소세를 시행했다가 2년 뒤에 철회한 국가다. 최근에는 일부 정치인들이 2019년과 2020년 초의 그 어마어마한 호주 산불[9]이 기후변화와 전혀 상관이 없다고 주장하기도 했다. 학계의 연구에 따르면 이들의 주장은 그 산불이 기후행동가로부터 시작됐다는 주장을 포함해 2016년 미국 선거에서 러시아 트롤군의 조직적 음해 행위가 있었다는 것과 같은 허위 정

8 쥐스탱 트뤼도가 이끄는 자유당이 157석을 얻어 39.5%를 차지했고, 앤드루 시어가 이끄는 보수당이 26석이 늘어 31.9%인 121석을 얻었다.
9 당시 호주 전체 숲의 약 14%가 불탔다.

보 캠페인과 유사한 방식으로 소셜 미디어에 의도적으로 소개되고 유포되었다.

비록 과학적 사실을 부인하는 일이 신문 헤드라인에 자주 나오지만, 기후변화 과학에 대한 사람들의 거부감은 과학 그 자체와는 거의 상관이 없다. 56개국에 대한 조사에서 연구자들은 기후변화에 대한 사람들의 의견은 교육이나 지식 정도와 관련 있는 게 아니라 '가치, 이데올로기, 세계관, 정치적 성향'과 더 관련이 있다는 것을 발견했다. 코로나바이러스나 백신을 부인하는 것처럼 기후변화를 부인하는 것은 '변화에 대한 두려움'이라는 핵심 요소를 공유하는 정체성 이슈의 어두운 부분이기도 하다. 요즘 사회의 변화는 그 어느 때보다 더 빠르다. 많은 이들이 자신이 뒤처지는 것을 걱정한다. 그 두려움이 바로 우리를 하나로 묶어주기보다 우리를 가르는 분파주의를 부추긴다. 그리고 위협을 더 느낄수록 **그들**과 **우리**를 더 명확히 구별하려고 한다.

정치적 양극화의 많은 부분이 감정적인 이유가 바로 이 때문이다. 미국의 교육운동가 그레그 루키아노프와 사회심리학자 조너선 하이트는 지난 40여 년의 연구를 통해 '미국 사람들은 민주당과 공화당 가운데 어느 쪽을 지지하는지 확인하게 되면 상대 정당이나 그 소속 사람들을 증오하고 걱정하는 정도가 점점 더 심해지고 있다'는 사실을 확인했다. 이런 정치적 양극화는 말 그대로 생각을 바꾸는 문제일 수 있다. 한 실험 결과가 그것을 보여준다. 어떤 이슈에 대해 어떻게 생각하느냐는 질문을 받고 자신이 지지하는 정당이 그것에 대해 자신과 다른 견해를 갖고 있으면 많은 사람들이 즉시 자신의 의견을 바꾸는데, **심지어 자신들이 그렇게 하고 있다는 사실을 인식하지도 못하는 이들이 대부분이었다.**

온라인 소셜 미디어에서 보는 많은 것들은 우리에게 별로 도움이 되지 않는다. 심리학자 타냐 이즈리얼은 이렇게 말했다. "페이스북이나 트윗 같은 데서 일어나는 시끄러운 욕설 퍼붓기나 댓글이 독설과 비난을 실어 나르면서 미디어는 반대의 관점을 형성한다. 그 영향을 받은 우리는 자신의 생각과 충돌할 수 있을 사람이나 조직의 견해에서 멀어지게 된다. 그리고 우리가 반대 의견을 가진 이들을 함께 강하게 공격하고, 견해가 비슷한 사람들의 공간으로 도피하면서 반향실 효과(특정한 정보에 갇혀 새 정보를 받아들이지 못하는 현상)를 갖게 된다."

어쩌면 좀 먼 이야기 같고 확정적이지 않을 것 같은 기후변화 문제에 대해 지적인 관심을 포기하는 것은 어떤 사람들에게는 더 큰 것을 얻기 위한 작은 희생처럼 보일 수도 있다. 왜냐하면 자신을 받아들이고 안전하게 해주는 집단의 일부가 될 수 있으니까. 심지어 그건 하나의 혜택이 될지도 모른다. 기후변화가 우리 문명의 종말을 가져올 수 있다고 정말로 믿고 싶은 사람이 어디 있겠는가? 특정 집단에 대한 소속감이 주는 혜택을 더 많이 경험할수록 우리는 우리 믿음을 그 집단의 믿음에 더 맞추려고 할 것이다.

두 개의 기후 집단만으로 불충분한 이유

우리는 종종 기후변화를 둘러싸고 **그들**과 **우리** 두 집단으로 나눌 수 있다고 생각한다. 하지만 실제로는 그보다 훨씬 더 복잡하다는 걸 알아야 한다. 나는 대부분의 경우처럼 **믿는 자**와 **무시자** 부류로 나누는 것에 문제의식을 갖고 있다.

나는 '믿는 자'에 대해서도 반감을 갖고 있다. 왜냐하면 기후변화는 사실상 믿음의 문제가 아니기 때문이다. 나는 과학을 맹신하지 않는다. 나는 우리가 눈으로 확인할 수 있고 공유할 수 있는 팩트와 데이터에 기반해 결정한다. 그런데 기후변화는 종종 의도적으로 대체 종교, 지구 숭배 종교로 (그것도 매우 성공적으로) 틀지워지곤 한다. 이는 때로 '심판의 날에 너희는 어머니 지구가 아니라 아버지 하나님을 만날 것이로다'라는 교회의 문구처럼 미묘하긴 하다. 훨씬 더 명확한 표현도 있다. 2015년 테드 크루즈 상원의원이 보수적 정치평론가 글렌 벡에게 "기후변화는 과학이 아니라 종교"라고 말한 것이나, 2014년 린지 그레이엄 상원의원이 "문제는 앨 고어가 이것을 종교로 만들었다"라고 한 것처럼 말이다.

그리고 일부 기후 문제 해결을 위한 행동가들이 반대자들을 "무시자들"이라고 치부하는 것은 일면 편리할 수 있지만, 사람들의 마음을 얻는 데는 별로 도움이 되지 않는 표현이다. 기후변화의 현실을 제대로 보지 않는 회의주의자들을 고정관념을 가지고

1부 무엇이 문제이고 어떻게 해결할 것인가

무시하게 되면 토론이 이뤄질 수 없다는 것을 나는 여러 번 경험했다.

그 대신 나는 예일대 기후변화 의사소통 프로젝트 책임자인 토니 레이저로위츠와 조지메이슨대학 기후소통센터장 에드 메이백이 만든 분류체계를 선호한다. '지구온난화에 대한 미국인들의 여섯 가지 태도'[10]라고 불리는 이 분류체계는 '그들과 우리'라는 이분법적 구분이 아니라 여섯 개의 그룹으로 나뉜다. 토니와 에드는 2008년부터 이 여섯 개의 그룹을 추적·관찰해왔다. 한쪽 끝에는 이들이 연구를 시작한 이후 크게 확장된 유일한 그룹인 '각성The Alarmed' 그룹이 있다. 이들은 지구온난화가 심각하고 즉각적 위험이라고 믿고 있지만, 이들 역시 무엇을 해야 할지 제대로 모른다. 2008년 각성 그룹은 미국 인구의 18%를 차지했다. 하지만 2019년 31%로 늘었다가 2020년 다시 26%로 떨어졌다.

그다음 '우려Concerned' 그룹이 있다. 이들도 역시 기후과학을 받아들이고 기후 정책을 지지하지만 위험은 좀 먼 곳에 있다고 여기는 사람들이다. 2008년 우려 그룹은 미국인 가운데 33%를 차지했으나 2020년 28%로 낮아졌다. '신중Cautious' 그룹은 기후변화가 현실적이고, 심각하며, 긴급하다고 믿을 필요가 있다고 생각한다. 이들은 약 20%를 유지하고 있다. '비참여Disengaged' 그룹은 기후변화에 대해 별로 아는 것이 없고 관심도 적은 사람들이다.

---

10 Global Warming's Six Americas: 지구온난화에 대한 미국 성인들의 신념과 태도를 종합적으로 탐구하는 예일대 기후 커뮤니케이션 프로그램.

2008년 이들은 12%였는데, 2020년엔 7%가 됐다. '의심Doubtful' 그룹은 기후변화가 심각한 위험이라고 여기지 않고, 전혀 고려하지 않는 사람들로, 11%를 차지했다. 마지막으로 스펙트럼의 다른 쪽 끝에는 '무시Dismissive' 그룹이 있다. 7%를 차지하고 있는 이들은 기후변화가 인간이 초래한 위험이라는 생각을 과격하게 거부하며, 잘못된 정보와 음모론을 쉽게 수용한다.

무시 그룹을 소개하자면

당신도 주변에서 누가 '무시 그룹'에 속하는지 잘 알 것이다. 무시자는 기후변화가 실재하고, 인간에게 책임이 있으며, 그 영향이 심각하며, 당장 우리가 행동해야 한다는 것을 모두 무시한다. 이들은 자신들만의 목표를 추구하며, 수백 명의 과학자, 수천 명의 동료가 평가한 과학적 연구 결과, 수만 쪽의 과학 보고서, 200년 이상 연구된 과학 자체를 믿지 않는 사람들이다. 흥미로운 점은 무시자들이 기후변화에 대해 단순히 무시하는 게 아니라 지속적으로 반감을 표시한다는 것이다. 페이스북 게시물에 댓글을 달고, 가족의 저녁 식사 때 그것에 관해 이야기하며, 자신들의 주장을 뒷받침하는 기사를 퍼뜨린다. 이들은 연료 효율이 높은 자동차를 운전하고, 태양광 전지판을 설치하거나 식물성 식단을 중시하는 기후행동이나 친환경적 행동을 지지하는 사람들을 조롱하려고 노력할지도 모른다. 이들은 또 남극 빙하가 늘어나고 있다거나 과학자들이 지구 평균기온 데이터를 조작하고 있다고 주장하는 사이비 과학을 퍼뜨리는 블로그를 인용하기도 한다. '무시 그룹' 사람들은 온라인 기사의 댓글란과 지역 신문의 오피니언란을 도배한다. 내가 소셜 미디어에서 당하는 대부분의 공격이 그들에게서 나온다. 우리가 기후변화에 대해 누군가와 건설적 대화를 나누고자 할 때, 이 주제에 대한 그들의 집착 때문에 가장 먼저 그들이 떠오르는 건 어쩔 수 없다. 하지만 불행하게도 7%에 불과한 이 사람들[11]과 긍정적인 대화를 갖기란 거의 불가능하다. 이유가 있다.

나의 삼촌도 그 무시 그룹에 속하는데, 그는 가족 모임에서 항상 기후변화에 대해 반대 의견을 내놓는 분이다. 지난해 삼촌은 내게 직접 관련 이메일을 보내오기도 했다. 그의 주장은 전혀 새로운 것은 아니었다. 그는 열을 가두는 가스(온실가스[12])에 대한 기본적 물리학에 도전장을 던졌고, 기후변화는 사람에 의해 생긴 게 아니라 자연적 요인 탓이라고 했다. 그래서 나는 1800년대 이후 과학자들이 이해해온 물리학을 알기 쉽게 설명하는 이메일을 보냈다. 또 회의주의 과학Skeptical Science 웹사이트에서 그가 제기한 주장을 반박하는 기사들을 같이 보냈다. 나는 삼촌이 내가 보

---

11 seven-percenters
12 '온실가스'란 적외선 복사열을 흡수하거나 재방출하여 온실효과를 유발하는 대기 중의 가스 상태의 물질로서 이산화탄소(CO_2), 메탄(CH_4), 아산화질소(N_2O), 수소불화탄소(HFCs), 과불화탄소(PFCs), 육불화황(SF_6) 등의 물질을 말한다.

낸 자료들을 검토하는 데 며칠은 걸릴 것이라고 생각했다. 하지만 그는 즉시 답장을 보내면서 내가 보낸 것을 무시하고 더 강하게 자신의 주장을 폈다.

도대체 무슨 일이 있었던 걸까? 기후과학을 거부하는 데 자신의 정체성을 두고 있는 누군가를 나는 팩트로 설득할 수 있다고 믿는 함정에 빠졌던 것이다. 우리는 종종 '사람들은 기본적으로 이성적 존재이므로 우리가 사실을 말하면 그들도 올바른 결론에 다다를 것이다'라고 믿는다. 인지언어학자 조지 레이코프의 말이다. 그러나 인간이 생각하는 방식은 그렇지 않다. 그 대신 우리는 '프레임'이라고 불리는 것을 생각한다. 프레임은 우리가 이 세상을 어떻게 보는지를 결정하는 인지 구조를 말한다. 우리의 프레임에 맞지 않는 팩트를 만났을 때 우리는 그 팩트가 무시되든, 일축되든, 조롱당하든 프레임은 남겨둔다.

무시 그룹 사람에게는 기후변화 과학에 동의하지 않는 것이 가장 강력한 프레임 중의 하나다. 그것도 아주 철저해서 자신의 정체성을 위협하는 것이라 해도 절대 달라지지 않는다. 나는 소셜미디어에서 반복적으로 확인하게 되는데, 무시 그룹 사람들은 나에게 한 질문에 대해 답을 보내도 그 링크를 열어보지 않는다. 물론 무시 그룹에서 개종한 사례를 몇몇 알고 있지만, 나의 설득 때문에 그렇게 된 것이라고는 생각지 않는다. 그래서 나는 더 이상 삼촌에게 자료를 보내지 않고 있다. 사람들이 내게 "그럼 무시 그룹이나 부모, 동료, 시부모, 혹은 공무원들을 어떻게 설득할 수 있

1부 무엇이 문제이고 어떻게 해결할 것인가

느냐”고 물으면 나는 “여러분들이 설득하기는 어려울 거예요. 그러나 좋은 소식이 있어요. 우리 중 93%는 무시 그룹이 아니라는 겁니다. 우리는 그들과 건설적인 대화를 나눌 수 있어요. 그들이 변화를 만들 수 있는 사람들이에요”라고 답한다.

기후변화 대화는 어떻게 시작하나

그러면 93%의 사람들과 어떻게 건설적으로 기후변화에 대해 이야기할 수 있을까? 아쉽게도 우리 본능은 여기서도 길을 잃을 수 있다. 우리가 걱정하면 할수록 그 두려움을 공유하기 위해 사람들에게 끔찍한 데이터를 쏟아부어야 한다고 느낀다. 과학자들도 녹고 있는 빙하, 타는 듯한 폭염, 파괴적인 폭우, 사상 초유의 산불, 훨씬 더 강력한 태풍에 대해 경고하는 보고서를 연이어 쏟아낸다. 우리는 필사적으로 경보를 울리고 싶어 한다. 그것이 잘못된 것은 아니다. 기후변화는 심각하게 우려스러운 상황이니까.

그러나 우리의 자연스러운 반응이 상황을 더 나쁘게 만드는 것도 사실이다. 예컨대 비행기 안전벨트 착용이나 병원에서의 손씻기 같은 행위에 대한 연구는 나쁜 뉴스에 대한 경고가 오히려 사람들로 하여금 그들의 행동을 변화시키기보다 회피하게 만들 가능성이 높다는 것을 보여준다. 즉, 그 그림이 생생하고 끔찍할수록 수용자들은 더 약하게 반응한다. 인지신경과학자 탤리 섀럿은 『영향력 있는 마음The Influential Mind』이라는 책에서 “공포와 불안은 우리가 행동을 취하기보다 철회하고, 얼어붙으며, 포기하게 만든다"라고 설명했다. 그래서 7%의 무시 그룹과 논쟁하거나 93%의 나머지 사람들에게 끔찍한 정보를 쏟아붓는 것이 별 효과가 없다면 도대체 무엇이 효과가 있는지 궁금할 것이다.

효과 있는 것이 있다. 그것은 여러분들이 갖고 있는 공통점에서부터 시작하는 것이다. **기후변화가 우리 개인에게 왜 중요한지, 기후변화가 인류 전체나 지구 그 자체가 아니라 개인으로서의 우리에게 왜 중요한지를 관련지어 생각해보라.** 기후변화는 우리가 관심 갖는 모든 것에 영향을 미친다. 그것은 우리와 우리 아이들의 건강을 악화시키고, 우리 공동체의 번영에 영향을 미치며, 이 세계 전체를 불안정하게 한다. 우리는 이미 그것을 경험을 통해 알고 있다.

그러면 사람들이 기후변화를 막기 위해 무엇을 할 수 있고, 무엇을 하고 있는지 설명해보라. 수많은 해결책이 있다. 음식물 쓰레기를 줄이거나 세상에서 가장 가난한 사람들의 삶을 바꾸기 위해 태양에너지를 사용하는 것도 그런 해결책이 될 것이다. 공기와 물을 깨끗하게 하고, 지역 경제를 살리며, 자연이 살아 숨 쉬게 하며, 우리 모두를 더 잘살게 하는 것도 해결책이 될 것이다. 누가 그것을 원하지 않겠는가?

이 책은 긍정적인 대화로 이끌 수 있는 수많은 스토리와 아이디어, 정보로 넘친다. 서로의 간극을 넓히기보다 좁히는 대화, 공통점을 발견해서 여러분을 놀라게 할 대화로 이끌어줄 것이다.

우리가 진정으로 공유하는 가치를 한데 묶고 그것을 기후와 연결함으로써 우리는 이 문제를 해결하기 위해 함께 행동하도록 서로에게 영감을 줄 수 있다. 이 모든 것은 우리가 누구인지, 그리고 우리가 이미 관심 갖는 것이 무엇인지 이해하는 것에서 시작된다. 그것이 무엇이든 간에 우리가 알든 모르든 기후변화에 영향받지 않는 것이 없다.

2장
내가 기후변화에 관심 갖는 이유

"기후변화에 대해 대중과 소통하고 참여를 이끌어내려면 사람들이 모두 다르고 심리적, 문화적, 정치적 행동 이유도 서로 다르다는 근본적 인식에 서 출발해야 한다."
—2009년 토니 레이저로위츠 & 에드 메이백, 「지구온난화에 대한 미국인들의 여섯 가지 태도」 중에서

"지구온난화에 대해 말하는 사람들, 저는 그들의 의견에 절대 동의하지 않 아요. 하지만 이건, 당신의 발표는 말이 돼요."
—텍사스 수자원 보호당국 회의에 참석한 여성이 내게 한 말

　남들이 나와 똑같은 이유로 기후변화에 관심 갖도록 하는 것은 불가능에 가깝다. 수천 번의 대화를 통해 나는 거의 모든 사람이 이미 이 세상의 미래를 걱정하는 중요한 가치를 갖고 있다는 것 을 새삼 확신하게 되었다. 그것이 비록 나와 당신의 생각과는 똑 같지는 않을 수 있다. 만약 그들이 걱정한다고 생각하지 않는다 면 그것은 단지 점들과 연결이 되지 않았기 때문이다. 그 점들과 연결되는 순간 그들은 기후변화에 대해 걱정하는 것이 자신의 정

　　　　　　　　　　　　1부 무엇이 문제이고 어떻게 해결할 것인가

체성과 전적으로 일치한다는 것을 스스로 알게 될 것이다. 사실상 기후행동은 활동 부족이나 부정보다 그들의 정체성과 가치관을 더 잘 나타내는 진정한 표현일 수 있다.

내가 서부 텍사스 로타리클럽의 오찬 모임에서 강연을 하기 위해 드랩호텔 볼룸으로 걸어 들어갈 때 입구에 걸린 큰 현수막이 눈에 들어왔다. 맨 위에는 '네 가지 표준The Four-Way Test'이라고 씌어 있고, 그 아래에 간단한 질문 네 가지가 적혀 있었다. 그것은 우리가 생각하고, 말하고, 행하는 것의 가치를 평가하기 위해 다음과 같이 물어보는 것이었다.

첫째, 그것은 진실한가?

둘째, 모두에게 공평한가?

셋째, 선의와 우정을 더하게 하는가?

넷째, 모두에게 유익한가?

그 문구를 본 나는 놀라면서 "저것이야말로 기후변화와 기후행동에 대한 철칙이다"라고 생각했다. 기후변화가 진실인가? 물론이다. 공평한가? 절대 아니다. 기후변화는 심각하게 불공평하기 때문에 바로 내가 우려하는 것이다. 기후변화를 해결하는 것이 선의를 구축하고 모든 관련자에게 유익한가? 말해 뭐 하겠는가! 고무된 나는 점심 뷔페도 거른 채 20여 분간 나의 발표 원고에 '네 가지 표준'을 맹렬하게 집어넣었다.

점심시간이 지나고 나는 발표를 시작했다. 처음에는 팔짱을 끼고 있는 사람들이 많았다. 그런데 내가 '네 가지 표준'을 가지고 설명을 해나가자 사람들이 몸을 앞으로 기울였다. 고개도 끄덕였다. 청중들은 화면에 비친 나의 발표 원고를 보고 자신들의 가치를 인식했다. 내가 설명한 것은 이랬다.

첫째, 기후변화는 진실이다. 과학자들은 과일나무의 꽃이 일찍 피는 것, 나비가 북쪽으로 이동하는 것, 빙하가 녹는 것 등을 포함해 2만 6,500가지 독립적인 증거를 토대로—바로 이것이다— 지구가 더워지고 있다는 것을 보여주었다. 그래서 이것은 진실인 것이다.

둘째, 기후변화는 공평하지 않다. 농부들은 기후변화를 일으키는 데 별로 영향을 주지 않았는데 그들의 농작물 수확량은 크게 줄어들었다. 기후변화가 끔찍한 가뭄과 폭염을 초래했기 때문이다. 지역 면화 생산업자가 최근 나에게 "2007년 이후 마른 면화 수확이 별로였어요. 여름 가뭄이 14년간이나 계속되다니!"라고 말했다. 그리고 로타리클럽의 자금 지원을 받는 가난한 사람들은 어떤가? 그들은 사실상 기후변화를 유발하는 일은 아무 짓도 하지 않았는데, 가장 큰 영향을 받고 있다.

기후변화 해결책들은 어떤가? 많은 솔루션들은 가혹하거나 해롭다기보다는 선의와 더 나은 우정을 쌓는다. 말 그대로 유익한 것이다. 미국에서 가장 큰 육군 기지인 포트후드는 바로 텍사스주에 위치해 있다. 2015년 기지에서 화석연료 발전에서 재생 발전으로 전환하기 시작했다. 5년 뒤 포트후드는 사용 전기의 45%를 태양광과 풍력발전에서 얻어 수백만 명의 납세자들에게 세금을 아끼게 했다. 2020년 현재 텍사스주에서 태양광발전소와 풍력발전소에서 일하는 이가 3만 7,000명에 달한다.

강연이 끝나갈 무렵 대부분이 고개를 끄덕였고, 우호적인 얼굴이었다. 많은 사람이 긍정적인 말을 덧붙이고 추가 질문을 하기도 했다. 다가온 사람 가운데 맨 뒤에 있던 분은 내가 몇 번 만난 적이 있는 사업가였다. 그는 항상 정중했는데, 내 앞에서 기후변화에 대해 이야기한 적은 없었다. 하지만 그날 그는 내가 본 적이 없는 얼굴을 했다. 그는 약간 혼란스러운 듯했다.

"저는 지구온난화에 대해 심각하게 고민해본 적이 없어요. 그런데 네 가지 표준에 딱 들어맞는군요."

텍사스 사람이 "심각하게 고민해본 적이 없다"고 말하면 그것은 '믿지 않는다, 거짓이다'라고 생각했다는 뜻이다. 그런데 '네 가지 표준에 딱 들어맞는다'는 걸 깨달은 것이다. 이제 그가 무엇을 할 수 있었을까? 그에게는 선택의 여지가 없었다. 기후변화는 그가 가진 신념에 딱 들어맞은 것이다. 그가 로타리클럽 회원이기 때문에 기후변화에 신경을 쓰고는 있었지만 네 가지 표준에 들어맞는다는 것은 깨닫지 못했던 것이다. 결국 그는 기후변화에 깊은 관심을 갖게 되면서 전보다 훨씬 더 나은 진정한 로타리 회원이 되었다.

일상생활에서 우리는 대화를 시작하기 전에 어떤 규칙을 정해둔 거대한 현수막을 보고 시작하지 않는다. 어디에서부터 대화를 시작할 것인가를 파악하기 위해 당신이 누구인지, 당신이 알고 있는 사람들과의 공통점이 무엇인지 목록을 작성해보라. 만약 그들에게 중요한 것이 무엇인지 잘 모르겠다면 물어보면 된다. 그리고 그들이 말하는 내용을 신중하게 들으면 된다. 여기 내가 가진 목록이 있다.

내가 사는 곳

내가 사는 집은 종종 우리 정체성의 중심이 되므로 당신이 물을 수 있는 첫 번째 질문은 "어디에 사시나요?"가 될 수 있다. 나는 텍사스주에 살고 있다. 바로 그 로타리클럽 강연에서 만난 사람들과 같다. 나도 그들처럼 집의 수도꼭지를 틀면 당연히 물이 나오기를 기대한다. 또 내 집이 홍수에 파괴되지 않기를 원하고, 기후가 변하면서 생긴 더 강력하고 긴 가뭄 때문에 우리 도시가 유령도시가 되지 않기를 바란다. 텍사스주에 사는 모든 사람이 아마도 그와 같이 생각할 것이다.

몇 년 전 텍사스 수자원보호국 회의에 초대받았을 때 나는 조금 다르게 접근했다. 나는 늘 하던 대로 온난화 시대에 기온과 강수량이 어떻게 변하고 있는지, 그리고 수자원 확보와 저수지 관리가 얼마나 중요한 일인지에 대해 이야기했다. 그러나 '기후'와 '변화'라는 민감한 단어를 한 번도 같이 언급하지는 않았다.

강연이 끝나고 컴퓨터를 챙기는데 트위드 슈트를 입은 한 나이든 여성이 내게로 달려왔다. 그녀는 내 손을 잡고 열정적으로 흔

　　　　　　　　　　　1부 무엇이 문제이고 어떻게 해결할 것인가

들었다. 그녀는 "당신의 말에 완전 동의해요. 당연히 우리가 준비해야 해요"라고 큰 소리로 말했다. 그러더니 그녀는 "지구온난화에 대해 말하는 사람들, 저는 그들의 의견에 절대 동의하지 않아요"라며 고개를 저었다. 갑자기 나는 어안이 벙벙해졌다. 내 프레젠테이션에서 기온이 얼마나 높아졌는지 설명했는데도, 그녀가 그런 반응을 보이다니! 그게 지구온난화가 아니면 무엇이란 말인가. 그런데 그녀는 다시 "하지만 이건, 당신의 발표는 말이 돼요"라며 말을 끝맺었다. 결국 우리가 공통적으로 동의할 수 있는 부분에 집중하고 그녀가 거부할 수 있는 논쟁적인 단어를 피하면서 우리는 텍사스주가 더 현명한 물 관리 계획으로 더워지는 시대에 대처할 필요가 있다는 데에는 완전히 동의했다.

내가 좋아하는 일

여러분들은 어떤 일을 좋아하는가? 나는 바깥 활동을 좋아한다. 우리에게 집 바깥에서 운동하고 시간을 보내는 일은 우리의 정신 건강에도 매우 중요하다. 동네 산책과 같은 단순한 일이 코로나19 팬데믹 동안에 내 기분을 풀어주었다. 가장 소중하고 그리운 추억은 바깥 활동과 관련된 것이다. 내가 어렸을 때 우연히 마주쳤던 온타리오의 소나무 숲, 아빠와 함께 정상에 올랐던 콜로라도 산의 바람 부는 광활한 전경, 할아버지와 함께 항해했던 오대호의 청록색 물결….

우리 가족은 함께 스키와 스노보드 타는 것을 좋아했다. 그런데 안타깝게도 기후변화가 거기에도 영향을 미쳤다. 2007년 스포츠 매거진 '스포츠 일러스트레이티드'를 위해 한 연구에서 나는 낮은 고도와 남부 지방의 스키장들이 기후변화 탓에 더는 지속적으로 개장하지 못할 수도 있다는 것을 확인했다. 스키장 환경이 너무 건조하고 따뜻해지고 있는 것을 경험했다. 텍사스주에서 우리 가족이 자주 가던 스키장은 뉴멕시코에 있었다. 불과 몇 년 전, 겨울이 왔음에도 일부 스키장들은 너무 따뜻하고 건조해서 개장하지 못했다.

　바깥 활동을 즐기지만 기후변화가 자신들에게 별로 중요한 문제라고 생각지 않는 사람들도 있다는 걸 잘 알고 있다. 그런데 그들도 대부분 만약 무엇이 진짜 위기인지를 이해하고 나면 기후변화 문제를 우려할 것이라는 것도 잘 알고 있다. 동계 스포츠의 많은 직업 혹은 아마추어 선수들이 기후변화가 겨울 레크리에이션에 영향을 미치고 있다는 것을 인지하고 있다. 그들은 소셜 미디어 플랫폼을 이용하고 인터뷰를 통해 왜 우리가 더 늦기 전에 기후변화 문제를 해결할 필요가 있는지 설명하고 있다. 스노보드 제조사 버튼Burton이나 친환경 아웃도어 패션 브랜드 파타고니아Patagonia 같은 기업들도 기후변화 문제의 심각성을 잘 인식하고 있다. 이들은 자사 홈페이지에 카자흐스탄의 전인미답의 설경 동영상과 안데스산맥 정상 사진을 보여주며 기후변화가 눈과 얼음에 어떤 영향을 초래했는지에 대한 정보를 알리고 있었다. 바깥 활동에 관심 있는 사람이라면 당연히 기후변화에 관심을 갖게 된다.

나의 조국

당신의 조국은 어디인가? 내 조국은 캐나다이다. 대부분의 사람들처럼 나도 우리나라를 사랑한다. 나는 캐나다의 다양성, 번성하는 도시들, 그리고 빼어난 자연경관을 자랑스럽게 생각한다. 그러나 기후변화가 초래한 실제적 위협을 실감한다. 침입종의 잠식, 영구 동토층의 해빙, 더 큰 산불, 가라앉는 해안선, 그리고 이미 트루 노스[13]에 큰 타격을 준 홍수 위험 증가 같은 것들이다.

나는 에어컨이 없는 집에서 자랐다. 그런데 불과 몇십 년 뒤에 남부 캐나다에서는 에어컨이 필수품이 되었다. 캐나다는 지구의 가장 먼 곳에서 온 난민을 받아들이는 것으로 유명하지만 앞으로 얼마나 많은 난민을 받아들일 수 있을지는 알 수 없다. 기후변화는 21세기 중반까지 10억 명의 사람들을 난민으로 만들 것으로 추정된다. 10억 명은 캐나다 인구의 25배가 넘는 수치다.

만약 기후변화가 지속된다면 캐나다는 다가오는 세계적 난민 위기에 큰 기여를 하지 못할 뿐 아니라 자국민의 안전과 안녕, 그리고 경제를 보호하기에도 급급할 것이다. 따라서 당신이 캐나다 사람이라면 기후변화에 관심을 갖지 않을 수 없을 것이다. 만약

---

13 True North: 진북眞北이라고도 함. 지구 표면에서 모든 경도선이 모이는 지리적 북극. 일반적으로 동서남북 방향을 가리킬 때의 기준. 나침반상의 북쪽은 자북磁北이라고 함.

당신이 캐나다 사람이 아니라 해도 나는 당신의 나라가 기후변화에 관심을 가질 수밖에 없는 설득력 있는 수많은 이유를 생각해낼 수 있다.

내가 사랑하는 사람들

당신은 누구를 사랑하는가? 엄마가 되는 것은 내가 어떤 사람인지를 알려주는 큰 부분이다. 부모가 되는 것이 무엇인지 사람들이 얘기해줄 수는 있다. 하지만 실제로 부모가 되기 전에는 그 붉은 얼굴에 악을 쓰며 울어대는 갓난아이를 처음 볼 때의 감동을 이해하기란 쉽지 않다. 갓난아이를 보는 그 순간 나는 내 가슴속의 어떤 것이 완전히 재배치되는 것을 느꼈고, 이후 나는 완전히 달라졌다.

나는 내 아이의 미래, 그 아이의 사촌들, 내 친구들의 아이들 때문에 기후변화에 관심을 갖는다. 다정한 엄마와 아빠, 할머니와 할아버지, 삼촌, 숙모들이 기후변화의 위험을 진정 이해한다면 어떻게 우려하지 않을 수 있겠는가.

'깨끗한 공기를 만드는 엄마 모임Mom's Clean Air Force'과 같은 단체는 우리 아이들을 위해 깨끗한 공기와 안전한 세상을 만들어야 한다고 주장한다. 나는 '과학 하는 엄마 모임Science Moms' 회원이다. 이 모임에서 엄마 과학자들이 자신들이 알고 있는 것들을 다른 엄마들과 공유하고 어떻게 하면 기후행동을 지지하고 아이들의 미래를 보호할 수 있는지에 대해 목소리를 높이고 있다. 엄마로서 우리는 모두 기후행동에 관심이 있는데, 그것은 우리 아이들을 사랑하고 그들을 위해 이 지구가 지속적으로 안전한 집이 되기를 원하기 때문이다.

내가 믿는 것

당신은 무엇을 믿는가? 나는 기독교인이고 당신이 성경을 진지하게 생각하는 사람이라면 이미 기후변화에 대해서도 관심이 있다고 믿는다. 물론 이 말이 놀랍게 들릴지도 모른다. 사실 미국에서 백인 복음주의자들은 다른 어떤 집단보다 기후변화에 대해 덜 걱정한다. 그들의 반대가 종교적 언어로 가려질 때도 그들을 움직이는 건 신학이 아니다. 그것은 앞서 말했던 정치적 양극화와 분파주의다. 그것이 많은 미국 기독교인들의 당파적 틀이고, 변화하는 기후에 대한 과학적 설명을 거부하게 하는 틀이다.

기후변화는 가난한 사람과 배고픈 사람, 아픈 사람, 성경이 우리에게 관심을 갖고 사랑하라고 가르치는 바로 그 사람들에게 불균형적으로 영향을 미친다. 만약 당신이 다른 종교를 믿는다면—혹은 종교가 없다 해도— 바로 위 내용에 당신도 공감할 것이다. 기후변화는 기아와 빈곤을 확대하고, 자원 부족의 위험을 키워 정치적 불안정을 가중시키고 난민 위기를 악화시킨다. 기후변화에 가장 취약한 사람들은 이미 영양실조, 식량 부족, 물 부족, 그리고 질병으로 고통받는 바로 그 사람들이다. 미국뿐 아니라 지구 반대편 다른 나라에서도 마찬가지 현실이다.

더욱이 환경오염, 생물다양성 손실, 서식지 파괴, 종의 멸종과 같은 것들을 기후변화가 모두 악화시키고 있다. 종교적 관점에서 보면 인간은 지구 환경을 다스린다. 다스림dominion은 지배domination와 비슷하지만 다른 의미를 지니고 있다. 이 지구라는 방주에는 사람보다 동물이 더 많이 있으므로 다스림은 수탁자의 선관 의무 stewardship[14]와 지속가능성sustainability에 따라야 한다.

사실 창세기[15]에 씌어 있듯 사람에게 이 지구의 모든 생명체를 다스리는 책임—도미니온—이 주어졌다고 믿는다면 우리는 기후변화에 대해 객관적으로만 관심을 갖지는 않을 것이다. 신이 주신 책임이기 때문에 우리는 기후행동을 요구하는 최전선에 설 것이다. 기후변화에 관심을 갖는 데 실패하는 것은 곧 사랑하지 못하게 되는 것이다. 그러니 지구의 선량한 관리자가 되어 우리 이웃을 나 자신처럼 사랑하는 것보다 더 기독교적인 것이 뭐가 있겠는가.

---

14 주인의 재산을 관리하는 집사를 뜻하는 '스튜어드steward'로서 지켜야 할 의무.
15 창세기 1장 28절: 하나님이 그들에게 복을 주시며 하나님이 그들에게 이르시되 생육하고 번성하여 땅에 충만하라, 땅을 정복하라, 바다의 물고기와 하늘의 새와 땅에 움직이는 모든 생물을 다스리라 하시니라. (대한성서공회 번역본)

바로 당신 자신이 되어라

다른 사람에게 더 많은 데이터, 팩트, 과학을 쏟아붓는 것은 기후변화가 왜 문제이고 그것을 바로잡는 것이 얼마나 중요하고 긴급한 일인지를 이해시키기 위한 핵심이 아니다. 그 대신 우리가 논쟁적이고 정치화된 문제에 대해 이야기할 때 우리의 개인적 경험과 살아 있는 경험을 공유하는 것이 현실과 거리가 먼 팩트들을 풀어놓는 것보다 훨씬 더 흥미를 돋운다는 연구가 수없이 이루어졌다. **우리 자신의 문제와 우리가 왜 관심을 가져야 하느냐는 문제를 연결하라.** 우리가 이미 소유하고 공유하는 가치, 이미 우리 마음에 가깝고 소중한 가치에 대해 누군가와 유대감을 형성하라. 그들에게 왜 기후변화에 관심을 가지는지, 그리고 왜 다른 사람들도 관심을 가질 수 있는지에 대해 말하라.

조지 마셜 같은 현대 이론가들은 이런 접근법의 힘을 이렇게 설명한다. 기후변화에 관심을 갖고 행동하는 것은 우리를 훨씬 더 우리답게 만든다. 사랑스러운 부모가 되는 것, 열정적인 환경보호론자가 되는 것, 해박한 사업가가 되는 것, 애국자가 되는 것, 독실한 신자가 되는 것은 기후행동과 일치한다. 더욱이 그런 행동은 당신의 말과 행동을 통해 당신이 누구를, 무엇을 걱정하는지 더 잘 표현할 수 있는 새 기회를 제공한다.

그래서 기후변화에 관한 대화에 누군가가 어떻게 반응할지 확신할 수 없을 때 나는 그 기후변화라는 말을 끄집어내지 않는다.

그 대신 나는 그들 자신의 문제에 대해 질문하면서 시작한다. 나는 우리가 가진 공통점에 대해 특히 강조하면서 내가 누구인지에 대한 정보를 공유한다. 나는 캐나다인이고, 텍사스주에 살며, 이 사회에 기여하길 원하는 사람이다. 그리고 겨울, 눈, 바깥 활동, 아이들을 사랑하는 사람이다. 또한 우리 인간은 우리 가정과 형제자매와 모든 생물을 보살필 책임이 있다고 믿는 기독교인이다.

6억 명의 복음주의 개신교인을 대표하는 국제기구인 세계복음주의연맹WEA의 요청으로 나는 2019년부터 기후변화 대사로 봉사하고 있다. 이 단체는 기후변화를 매우 심각하게 받아들여 WEA 전 사무총장인 에프라임 텐데로 목사가 2015년 파리 기후변화협약 당사국총회에 필리핀 대표단의 멤버로 참가하기도 했다. 한 북미 전도사가 에프라임 목사에게 왜 기후변화에 관심을 갖느냐며 "목사님은 성경을 읽지 않습니까?"라고 힐난하듯 물었다. 그러자 에프라임 목사는 "저는 성경을 읽습니다. 그것이 바로 제가 기후변화를 걱정하는 이유입니다"라고 답했다.

3장
친구에게 기후변화에 대해
어떻게 이야기할까

"환경은 우리 모두가 만나는 곳, 우리 모두의 이해관계가 얽혀 있는 곳이다. 우리 모두가 공유하는 유일한 것이다. 그곳은 우리 자신의 거울일 뿐 아니라 우리 모두가 될 수 있는 것을 비추는 초점 렌즈다."
—레이디 버드 존슨

"제 친구들에게 기후변화에 대해 어떻게 이야기해야 할까요? 그들은 그것을 저처럼 보지 않습니다."
—내 강연에 참석한 한 NASA 연구원

나는 내가 왜 기후과학자가 되었는지에 대해 다른 곳에서 이야기한 적이 없다. 우리 일에 대해 사적 감정을 가지고 대하는 것은 바람직하지 않은 것으로 훈련받았다. 실험실 문 앞에 우리의 깊은 내적 동기를 남겨두는 것은 우리가 데이터를 분석하고 결론을 내리는 데 도움이 된다. 하지만 다른 사람들에게, 그리고 우리 자신에게 왜 그것이 중요한 것인지 설명할 때는 그런 개인적 동기를 설명하지 않을 수 없다.

내가 아홉 살이었을 때 우리 가족은 콜롬비아의 대도시 칼리로 이사했다. 그곳에서 우리 부모님은 외국어학교에서 여러 해 동안 일했고, 그 지역 교회 일을 도우셨다. 우리는 중하층민이 사는 지역에서 회칠과 붉은 타일 벽이 눈에 띄는 연립주택에서 살았다. 낮에는 전기와 수도가 들어왔는데, 그것이 끊기면 석유램프를 켜고 목욕통에 물을 가득 채우곤 했다. 주말에는 가끔 멀리 떨어진 구역을 방문해 시간을 보내곤 했다.

산이 가까운 그곳 집들은 진흙 벽돌로 벽을 쌓았고 함석지붕을 이고 있었다. 더러운 도로에는 물웅덩이가 널려 있고 바퀴 자국이 선명했다. 화장실은 가림벽만 달랑 하나 세워져 있었고, 그곳에서 볼일을 편하게 보려면 치마를 입어야 했다. 점심 식재료는 쌀과 바나나의 일종인 플랜테인, 그리고 가장 느려서 도망가지 못하고 잡힌 기니피그였다.

오래된 1969년식 포드 브론코는 늘 이웃 주민들이 같이 타고 다녔다. 열혈 아마추어 천문학자였던 아버지는 망원경으로 달과 토성의 고리를 틈만 나면 관찰하곤 했다. 비가 오면 차바퀴가 진흙 웅덩이에 빠져 차에 탔던 사람들이 모두 내려 차를 밀었다. 나는 운전석에서 한쪽 발로 겨우 닿는 클러치를 밟았다.

이곳 북미에서는 재난이 닥치면 그래도 보험이나 재난 구호 같은 개인·공공 서비스가 회복을 돕는 완충 역할을 하고 있다. 하지만 1980년대 콜롬비아는 좋았던 시기에도 삶 자체가 매우 어려웠다. 가난, 불평등, 물과 의료 서비스 부족, 부패, 마피아의 위협,

게릴라, 민병대 같은 라 비올렌시아La Violencia[16]의 잔혹한 후유증이 여전히 외곽 지역에는 남아 있었다.

밤하늘을 사랑했던 아버지의 영향으로 나는 대학에 입학할 무렵 캐나다로 돌아와서 천체물리학을 공부하기로 결심했다. **하지만 우연히 듣게 된 흥미로운 기후과학 수업이 나의 관심을 별에서 지구로 확 잡아당겼다.** 공부를 하면서 나는 기후변화가 저소득 국가 사람들이 직면한 위험들을 얼마나 더 나쁘게 하는지 알게 되었다. 미군들이 말하는 위험 증폭기[17]가 바로 그런 것이었다. 기후변화는 우리의 식량, 물, 심지어 공기에도 큰 영향을 미친다. 그것은 인간이 자연 생태계에 미치는 파괴적 영향을 확대하고 우리 자신의 건강, 복지, 심지어 주머니 사정에까지 영향을 미친다. 그것은 또 가난, 기아, 질병, 정치적 불안정과 난민들의 곤경과 같은 인도주의적 위기를 악화시킨다.

나는 콜롬비아에서 살 때 보았던 그 어려운 상황들이 전 세계에 어떻게 퍼져 있는지, 그리고 그것이 기후변화로 말미암아 어떻게 증폭되는지를 알게 됐다. 기후변화는 코로나19 팬데믹 때와 마찬가지로 부자와 가난한 자 사이의 격차를 심화시키고, 많은 사람들을 빈곤으로 내몰고 있다. 우리가 누구든, 우리가 어디에

---

16 1948년부터 10여 년간 콜롬비아 보고타시를 중심으로 일어난 전국적 폭력 사태The violence. 보수당과 자유당 간의 충돌로 혼란스러웠던 시대를 반영하는 말.
17 multiplier: 사전적 의미는 승수효과. 한 요인의 변화가 다른 요인의 변화를 유발해 곱의 파급 효과를 내는 것. 독자의 이해를 돕기 위해 비슷한 의미의 '증폭기'로 번역했다.

서 살든, 자연재해는 우리가 이미 직면하고 있는 모든 도전을 더 악화시키고 있다.

기독교인으로서 나는 우리가 하나님의 사랑을 받아왔기 때문에 다른 사람들을 사랑해야 한다고 생각한다. 그것은 지금 기후변화로 고통받는 사람들, 기후변화로 더욱 위기에 내몰린 그들의 처지를 돌보는 것을 의미한다. 이런 상황에서 내가 어찌 아무 일도 안 할 수 있겠는가. 그래서 나는 기후과학자가 되었다.

있는 그대로의 당신 이야기로 시작하라

이곳 텍사스주의 한 지역 교회로부터 강연 요청을 받았을 때 나는 나의 내적 동기에 대해 더 많이 공유해야 할 때가 왔다고 느꼈다. 그것이 청중에게 조금 불편을 끼칠 수도 있다는 생각도 하고 있었다. 하지만 그것이 진실이었다. 나는 내가 기독교인이기 때문에 기후과학자가 되었다고 생각한다. 하지만 아마도 그 강연장에서 나와 같은 이유로 기후변화를 걱정하는 사람은 소수에 불과할 것이라고 생각했다.

그날은 수요일 밤이었다. 그날 미팅은 탠 카펫이 깔린 긴 홀을 따라 늘어선 어른들 성경 공부방 가운데 한 곳에서 이루어졌다. 기후변화에 관심 있는 50여 명의 사람들이 모였다. 나는, 사실 그대로, 지구가 더워지고 있고, 인간에게 책임이 있다는 데이터를 보여주었다. 텍사스주에 사는 우리가 이미 경험하고 있는 영향에 대해 자세한 설명을 해나갈 때 사람들은 귀를 기울이고 고개를 끄덕였다. 그들은 내가 입증한 것들이 자기들이 목격한 것과 일치하는 것을 느끼는 것 같았다. 그러나 나는 심호흡을 하고 용기를 더 내어서 내가 기후변화에 관심을 갖게 된 이유를 쭈뼛쭈뼛하며 '처음으로' 설명해보았다. 성경에서 말하는 선량한 관리자의 주의 의무, 기후변화와 빈곤의 연관성, 나의 걱정을 이끄는 성경 말씀이 그것이었다.

처음에 나는 사람들이 반쯤 웃을 거라고 생각했다. 그런데 그들은 매우 놀라워했다. 그들도 내가 인용한 성경 말씀들에 따라 살고 있다고 했다. 그 뒤 내가 받은 질문들이 달라졌다. 그들은 훨씬 더 깊고, 훨씬 더 개인적인 질문들을 했다. 그들은 모두 기후변화에 매우 큰 관심을 갖게 됐다. 그 이유는 뭘까? 그것은 바로 우리가 서로 공유하는 어떤 근원적이고 부인할 수 없는 무엇인가에 연결되었기 때문이었다.

신념에 대해 이야기하다

팀 풀먼은 알래스카에서 카리부[18]를 공부하는 생태학자다. 그는 남부 캘리포니아의 보수적 복음교회에 다니며 성장했다. 과학을 좋아했지만 창조론이나 진화론과 같은 주제는 달리 생각할 수

---

18 북미산 순록

없는 하나의 시각만 가질 수밖에 없었다. 오랫동안 기후변화에 대한 그의 관점은 '어느 쪽이든 잘 모르지만 최소한 회의적 의문은 갖고 있다'로 요약할 수 있었다. 그렇다고 이 문제에 대해 시간을 내어 깊이 파고들지는 않았다.

그러다 플로리다대 대학원에서 지리학을 공부할 때 그는 기후변화가 왜 '기독교적인 문제'인지에 대해 의문을 가졌다. 그래서 그는 기독교 멘토에게 그 문제에 관해 질문했는데, 그 멘토의 답이 그를 무척 놀라게 했다.

"그분은 기후변화와 같은 일 때문에 요한계시록에 나와 있는 거대한 규제와 단일 세계정부가 만들어질 것인데, 그것이 세계 종말의 신호일 수 있다고 했어요."

기독교인인 팀은 진화에 대한 논쟁 정도는 이해할 수 있었지만 그 멘토의 대답은 그에게 훨씬 더 많은 의문을 남겼다. 그 일을 계기로 그는 기후변화 문제를 더 깊이 들여다보게 되었다.

"성경을 읽을 때 기후변화와 모순되는 어떤 것도 발견할 수 없었어요. 그래서 과학적 증거를 더 열린 눈으로 찾아봐야겠다고 생각했죠. 기후변화의 잠재적 대체 동인인 화산, 태양, 지구 궤도 같은 것들은 역사적 데이터에 부합하지 않았어요. 인간이 인위적으로 발생시킨 온실가스가 원인이라는 것을 알 수 있었어요."

내가 가장 자주 듣는 '기독교적인' 논쟁의 하나는 하나님이 이 세계를 통제하고 있기 때문에 인간은 지구와 같이 거대한 것에는 영향을 미칠 수 없다는 것이다. 하지만 이 주장은 인간의 대리인 역할, 즉 신이 인간에게 지구에 대한 책임을 부여했다는 성경 말씀을 완전히 간과하는 것이다. 팀도 여기에 동의했다. "비록 저의 궁극적 희망과 안전은 천국에 있지만, 우리가 수탁자의 선관 의무stewardship를 요구받고 있으며 여기 지구에서 우리가 무엇을 하느냐가 정말로 중요하다고 생각합니다."

팀은 이제 다른 사람들, 특히 보수적 지역 친구들이나 가족과 기후변화에 대해 이야기하는 것을 최우선 과제로 삼고 있다. 5년 전만 해도 그는 이런 주제를 끄집어내려고 하지 않았다. 하지만 이제는 기후변화에 대한 관심이 신앙과 충돌하지 않는다는 것을 기독교인들이 알 수 있도록 돕는 일을 중요하게 여기고 있다. 그는 "사실 기후와 환경에 관심 갖는 것은 '지극히 작은 자'를 사랑하는 것이고, 다른 사람을 돕는 일이지요"라고 말하고 있다. 그의 가치관이 바뀐 것은 아니다. 다만 그는 기후와 환경을 더 깊이 이해하게 되었고, 그것을 공유하는 사람들과 소통할 수 있게 되었다. 당신이 로타리클럽 회원이나 기독교인이 아니어도 상관없다. 위의 사례들은 우리가 다른 사람들과 연결할 수 있는 여러 방법들 가운데 일부일 뿐이다. 또 다른 효과적인 연결 방법도 있다. 열정과 관심의 공유를 통해서도 가능하다.

좋아하는 일에 대해 이야기하기

르네는 퀘벡주 출신 스키 선수다. 그녀는 고교 동창생들처럼 기후변화에 관심을 갖고 있었지만, 아무것도 바꿀 수 없다는 것에 절망했다.

"기후변화가 문제라는 것은 알고 있었지만 다른 사람들도 그것이 너무 거대한 문제라서 아무것도 하지 못하는 것 같았어요. 저도 어쩔 줄 몰랐어요."

하지만 변화가 다가왔다. 그녀는 스웨덴 기후활동가 그레타 툰베리의 말에 영감을 받아 2019년 9월 오타와 시내에서 열린 대규모 기후 파업에 동참했다.

"그때의 공동체 의식은 '나는 정말로 혼자가 아니다. 다른 많은 사람들과 같은 목표를 향해 싸우고 있다'고 생각하게 했습니다."

친구이자 동료 스키 선수인 줄리아와 함께 그녀는 제러미 존스가 시작한 '우리의 겨울을 보호하라Protect Our Winter'라는 단체에 가입했다. 존스는 기후변화가 겨울 스포츠에 미치는 영향에 대해 걱정하는 미국 스노보더이다. 이제 르네는 자신의 메시지를 퍼뜨려줄 다른 스키 선수들을 모으고 있다. 도움을 주기 위해 그녀는 재활용 재료로 '프로텍트 아워 윈터Protect Our Winter' 로고가 적힌 헬멧 스티커를 만들었다. 그녀는 "이 헬멧 스티커로 멋진 대화를 시작하고 더 많은 사람을 참여시킬 수 있어요"라고 말했다.

르네는 수업시간에 POW에 대해 발표했고, 친구들에게 환경에 미치는 영향을 최소화할 수 있는 방법에 대해 설명했다. 지구의 날에 그녀는 고교에서 'POW의 핫 플래닛/쿨 운동선수' 지원 프로그램의 연사와 함께 집회를 조직하는 것을 도왔다. 그녀는 대화하는 동안 비록 아무도 자신의 마음을 바꾸지 않아도 그들의 정체성과 관심 갖는 이유를 연결하는 것을 돕는 것만으로도 장기적으로 큰 변화를 가져올 수 있다는 것을 깨달았다. 이후 그녀는 대학에서 환경학을 전공하기로 결심했다.

당신이 사랑하는 것에 대해 이야기하라

기후변화로 다른 누구의 이익이 직접 영향을 받는가? 아마도 탐조객들도 큰 영향을 받을 것이다. 미국 조류학자 오듀본 존 제임스를 기리는 오듀본협회The Audubon Society는 수백 종의 새들이 어디에서 살고, 기후변화 때문에 그들의 서식 환경이 어떻게 바뀔지를 보여주기 위해 탐조객과 과학자들이 직접 만든 1억 4,000만 개의 관찰 결과를 모아서 지도를 만들었다. 오듀본협회는 북아메리카에 서식하는 새들의 3분의 2가 기후와 관련해 멸종 위험에 처해 있고, 어떤 새들은 서식 환경의 변화로 더 이상 특정 지역을 대표하지 않을 수 있다고 추정했다.

예컨대 볼티모어 오리올(미국꾀꼬리)은 더 이상 볼티모어의 토착종이 아닐 수 있다는 것이다. 이 협회의 결론은 명확하다. 새들은 더 좋은 환경을 찾기 위해 이사를 가야 하고, 어쩌면 더 이상 살아남지 못할 수 있다. 따라서 당신이 탐조객이라면 기후변화에 관심을 가질 충분한 이유가 있는 것이다.

당신이 플라이 낚시를 즐긴다면 기후변화로 계곡의 수온이 상승하고 연어와 송어 같은 물고기가 병과 기생충에 더 취약하게 된다는 것을 알아야 한다. 많은 계곡이 눈에 덮여 있었다. 그런데 겨울이 따뜻하면 눈이 덜 내리고, 비가 더 많이 내려 눈도 더 일찍 녹는다. 이것은 물고기의 이동 시기에 영향을 미치고 여름 수위를 낮춘다. 오리건주와 아이다호주에서는 따뜻한 기온 때문에 이번 세기가 끝나기 전에 연어 서식지의 40%가 사라질 수 있다.

사냥꾼들에게도 변화가 있다. 자연보호 단체인 덕스 언리미티드Ducks Unlimited는 보호 운동이 새의 개체 수를 회복하는 데 큰 진전을 이루었지만 기후변화는 이것을 모두 허사로 만든다고 주장한다.

"기후변화는 북미 물새들에게 심각한 위협이 되고 있습니다. 70년 이상 해온 보호 운동의 성과를 해칠 수 있어요."

스노모빌러들은 기후변화를 우려할 만한 집단처럼 보이지 않지만 내가 미국 북동부 지역을 위해 한 연구에서 스노모빌 시즌이 이미 크게 줄어들고 있다는 것을 발견했다. 북아메리카 동부의 여러 지역에서 레크리에이션 스노모빌러들은 작은 마을들의 겨울 경제에 필수적이다. 모텔, 레스토랑, 가게, 주유소 같은 곳들은 이 스노모빌러들에게 크게 의존하고 있다. 그런데 기후가 계속 변하면서 가장 북쪽 지역에서만 이 산업이 유지될 수 있는 충분한 눈이 내릴 것으로 보였다.

따뜻해진 기온과 잦아진 폭우는 골프와 축구 같은 야외 스포츠의 생존에 큰 영향을 미치고 있다. 기록적인 여름 폭염은 1994

년 이후 새 경기장을 짓지 않은 텍사스 레인저스 야구팀이 새 경기장을 짓도록 자극했다. 이 팀은 경기장 위에 지붕을 얹고 팬들과 선수들이 시원함을 느낄 수 있도록 에어컨 장치를 달았다. 미국 북부 지역의 뒷마당이나 근린공원에 필수품처럼 있는 야외 아이스 링크나 꽁꽁 언 연못에서 하는 하키는 겨울이 따뜻해지면서 점점 더 사라지고 있다.

겨울 올림픽을 개최하는 도시들은 산에 눈이 올지 안 올지를 걱정해야 한다. 도쿄 같은 여름 올림픽 개최도시들은 극심한 더위를 걱정했다. 내 친구인 애리조나주립대의 제니 바노스 교수 같은 생물기상학자들은 선수들이 시원하게 달릴 수 있는 마라톤 코스를 짜내야 했다. 실외 테니스 대회는 온열 때문에 선수들이 겪을 수 있는 위험을 최소화하기 위해 더 긴 휴식 시간을 갖고 있다.

스포츠에 그다지 관심이 없는 사람들도 해변에서 보내는 휴가는 기대하기 마련이다. 그런데 많은 해변이 해수면 상승으로 침식되고 물에 잠기고 있다. 21세기 말까지 호주, 브라질, 미국 걸프 해안을 포함한 많은 지역에서 모래 해변의 절반이 해변 경제와 함께 사라질 수 있다. 기후변화의 영향을 받지 않는 바깥 활동은 생각하기 어려운 상황이다.

키우고 먹는 것에 대하여

정원사들은 식물 내한성 구역[19]이 바뀌고 있는 것을 확인하고 있다. 미국의 여러 지역은 불과 25년 만에 완전히 새로운 구역으로 바뀌었다. 식물은 해마다 일찍 꽃이 피고, 침입종들은 여러 지역으로 이동하고 있다. 침입종은 1970년 이후 세계 경제에 1조 달러 이상의 비용을 발생시킨 것으로 추정된다.

나는 미국 내무부의 남중부 기후적응과학센터CASC의 일원이다. 우리는 불개미와 빈대 같은 종들이 기후가 따뜻해질 때 텍사스주 일대에 퍼지는 것을 걱정하는 지주, 농부, 생태학자들과 함께 일한다. 북동부 CASC에서는 과학자 베서니 브래들리가 이 문제에 대해 더 적극적으로 나서기로 했다. 그녀와 동료들은 북동부 정원사들에게 어떤 침입종을 피해야 하는지를 가르치기 위해 브로슈어와 웹사이트를 만들었다. 붉은 관목인 버닝부시, 일본산 인동덩굴, 칡 같은 식물은 피하도록 안내했다. 1930년대에는 농부들이 가축에게 먹이를 주기 위해 칡을 심도록 장려받기도 했다. 자연적 포식자가 전혀 없었기 때문에 이 목본식물은 곧 '남부를 먹는 덩굴'로 알려질 정도로 많이 퍼졌다. 겨울이 따뜻해지면서 지난 수십 년 동안 칡은 북쪽으로도 퍼지고 있는데, 캐나다 남부 온타리오에까지 이르렀다.

2016년 미국 가든 클럽은 기후변화에 대한 그들의 우려를 표명하는 성명서를 발표하면서 '원인과 건설적 대응'에 대해 사람들을 교육하겠다고 약속했다. 이제 해마다 그들은 나와 같은 기

---

19 Plant hardiness zone. 식물이 특정 기후대에서 생존할 수 있는 온도를 나눈 구역.

1부 무엇이 문제이고 어떻게 해결할 것인가

후과학자에게 연락해서 우리가 알게 된 것과 그들이 도울 수 있는 방법에 대한 최신 정보를 달라고 요청한다.

기후변화는 또 우리가 재배하는 식량에 영향을 미친다. 극단적 날씨에는 상추와 같은 녹색 채소들이 잘 자라기 어렵고, 대장균 같은 오염물질이 퍼지기 쉬워진다. 기온이 따뜻해지면 감귤류와 올리브뿐 아니라 세계에서 가장 인기 있는 과일인 바나나를 재배하는 데 필요한 물 공급이 위태로워질 수 있다. 기온이 따뜻해지면서 세계 작물의 20~40%를 파괴하는 해충과 질병이 더 잘 번식하고 확산될 수 있는 환경이 조성된다.

음식뿐 아니라 당신이 가장 좋아하는 음료도 영향받을 수 있다. 따뜻한 온도와 대기 중의 높은 이산화탄소 농도는 포도 성분 구성과 발효에 영향을 미친다. 이것은 랑그도크와 보르도에 이르는 프랑스의 대표적 와인 재배 지역에서 이미 일어나고 있으며, 맥주에도 영향을 미치고 있다. 따뜻한 기온은 호프 수확량을 줄이고 라거 맥주로 유명한 체코의 맥주 품질을 변화시켰다.

2015년에 기네스와 뉴벨기에를 포함한 24개 양조장breweries이 브루어리 기후 선언Brewery Climate Declaration에 서명해 기후변화가 그들 산업에 미치는 위험에 대한 주의를 환기시켰다. 그리고 일부 조직은 더 나아가고 있다. 그롤쉬와 밀러 제뉴인 드래프트와 같은 친숙한 이름의 모회사인 사브 밀러SAB Miller는 따뜻한 재배 지역에서 보리 맥아를 대체하기 위해 카사바[20] 뿌리를 실험하고 있다.

핫 초콜릿이나 커피를 선호하는가? 강우 패턴의 변화는 이미 카카오 수확에 영향을 미치고 있으며, 따뜻한 기온은 증발산蒸發散[21]을 증가시켜 초콜릿을 생산하는 토양과 식물에서 수분을 짜내게 된다. 네스프레소Nespresso와 라바짜Lavazza 같은 커피 대기업은 전 세계에서 커피콩을 재배하는 수백만 주주 농부들에게 기후변화가 미칠 영향에 대해 우려하고 있다. 그들은 회복력을 높이는 프로그램을 만들어 질병, 곰팡이, 가뭄 등으로 발생하는 농부들의 기후 관련 손실을 보상하기 위해 맞춤형 보험까지 제공하기 시작했다.

이 정도 얘기했으니 아마도 이제 당신은 사람들이 좋아하고 당신도 좋아하는 것들을 통해 하나의 이야기 패턴과 대화하는 방법들을 이해할 수 있을 것이다. 당신은 정원 가꾸기, 해변 레크리에이션, 탐조를 좋아하는가? 혹은 맥주나 커피, 와인도? 야외 체험이나 스포츠, 가족과 함께하는 활동도? 만약 그렇다면 당신은 기후변화와 관련해 이야기할 무엇인가를 이미 갖고 있는 것이다.

---

20 탄수화물이 풍부한 열대작물로 구황식물로 이용되었다. 길쭉한 고구마처럼 생겼고, 비소 성분 때문에 반드시 가열 조리해 섭취해야 한다.
21 evapotranspiration. 토양 면에서 수분이 증발하는 것과 토양 중의 수분이 초목의 뿌리에 흡수돼 식물체를 통해 잎으로 올라간 뒤 공기 중의 수증기로 달아나는 증산을 말한다. 보통 연평균 강수량의 70%는 증발산에 의해 대기 중으로 되돌아가는 것으로 알려져 있다.

과학 너머를 보아야

많은 과학자들은 기후변화와 관련해 비과학자들과 어떻게 연결할 것인지 생각해내는 것을 특히 어려워한다. 과학자가 된다는 것은 적어도 부분적으로는 대부분의 우리들이 직업을 갖고 경력을 쌓는 것과는 뭔가 다르기 때문인 듯하다. 그것은 말 그대로 하늘이 준 천직이나 소명, 강한 흥미 그리고 평생에 걸친 지식 탐구다.

우리 과학자들은 과학에 대한 사랑을 공유하고 있다는 것을 의식하지 못하면서도 서로 연결돼 있다. 하지만 생각하고 숨 쉬고 삶으로 삼는 것이 과학뿐이라면 그 외에 무엇에 관심을 두는지 파악하기 어려울 수 있다. 그래서 나는 대학에서나 학계 청중에게 강연할 때는 다양한 질문을 열 개 이상 던진다. 물론 대부분이 "과학이 아닌 것을 통해 다른 사람들과 어떻게 연결할 수 있을까요?"라는 질문의 변형이긴 하다.

워싱턴 D.C.에서 크리스마스 행사가 끝난 뒤 한 나사 연구원이 나에게 다가왔다. 그는 기후변화가 이 세상에 어떻게 영향을 미치고 있고, 그것을 데이터를 통해 알고 있다 보니 그에 대한 걱정으로 가득 차 있었다. 그는 "기후변화를 친구들에게 어떻게 이야기해야 할까요? 그들은 이것을 저처럼 보지 않습니다"라고 말했다. 나는 친구들과 함께 즐기는 것이 무엇인지 물었다. 그는 친구들이 함께 모여서 요리하는 것을 좋아한다고 말했다. 그는 남아

메리카 출신인데, 그곳은 기후변화가 가뭄의 위험을 키우고 주요 작물과 사람들의 생계에 큰 영향을 미치는 지역 중 하나다. 나는 그에게 "그 모든 것이 다음 저녁 파티에서 꺼낼 만한 적절한 소재예요"라고 말했다.

어느 과학 단체에서 일하는 한 여성은 어떻게 하면 할머니와 기후변화에 대해 이야기할 수 있을까를 고민하며 나를 찾아왔다. 내가 "할머니와 함께 하고 싶은 게 뭔가요?"라고 묻자 그녀는 "뜨개질"이라고 말했다. 나도 뜨개질을 좋아하기 때문에 답은 쉽게 나왔다. 나는 (뜨개질에 필요한 실의 다채로운 색상을 떠올리고) 그녀의 할머니가 자란 곳의 가열화 줄무늬Warming Stripes를 찾아보라고 했다. 가열화 줄무늬는 연도별로 특정 지역의 온도가 어떻게 변했는지를 색으로 표현한 것이다. 영국 기후과학자 에드 호킨스가 만든 이 가열화 줄무늬는 추운 해를 파랑, 보통의 해는 흰색, 따뜻한 해는 분홍, 더운 해는 빨강으로 표시하고 있다. 인간은 이 가열화 줄무늬를 한쪽 끝—1800년대나 1900년대 초를 상징—의 파랑으로 시작해서 2020년대의 밝은 빨강으로 색이 바뀌는 뜨개질 도안처럼 바꾸었다.

"스카프를 함께 짜면서 할머니에게 특히 날씨가 기억에 남는 해에 대해 이야기해달라고 해봐요. 그리고 일생 동안 기온이 어떻게 변했는지도 물어보세요."

캘리포니아의 한 대학에서 강연을 마친 뒤였다. 한 과학자가 다가와서는 자신은 지역 교회를 찾아다니며 기후변화에 대해 대화하려 하고 있다고 말했다. 그도 나처럼 교회를 이끌어내는 것이 해결책의 일부라고 확신하고 있었는데, 교회에서 받아들여지지 못하고 있다고 말했다. 그는 어떻게 하면 좋을지 물었다.

"당신이 공통점을 가장 많이 갖고 있는 교단이나 신도들을 대상으로 시작하는 게 좋겠네요. 그런데 어느 교회에 다니시나요?"

"아, 저는 무신론자입니다."

"그러면, 그만하세요. 당신은 그런 대화를 할 적임자가 아닌 것 같아요. 그래서 그 대화는 계속 실패하는 겁니다. 그 대신, 당신이 진정으로 공유하는 가치관을 가진 사람들과 접촉하는 게 좋을 것 같아요. 당신은 무엇을 가장 즐기나요?"

그는 과학자가 늘 그러하듯이 "글쎄요, 과학이지요"라고 답했다.

"당연히 그렇겠지요. 그런데 그 밖에 다른 어떤 일을 하는지요? 하이킹을 하거나, 달리기를 하거나, 항해나 서핑 같은 거요. 아니면 혹시 로타리클럽이나 지역 사회단체의 회원인가요?"

"아니요." 그가 말했다. "다른 것도 아니고요. 다 아닙니다."

그렇게 10여 가지쯤 물었을까. 마침내 그가 긍정의 말을 했다. "그런데, 저는 다이버이기도 해요." 하지만 그는 좀 불확실하게 말했고, 그것이 중요하다는 것을 확신하지 못하는 것 같았다. 그러나 내가 격려하듯 웃음 지으며 고개를 끄덕이자 그는 자신의 주제에 열의를 갖는 것 같았다.

"저는 잠수를 많이 해요. 오랫동안 해왔습니다. 그리고 심해 다이빙deep dives에 대한 몇 가지 기록도 갖고 있습니다."

"완벽해요! 바로 그곳이 당신이 닿을 수 있는 공동체입니다. 바다는 온난화와 산성화 때문에 육지보다 훨씬 더 많은 변화가 일어났지만, 우리 인간들이 바다에 살지 않기 때문에 그것을 종종 깨닫지 못합니다. 당신이 살고 있는 지역의 다이빙 강사나 학교, 클럽에 접근해 기후변화가 바다와 바다 생물에 어떤 영향을 미치고 있는지, 그리고 그들이 무엇을 도울 수 있는지에 대해 다이버들을 교육하겠다고 제안해보세요. 그들은 나보다 당신의 말을 훨씬 더 잘 들을 겁니다. 당신은 다이버이니까 이해하시겠죠."

당신은 어떤가?

이제 당신이 음식이나 음료 애호가, 공예가, 야외 활동가, 바다 애호가라면 이전에는 탐구해보지 않았던, 다른 사람과 연결할 수 있는 몇몇 방법을 이해하기 시작할 것이다. 물론 위에 해당하지 않거나 또 종교적인 사람도 아니거나, 혹은 기후변화가 당신이 대화를 나누고 싶어 하는 주제가 아니라면 "캐서린, 당신에게는 다 좋은 방법이겠지만, 나에겐 별 도움이 되지 않아"라고 말할 수도 있을 것이다. 그러나 당신에게도 다 도움이 될 것이다. 내가 말하는 것은 신앙심이 있는 사람, 운동선수, 정원사, 와인 전문가, 뜨개질 애호가, 혹은 눈을 좋아하는 사람에게만 효과 있는 프레임이 아니기 때문이다. 당신이 누구인지, 누구와 이야기하는지, 서로 무엇에 대해 관심을 갖는지에 따라 모든 종류의 접근법이 효과가 있을 것이다. 유일한 조건은 여러분이 진실해야 한다는 것이다. 당신이 아닌 다른 사람처럼 행동할 필요는 없다.

만약 당신이 여전히 이 개념과 적용 방법을 잘 모르겠다면 다음 몇 가지를 챙겨보기 바란다. 당신이 사는 곳, 당신이 좋아하는 사람과 좋아하는 것, 좋아하는 활동, 직업 등을 꼽아보자. 그리고 당신의 특정한 문화, 장소, 종교적 전통은 어떤 것인가? 그리고 가장 중요한 것인데, 당신은 어떤 것에 열정을 갖고 있는가?

당신이 대화하고자 하는 사람과 당신이 모두 아이들의 부모일 수도 있을 것이다. 또 같은 지역에서 살고 있어서 공감대를 형성할 수도 있을 것이다. 같은 산업이나 비즈니스에 종사하거나, 같은 유형의 활동을 즐긴다면 유대감을 가질 수 있을 것이다. 기후변화에 대해 이야기하기 위해 인터넷 트위치 채널을 운영하는 해양학자 헨리 드레이크는 열렬한 온라인 게이머이기도 하다. 어쩌면 당신은 기후시스템공학자 가베 베치와 같은 하키 선수일 수도 있을 것이다.

그는 자신이 살고 있는 프린스턴 주변에서 야외 스케이팅이 가능한 날이 얼마나 줄고 있는지를 추적하고, 그 정보를 이용해 팀 동료들과 기후변화에 대해 이야기하기도 한다. 당신이 다른 사람들과 만나서 이야기하는 것에는 어떤 틀이나 패턴이 꼭 필요한 것은 아니다. 당신이 누구든 당신은 관심사와 걱정을 공유하는 사람들과 기후변화에 대해 이야기할 수 있는 가장 적합한 사람인 것이다.

우리는 이미 관심 갖고 있다

　사람들이 어디에 관심 갖고 있는지 알고 그들의 가치에 직접 연결하면, 그들은 기후변화에 대한 관심이 자신의 정체성에 필수적이라는 것을 알게 된다. 부모는 아이의 건강과 미래를 신경 쓴다. 도시나 지역 거주자들은 물 공급과 지역 경제를 신경 쓴다. 바깥 활동에 적극적인 팬들은 물고기, 새, 야생동물의 개체 수나 눈의 강설량에 관심 갖는다. 그 모든 것이 건강한 환경과 번성하는 생태계의 지표들이다. 미 국방부 직원에서부터 4성 장군까지 군사 및 국방 전문가들은 기후변화를 우려한다. 그것이 전 세계 자원 부족과 안보 위협을 배가할 가능성이 있기 때문이다.

　그런데 이것은 달리 말하면 우리 중 누구도 지구 평균기온이 2℃, 3℃ 혹은 4℃ 상승하는 것이 개인적으로 우리에게 중요하다고 해서 기후변화에 관심 갖는 것은 아니다. 나도 그런 이유 때문에 관심 갖는 것은 아니다. 심지어 나는 기후과학자다. 우리가 관심 갖는 이유는 온난화에 의해 촉발되는 일련의 사건들이 우리가 이미 걱정하는 모든 것에 영향을 미치기 때문이다. 우리가 걱정하는 것은 음식을 어디에서 얻고 비용이 얼마나 드는지, 우리가 숨 쉬는 공기가 얼마나 깨끗한지, 경제와 국가안보, 지구 전체의 기아·질병·빈곤, 우리 문명의 미래 같은 것들이다. 기후변화를 왜 걱정하고 있는지에 대한 수많은 이유를 우리는 사회의 기본구조에 이미 엮어 넣었다. 아직 그것을 완전히 깨닫지 못하고 있을 뿐이다.

잠시 멈춰서 심호흡을 해보자. 결국 지구의 문제다. 우리가 삶에서 사용하는 모든 자원이 지구에서 어떻게 공급되는지 생각해보자. 우리가 마시는 물, 우리가 소비하는 음식, 우리가 사용하는 재료, 우리의 집과 옷, 심지어 전화기까지 그 모든 자원은 우리의 집인 지구가 주는 선물이다. 그래서 변화하는 기후를 걱정한다고 다른 누구의 가치관을 바꾸거나 그들이 가진 것 이외의 다른 것으로 바꾸려고 노력할 필요가 없다. 그저 이 행성이 우리 모두에게 안전하고 편안한 집이 되기를 바라면 되는 것이다. 이 메시지를 효과적으로 공유하기 위해 우리는 머리만이 아니라 마음으로 진정 기여할 필요가 있다.

2부

왜 팩트만으로
충분하지 않은가

4장
왜 인간에게 책임이 있다는 걸까

"진실은 우리가 그것을 견딜 수 있는 능력에 따라 변하는 게 아니다."
—플래너리 오코너

"바이든 대통령과 헤이호 박사님은 어떤 과학을 지지하기에 기후변화만
인간이 야기한 것이고 다른 모든 것은 완전히 자연적이라고 하시나요?"
—한 엔지니어가 내 링크드인 게시물에 단 댓글

"지난달에 창조 박물관에 갔다 왔어요."

친구 마크가 밝게 말했다. 우리는 오랜만에 만나서 커피를 마
시며 수다를 떨고 있었다. 남편은 나를 살짝 건드리며 무례한 말
은 하지 말라고 조용히 경고했다. 그는 이미 그 박물관의 인조 공
룡과 인간 조각상에 대한 내 의견을 너무 많이 들었기 때문이다.

마크는 기후변화에 대한 특별 전시회가 특히 흥미로웠다고 말
했다. 그는 박물관의 입체모형(디오라마) 사진을 들고 열정적으로

이야기했다.

"제2차 세계대전 때 그린란드 상공에서 추락한 비행기 한 대가 200피트의 눈 속에 묻혀 있다가 발견됐어요. 그러니 수십만 년 동안 기후가 어떠했는지를 보여준다는 그린란드의 빙하 코어[1]는 가짜입니다. 그것들은 불과 지난 몇십 년 동안의 기후만 보여줄 수 있어요. 과학자들이 잘못 본 겁니다."

기후변화에 대한 반대 논지 가운데 과학적으로 그럴듯해 보이는 것들과 마찬가지로 그의 주장은 겉보기에는 타당해 보이기도 했다. 선전·선동은 어떤 진실한 것(이 경우 그린란드에서 발생한 실제 비행기 추락 사고)에 거짓을 감쌀 때 가장 효과적이다. 하지만 이 경우 가짜를 밝혀내는 것은 어렵지 않다. 그린란드 해안은 매우 많은 눈이 내리는 곳이어서 (빙하 코어와 겉으로만 비교하는 것은 적절하지 않다.) 비행기가 그렇게 깊이 묻힌 것이다. 과학자들이 빙하 코어를 캐내는 내륙에는 눈이 훨씬 적게 내린다. 눈이 내린 곳에 다시 더 눈이 내려서 오래된 눈은 압축되고 얼음으로 단단해져 그 안의 기포를 막는다. 그렇게 해서 10만 년 전 대기 기록을 가진 빙하 코어는 3km 깊이나 된다. 그 안의 기포들은 열을 가둔 가스, 먼지, 대기온도 측정 대용물 등의 과거 변화에 대한 기록으로

---

1 ice cores: 빙하에서 채취한 원통형의 얼음 막대로 지구의 기온과 대기 변화 연구에 활용된다. 내린 눈이 빙하에 쌓이고, 그다음 내린 눈이 그 위에 쌓여서 계속 압착돼 시대별 얼음층을 형성하게 된다. 이를 통해 과학자들은 80만 년 전 생성된 얼음층도 추적했다.

사용된다. 이것들은 연도별로 적절하게 보정되어 전 세계 다른 기록들과 주의 깊게 비교되므로 실수가 있을 수 없다. 빙하 코어는 우리에게 고대의 기후에 대해서 말해주고 있고, 현재의 기후가 얼마나 특이한지도 보여준다.

~~~~~~~~~

나에게는 매일 기후변화가 인간에 의해 야기됐다는 증거에 반대되는 주장들이 쏟아진다. 그것들 중 대부분은 상당히 과학적으로 들리기도 한다. 이런 말들이다. "기후는 항상 변해왔다. 인간은 그것과 아무런 상관이 없다. 태양과 화산, 우주 광선이 기후변화를 만든다. 심지어 지구온난화도 아니다."

당신도 아마 이런 반론을 들어봤을 것이다. 가족 중에 누군가가 그런 말을 했을 수 있고, 그가 좋아하는 정치인의 말을 빌렸을 수도 있다. 의문의 블로그를 인용하는 동료의 반론도 있을 수 있다. 소셜 미디어에서 우연히 본 문구이지만 스스로는 사실 여부를 알기 어려운 경우도 있다. 과학적인 것처럼 보이지만 실제로는 과학이 아닌 반론은 사람들이 기후변화에 대해 논쟁할 때 자주 등장한다. 내가 페이스북에서 자주 받는 질문의 절반은 이런 버전이다. "제가 아는 누군가가 이 기사를 올렸어요. 저는 그것이 사실일 수 없다고 생각해요. 그런데 그 이유를 설명해주실 수 있을까요?"

과학자들은 이것을 '좀비 논쟁'이라고 부른다. 아무리 자주, 철저하게 틀렸음이 드러나더라도 그들의 주장은 죽지 않을 것이다. 그런 주장이 죽지 않기 때문에 기후변화에 관한 한 당신은 과학에 대해서도 조금은 말할 수 있어야 한다. 그러나 혼란스럽고 문제가 있는 상황으로 들어가서는 안 된다. 기후과학자가 될 필요도 없다. 핵심은 매우 단순하다. 반대 주장은 매우 일반적이며 쉽게 답할 수 있는 것들이어서 짧은 응수로도 충분하다.

그뿐 아니라 앞서 언급했듯이 과학적으로 들리는 대부분의 반대 의견은 진짜 문제를 가리기 위한 연막일 뿐이다. 기후변화 불인정은 정치적 양극화와 정체성에서 비롯된다. 기후변화의 영향은 우리에게 큰 문제가 아니며, 그것을 고치기 위해 인간이 할 수 있는 건설적 방법은 없다는 잘못된 믿음이 이를 부채질한다. 이것은 미국만의 문제는 아니다. 56개국 사람들을 분석한 결과 정치적 소속과 이념이 그들의 교육과 가치, 삶의 경험보다 기후변화에 대한 의견을 나타내는 훨씬 더 강력한 지표라는 것이 드러났다.

그런데 이런 좀비 논쟁이 수면 위로 올라올 때 핵심은 답을 얻는 것이지만 짧게 이야기해야 한다. 로널드 레이건 전 미국 대통령도 "만약 당신이 설명하고 있다면 당신이 지고 있는 것이다"라고 말하지 않았던가. 반대 의견을 인정하고, 간략하게 답해야 한다. 그리고 불화를 일으키는 논쟁보다는 공유된 가치에 대해 머리가 아니라 마음으로 연결하는 것으로 방향을 바꿔보라. 여기에 당신이 알아야 할 과학이 있으므로 그렇게 할 수 있을 것이다.

설명은 간단하다

지구 기후는 복잡하다. 하지만 우리 인간이 지구에 미치는 영향은 그렇지 않다. 이런 식으로 생각해보라. 지구는 열을 가두는 가스라는 자연 '장막blanket'으로 덮여 있다. 대부분의 태양에너지는 창문을 통과하듯이 이 장막을 통과해서 지구에 열[2]을 가한다. 지구는 태양에너지를 흡수한다. 그래서 따뜻해지고 열에너지를 발산한다. 이 장막은 열에너지를 가둬서 태양에너지가 없을 때보다 지구 온도를 33℃(화씨 91.4°) 더 따뜻하게 유지한다. 만약 이 장막이 없다면 지구는 얼음 덩어리였을 것이다.

이 장막이 자연적이라면 지구상에 있는 생명체가 무슨 책임이 있겠는가. 문제는 우리가 땅에서 석탄, 석유, 천연가스를 채굴해서 태울 때마다 수백만 년 동안 자연적으로는 대기에 도달하지 못할 이산화탄소를 대기로 방출하는 것이다. 이산화탄소는 열을 가두는 장막의 주요 가스다. 열을 가두는 가스는 산림 전용, 농업, 폐기물에서도 나온다. 수백 년 동안 이산화탄소, 메탄, 아산화질소 같은 가스는 자연 장막의 두께를 늘려왔다. 어떤 사람이 당신의 완벽한 장막을 당신에게 필요 없는 더 두꺼운 장막으로 교체

---

2 태양은 매우 뜨거워서 내뿜는 에너지의 대부분은 짧은 가시광선과 적외선 파장 안에 있다. 열을 가두는 가스는 이들 파장에서는 많은 에너지를 흡수하지 못한다. 대조적으로 지구는 훨씬 더 시원해서 내뿜는 에너지의 대부분은 긴 적외선 파장 안에 있다. 이 장파장 적외선 안이 열을 가두는 가스나 온실가스가 대부분의 열을 흡수하는 곳이다.

한다면 당신은 열받지 않겠는가. 같은 방식으로 지구도 더워지고 있다.

심한 눈보라나 한파가 우리를 휘감을 때 '지구의 열기를 사용할 수 있으면 좋을 텐데'라고 생각할지도 모른다. 2014년 코미디언 스티븐 콜버트가 트윗(엑스)에 "오늘 무척 추웠어요. 지구온난화는 진짜가 아닙니다. 그리고 좋은 소식이 또 있어요. 제가 밥을 먹었기 때문에 이 세계 기아는 끝이 났다는 겁니다"라고 빈정대는 글을 적었다.

어느 하루 한곳에서, 심지어 1년 동안 일어나는 일이 지구 전체의 장기적 온난화를 없었던 일로 만들지는 못한다. 진실은 이것이다. 오늘 아무리 춥고 뜨거워도, 계절에 상관없이 10년마다 연속적으로 지구 규모에서 가장 더운 기간이라는 새 기록을 세우고 있다는 것이다.

기후변화 연구는 오래된 과학

프랑스 수학자이자 과학자인 장바티스트 조제프 푸리에는 1820년대에 지구의 자연 장막과 온실효과 개념을 처음 제시했다. 그는 지구의 대기가 온실효과를 초래할 수 있다고 보았다. 그 온실효과를 처음 실험으로 밝힌 사람은 뉴욕 출신 아마추어 과학자인 유니스 푸트였다. 그녀는 1856년 미국과학진흥회AAAS 연례회의에서 대기 중 이산화탄소 수치가 더 높다면 지구가 훨씬 더 따뜻해질 것이라는 논문을 제안했고, 이듬해 연례회의에서 자신의 논문을 읽은 최초의 여성 중 한 명이 되었다. 이 연례회의에는 나도 매년 참석하고 있다.

1860년대 영국에서는 존 틴들이라는 한 아일랜드 과학자가 이산화탄소와 석탄 가스(주로 메탄)로 흡수되는 열을 정확하게 측정하는 데 필요한 과학적 도구를 발명했다. 1800년대 후반에는 과학자들이 대기 중 이산화탄소가 증가하면서 지구가 얼마나 따뜻해질지 정확하게 계산할 수 있게 되었다. 1896년 스웨덴의 스반테 아레니우스는 더 구체적으로 대기 중 이산화탄소가 온실효과를 일으킬 수 있다고 보았다. 이후 1938년 영국 엔지니어 가이 캘린더는 인간의 화석연료 사용으로 발생한 이산화탄소가 온실효과를 더 가속화하는 메커니즘을 밝혀냈고, 1880년대 이후 온도 변화를 측정할 수 있었다.

1965년까지 백악관 과학 자문위원들은 기후변화가 현실이고, 인간이 그것을 야기하고 있으며, 린든 존슨 미국 대통령에게 공식적으로 대기 중 이산화탄소의 증가가 지구 기후에 미치는 위험에 대해 경고할 만큼 심각하다고 확신했다. 과학자들은 "몇 세기 안에 우리는 5억 년 동안 식물에서 추출돼 퇴적물에 묻혔던 탄소의 상당 부분을 공기 중으로 되돌려보낼 것이다"라고 보고서에 썼다. "2000년까지 이산화탄소는 (산업화 이전에 비해) 25% 증가할 것이다. 이것은 기후에 측정 가능하고 아마도 현저한 변화를 일으키기에 충분할 것이다." 많은 앞선 예측과 마찬가지로 이것도 놀랍도록 정확한 것으로 증명되었다.

1987년 타임지는 표지에 온실 안에 갇혀 불타는 지구 이미지를 실었다. 이듬해 나사 과학자인 짐 핸슨은 국회에서 지구온난화는 진짜라고 증언했다. 같은 해 유엔 기후변화에 관한 정부 간 협의체IPCC가 구성되었고, IPCC는 철저하고 계속 확장되는 종합보고서(2023년 제6차 종합보고서 발행) 가운데 첫 보고서를 1990년 발표했다. 이 보고서들은 기후가 어떻게 변하고 있고, 그것이 우리 세계에 어떤 영향을 미칠 것인지에 대해 과학자들이 알고 있는 모든 것을 기록하고 있다.

첫 지구정상회의는 1992년 브라질 리우데자네이루에서 열렸다. 미국을 포함한 거의 모든 국가가 정상회의 결과로 만들어진 유엔 기후변화협약에 서명했다. 이 협약에서 세계 각국은 '기후 시스템에 대한 위험한 인위적 간섭을 막기로' 동의했지만, 이후 21회 더 만나기 전까지는 위험하다고 간주되는 것에 대해 동의하지 못했다. 2015년 파리 기후회의에서 비로소 세계는 '금세기 세계 평균기온을 산업화 시대보다 2°C보다 훨씬 아래(well below 2 degrees Celsius)로 유지하고, 추가적으로 1.5°C 이내로 제한하기 위한 노력을 추구하기로' 동의했다. 이것이 바로 파리협정의 핵심 내용이다.

2016년 31개의 과학단체가 미국 국회에 편지를 보냈다. "주요 과학단체 리더들로서 우리는 기후변화에 대한 일치된 과학적 관점을 상기시키기 위해 편지를 씁니다. 전 세계에서 기후변화가 일어나고 있다는 증거들이 명확히 나타나고, 정밀한 과학적 연구 결과들은 인간의 활동으로 발생한 온실가스가 주요 동인이라고 결론짓고 있습니다. 이런 결론은 여러 개의 독립적 증거와 동료 과학자들의 검증에 의해 뒷받침되고 있습니다." 2020년까지 미국 지구물리학연합에서부터 미국의학협회에 이르기까지 18개 과학협회가 기후변화에 대한 공식 성명을 발표했고, 전 세계 198개 과학단체가 기후변화가 인간에 의해 발생했다고 공식적으로 밝혔다. 과학자들이 인간에 의한 기후변화를 얼마나 확신하고 있는지를 보여주는 증거다.

다른 의심스러운 부분 배제하기

이처럼 과학적 이해와 세계의 합의에 대한 압도적인 역사에도 불구하고 나는 아직도 여전히 기후과학에 반대하는 의견을 듣는다. 다른 과학자들이 그런 반대 의견을 내는 것이 아니다. 반대 의견을 내는 사람들은 "이전에 지구는 더 따뜻했다는 것을 모르세요? 수백만 년 전에 인간이 기후변화를 야기한 게 아닙니다. 그런데 왜 지금은 우리 인간에게 책임이 있다고 생각하나요?"라고 묻는 사람들이다.

많은 사람들이 알지 못하는 것이 있다. 과학자들이 그저 다른 선택 사항도 확인하지 않고서 기후변화가 인간이 야기한 것이라고 자동적으로 가정하는 것이 아니라는 점이다. 책임감 있고 박식한 의사는 지속적인 낮은 신열의 흔한 원인—감염? 자가면역 질환? 암?—을 먼저 점검하고 배제하듯이, 과학자들도 기후가 자연적으로 변할 수 있는 다른 모든 이유를 엄격하게 검사하고 실험해왔다. 그리고 자연적 요인들은 모두 알리바이를 갖고 있기 때문에 (그 자연적 요인들을 배제하고 보면) 기후변화의 원인이 인간이라는 것을 확신하게 된다. 우리는 다음과 같이 알고 있다.

태양이 원인?

태양은 (기후변화의 원인으로) 가장 큰 '자연적 의심'의 대상이다. 지구는 우리와 가장 가까운 별인 태양으로부터 거의 모든 에너지를 얻는다. 태양의 밝기는 시간에 따라 변한다. 천문학적 시간 척도에 따라 많이 변하기도 하고, 인간의 시간 척도에 따라 조금씩 변하기도 한다. 태양에너지가 지구에 증가하면 지구는 조금 따뜻해진다. 이것은 당신이 램프의 조광기 강도를 높이면 방이 밝아지는 것과 유사한 방식이다. 태양에너지가 수십 년에서 수 세기에 걸쳐 줄어들면 지구는 약간 차가워진다.

1400년대에서 1800년대 사이의 소빙하기와 같은 더 서늘한 시기에 태양에너지는 평균보다 약간 낮았다. 북반구에서 겨울 온도는 몇 세기 동안 1~2℃ 떨어졌다. 런던에서 템스강이 꽁꽁 얼어붙는 일이 흔했고, 런던 사람들은 얼음 위에서 얼음축제 River Thames frost fairs를 열었다. 어느 겨울 아이슬란드에는 너무 많은 해빙이 둘러싸고 있어서 그 섬에 배가 닿을 수 없었다.

오늘날 온난화가 태양 때문이라면 태양에너지가 증가해야 하는데 그렇지 않다. 1970년대 이후 위성 방사선 측정기 데이터는 태양에너지가 감소해왔다는 것을 보여주고 있다. 그래서 만약 태양이 지금 우리의 기후를 제어하고 있다면 우리는 점점 더 시원해질 것이다. 하지만 지금 지구의 온도는 계속해서 증가하고 있다. 이렇게 태양의 알리바이는 입증됐다.

화산은 어떤가?

한 번의 화산 폭발이 80억 인류가 만들어내는 것보다 더 많은 탄소를 배출한다는 신화가 있다. 하지만 사실 화산 폭발은 지구를 따뜻하게 하지 않는다. 그것들은 주로 지구를 식히는 작용을 한다. 화산이 폭발하면 거대한 이산화황 구름을 배출한다. 이 분자들은 수증기와 결합해 황산 에어로졸을 만든다. 그 입자들이 태양광선의 일부를 흡수하고 일부는 우주로 반사해 지구를 식히는 우산과 같은 역할을 한다.

인류 역사상 가장 큰 분화 중 하나는 1815년 인도네시아 숨바와섬의 탐보라산 폭발이다. 당시 6,000만 톤 이상의 이산화황을 내뿜었는데 이후 3년 동안 지구 온도가 눈에 띄게 낮아졌다. 이 분화의 영향으로 미국 동북부 전역의 대규모 흉작을 비롯해 유럽의 기근, 동남아시아 몬순기후의 붕괴와 같은 엄청난 일이 일어났다. 1816년은 '여름이 없었던 해'로 알려져 있다. 그 무렵 영국 작가 메리 셸리는 그 음산한 여름의 대부분을 스위스 실내에서 보냈고, 그 우울함은 그녀가 『프랑켄슈타인』과 『최후의 인간』을 쓰도록 영감을 주었다. 『최후의 인간』은 전염병, 기후 난민, 집단 공황에 이르게 하는 '검은 태양'에 대한 보고를 다루는 종말론적이고 끔찍한 선험적 소설이다.

탐보라 화산 폭발로 유럽 전역에 티푸스가, 인도에 콜레라가 발생했다. 심지어 엄청난 폭우와 홍수가 발생해 벨기에 워털루[3]에서 나폴레옹이 패배하게 되는 요인이 되었다. 그 화산 폭발로 지구가 뜨겁게 달궈지지는 않았다.

아이슬란드, 시칠리, 옐로스톤국립공원 같은 지질학적으로 활동적인 지역에서 열을 붙잡는 가스가 지구의 지각에서 대기로 서서히 퍼지고 있는 것은 사실이다. 이 가스들은 온난화 효과를 내기도 한다. 화산 분출에서 소량의 열 포획 가스가 방출되는 것도 사실이다. 그러나 자연의 지질학적 배출량은 매년 인간의 활동으로 대기에 배출되는 이산화탄소의 1%와 메탄의 15% 미만에 해당한다. 이를 모두 합치면 미국 주의 중간 크기인 버지니아, 테네시, 오클라호마에서 인간이 배출하는 양과 맞먹는다. 이는 인간이 매년 대기로 배출하는 탄소량과 비교하면 극소량이다. 따라서 화산이 지구를 데우고 있다는 주장도 설득력이 떨어진다.

---

3 실제 전투지는 워털루 남동쪽 플랑스누아 마을 근처.

궤도주기가 원인?

기후변화에 대한 세 번째 그럴듯한 의문은 궤도주기[4]다. 태양 주위를 도는 지구의 궤도는 주기적으로 변화한다. 궤도주기는 과거에 지구가 경험했던 빙하기의 원인이다. 이것은 또 지난 1만 2,000년 정도 경험해왔던 따뜻한 간빙기의 원인이기도 하다. 그렇다면 이 궤도주기가 지난 150년간의 온난화의 원인이기도 할까? 아니다. 그 이유는 여기에 있다.

1800년대 초반 과학자들은 거대한 얼음이 한때 유럽과 북미를 뒤덮었다는 것을 알게 됐다. 하지만 오랫동안 무엇이 이런 빙하시대를 야기했는지 그들은 알지 못했다. 1920년대 세르비아의 뛰어난 토목기사이자 수학자인 밀루틴 밀란코비치가 그 이유를 알아냈다. 시간이 지나면서 지구보다 큰 행성들의 다양한 중력이 태양을 도는 지구의 공전궤도를 원에서 타원으로, 다시 타원에서 원으로 잡아당긴다. 지구의 자전축 또한 팽이처럼 흔들린다. 밀란코비치는 60만 년 동안의 이런 변화를 손으로 직접 도식화하면서 그 누적 효과가 가장 긴 빙하기 주기와 동일한 10만 년의 주기를 만든다는 것을 발견했다.[5] 이러한 주기는 햇빛이 지구에 떨어

---

4 천체나 위성이 궤도를 완전히 한 바퀴 회전하는 데 걸리는 시간.
5 밀란코비치 이론은 지구 공전궤도의 형태, 자전축의 변화, 자전축 세차운동 등 세 가지 요소가 지구에 도달하는 태양에너지의 양과 도달 위치를 변화시켜 기후변화를 초래한다는 이론이다.

지는 방식을 변화시키고, 이는 다시 빙하의 확장과 축소를 촉발한다.

현재 시점에서 보면 마지막 주요 최대 빙하기는 2만 년 전이었다. 따라서 지구는 가장 최근의 빙하기에서 빠져나오는 중이기 때문에 온난화가 진행되고 있는 것 아니냐고 궁금해한다. 슬프게도 그것도 아니다. 궤도주기로 말미암은 온난화는 인류 문명 초기인 6,000~8,000년 전에 최고조에 달했다. 그 시점 이후 지구 온도는 매우 점진적으로 떨어지기 시작했다. 궤도주기에 따르면 다음 주요 최대 빙하기는 지금으로부터 1,500년 안에 시작되는 게 맞다. 문제는 150년 전에 지구가 오히려 따뜻해지기 시작했다는 사실이다.

자연적 순환인가?

만약 태양, 화산, 그리고 궤도주기가 현재의 온난화의 원인이 될 수 없다면, 이제 단 하나의 자연적 의혹이 남아 있다. 그것은 가장 일반적으로 언급되는 자연적 순환이다. 그런데 자연적 순환은 정확히 무엇을 말하는가? 그것이 어떻게 지구를 따뜻하게 하거나 춥게 할까? 자연적 순환은 아무것도 없는 데서 열을 만들어낼 수 없다. 자연적 순환은 바다와 대기 사이, 또는 동쪽에서 서쪽으로, 그리고 다시 서쪽에서 동쪽으로 열을 이동시켜서 지구 주위의 에너지 분배를 돕는다. 자연적 순환으로 지구 한쪽을 따뜻하게 하고, 동시에 다른 부분은 차갑게 한다.

가장 잘 알려진 순환 중 하나는 당신도 들어보았을 엘니뇨와 같은 것이다. 2015년 엘니뇨 기간에 페루 해안과 태평양 동쪽 해수면 온도가 평균보다 더 따뜻했다. 그 결과 바다는 대기 중으로 열을 방출해 지구 평균 대기 온도를 약간 올렸다. 또 호주와 인도에는 예년보다 건조한 날씨를, 미국 남부에는 예년보다 습한 날씨를 초래했다.

반면 2020년 라니냐 기간에는 열대 태평양의 평균보다 차가운 바닷물이 대기에서 열을 더 흡수했고, 평균 지구 온도가 약간 떨어져 온난화 패턴이 뒤집혔다. 라니냐는 동남 아시아와 호주 대부분의 지역에 습한 날씨를, 미국 남부에는 건조한 날씨를 가져왔다.

이른바 중세 온난기에는 북대서양의 기온이 수 세기 동안 평균보다 0.5~1℃ 정도 더 높았다. 이것은 바이킹족이 그린란드에 정착하고 캐나다 북동쪽에 도달하는 것을 도왔다. 그런데 왜 '이른바'라고 썼는지 그 이유가 있다. 그것은 사람들의 관점에 따라 그 시기에 대한 평가가 달라질 수 있기 때문이다. 같은 시기 시베리아에서는 중세 혹한기였다. 시베리아 기온은 평균보다 더 낮았는데, 북대서양의 기온이 평균보다 더 따뜻했던 수치만큼 차가웠던 것이다. 그것이 자연적 순환의 모습이다.

그러나 오늘날은 지구 전체가 더워지고 있는데, 특히 바다가 그렇다. 단지 열이 이동하는 자연적 순환이 아니다. 지난 50년간 바다는 기후 체계 안에 갇힌 열의 90% 이상을 흡수했다. 이것은 바다의 열 함량이 지구 대기, 지표면, 그리고 지구 빙권(얼음이나 눈으로 덮인 지역)을 합친 것보다 15배 이상 증가했다는 것을 의미한다.

바다 열 함량의 변화를 기후변화의 척도로 사용하는 것은 대기 온도의 변화를 추적하는 것보다 훨씬 더 정확하다. 지구 기후 시스템의 한 부분인 대기가 아니라 전체 시스템의 지속적 열 함량 증가를 살펴보면 연도별 변동성은 거의 없다. 그러면 우리는 왜 바다가 아니라 지구 대기 온도의 증가에 대해 그렇게 많은 이야기를 하는 것일까? 이것 또한 우리의 관점 때문이다. 즉, 바다에서 일어나고 있는 온난화, 산성화 등은 육지에서 일어나고 있는 것보다 훨씬 더 크고 놀라운 일인데, 우리가 육지에서 살고 있기 때문에 그것을 깨닫지 못하고 있는 것이다.

인간에게 책임이 있다

결론은 이것이다. 과학자들은 1850년대부터 이산화탄소가 열을 가둔다는 것을 알고 있었다. 그것은 산업혁명이 시작된 이래 우리가 태웠던 석탄, 석유, 가스에서 나온 것으로 대기 중에 쌓아왔다. 전기를 생산하고, 우리가 사는 집을 난방하고, 공장에 동력을 공급하고, 자동차·배·비행기를 운행하는 데 사용했던 것들이다. 수많은 연구 결과는 바로 인간 활동이 100% 이상 온난화의 직접적 원인이라고 말하고 있다. 어떻게 100% 이상일 수 있을까? 왜냐하면 자연적 요인들에 따르면 지구는 온난화가 아니라 냉각화 중이어야 하기 때문이다. 우리 인간이 바로 관찰된 모든 온난화의 원인이고, 관찰되지 않는 것들은 말할 것도 없다.

지구는 이전에 여러 번 더운 시기와 추운 시기를 경험했다. 그러나 수백만 년 전까지의 고古기후 기록에 근거해보아도 오늘날의 상황은 전례가 없는 일이다. 대규모 산림전용과 메탄을 내뿜는 소와 같은 반추동물의 증가를 동반하는 농업의 발전은 이미 다음 빙하기를 막고 기후를 안정시킬 가능성이 충분했다. 우리는 얼음으로 덮인 지구를 원하지 않기 때문에 그것은 좋은 일이다. 하지만 산업혁명은 기후변화를 과도하게 이끌었고, 바로 지금 그 상황이 매우 심각하다.

빙하 코어의 기록에 따르면 산업혁명이 시작되기 전 대기 중 이산화탄소 농도는 평균 약 280ppm(1ppm은 100만분의 1 농도)이었다. 이제(2021년) 이산화탄소 농도는 50% 늘어나 420ppm을 넘어섰다. 대기 중 이산화탄소 농도가 이렇게 높았던 때는 아마도 1,500만 년 전이었을 것이다. 그리고 오늘날과 비슷한 속도로 기후가 더워진 것은 과학자들이 팔레오세-에오세 최대 온난기 Paleocene-Eocene Thermal Maximum라고 부르는 시기인 5,500만 년 전이었다. 당시 지구 기온은 약 10만 년에 걸쳐 5~8℃ 상승했고, 해수면은 오늘날보다 60m 이상 높았다. 과학자들은 그 시기를 기록상 자연적 기후변화의 가장 극단적인 사례들 중 하나로 여기고 있다. 오늘날 우리는 그런 과거의 극단적 기후변화를 초래했던 자연적 이산화탄소 배출 속도보다 10배나 빨리 대기 중으로 탄소를 배출하고 있는 것으로 추정된다.

인간에게 가장 좋은 온도는 몇 도일까? 그것은 너무 덥지도 춥지도 않은 온도다. 우리가 지금까지 갖고 있던 골디락스 Goldilocks(딱 좋은) 온도다. 그 온도에서 인류 문명이 발달했다. 그 온도에서 수자원을 배치하고, 사회기반시설을 설계하고 건설했으며, 농경지를 구획해 나누었다. 그 조건에서 우리는 사회·경제 시스템을 개발하고, 정치적 경계를 설정했으며, 자연 자원에 대한 소유권을 정했다.

우리는 또 다른 빙하기를 원하지 않는다. 하지만 오늘날 우리는 빙하기에서 너무 멀리 떠나왔다. 우리는 너무 빨리 반대 방향으로 가고 있다. 기후는 지금 태양, 화산, 자연적 순환 때문에 당장은 크게 변하지 않고 있다. 그런데 변화의 조짐이 너무나 확연하고, 그런 변화는 인간에 의한 것이다. 우리 인간은 우리가 가진 유일한 집(지구)을 가지고 너무나 전례 없는 실험을 하고 있다.

5장
나는 옳고 당신은 바보라니

"우리는 정치적 정체성에 너무 갇혀 있어서 사실상 우리 마음을 바꾸게 할 어떤 후보자도, 정보도, 조건도 없습니다."
—에즈라 클라인, 『우리가 양극화된 이유』

"당신의 의견에 동의하고 싶습니다. 하지만 내가 당신에게 동의한다면, 앨 고어의 의견에도 동의해야 합니다. 저는 결코 그렇게 할 수 없습니다."
—어느 농부가 내게 한 말

"네, 그렇습니다."

"아니요, 그렇지 않습니다."

연단에는 국립해양대기청NOAA 허리케인 부서의 기상학자가 서 있었다. 그는 허리케인 발생 빈도가 장기적으로 변하지 않았음을 나타내는 데이터를 보여주고 있었다. 평소 친절한 그는 연단 반대쪽에서 자신을 향해 소리치는 NOAA의 다른 과학자 때문에 목덜미가 뜨거워지고 있었다. 그 과학자는 바로 직전에 기상학자와 정반대의 데이터를 보여주었다. 이 장면은 2006년 1월 미국 기상학회의 연례회의에서 벌어진 일이었다. 2005년 기록적인 허리케인 시즌이 막 끝난 시점이었다. 1953년 미국이 대서양 허리케인의 이름을 붙이기 시작한 이래 처음으로 과학자들이 알파벳을 끝까지 사용했고 그리스 문자를 허리케인에 붙여야 할 정도로 수많은 폭풍이 발생했던 해였다.[6] 11번째 폭풍인 허리케인 카트리나는 가장 기록적인 피해를 남겼다. 그것은 뉴올리언스와 그 주변 지역에서 1,800명 이상의 사망자, 1,250억 달러의 피해, 그리고 셀 수 없는 개인적 손실을 가져왔다. 따라서 과학자들이 궁금해한 것은 당연하다. 기후변화가 도대체 어디에서 다가오는지 말이다.

나는 완전히 매료돼 초집중했다. 이전에 그처럼 과학자들이 불꽃을 튀기며 논쟁하는 장면을 보지 못했다. 과학적 논쟁은 대개 얼굴을 마주 보는 맞대결이 아니라 냉소적이고 가시 돋친 글을 주고받는 지상 논쟁 형식이었다. 위의 두 과학자가 얼굴이 빨개지고 목소리가 커졌지만 서로 주먹을 날리거나 인격적인 모욕을 가한 것은 아니었다. 그들이 사용한 유일한 무기는 데이터였고, 결국 데이터가 논쟁을 해결했다.

오늘날 과학자들은 허리케인 전체 숫자는 늘지 않고 있지만, 더 '강력한' 허리케인 숫자가 늘고 있다는 것을 알고 있다. 우리는

---

6 2005년에는 제타를 마지막으로 27개의 폭풍이 있었다. 2020년에는 11월 중순 카테고리 5 폭풍인 허리케인 아이오타를 끝으로 30개의 폭풍이 있었다.

그 이유도 알고 있다. 따뜻한 바닷물이 더 크고 더 강한 폭풍을 부채질하고, 더 빨리 강력하게 커지게 만든다. 결국 두 과학자 모두 옳았다. 그들은 단지 서로 다른 각도에서 데이터를 보았을 뿐이었다. 이제 우리는 허리케인과 관련해 더 명확한 전체 그림을 갖게 되었다. 과학의 세계에서는 팩트가 승리할 수밖에 없다.

가짜 뉴스의 폭로

나는 소셜 미디어에서 가짜 과학을 폭로하는 데 많은 시간을 보낸다. 그곳에는 불행하게도 같은 규칙이 적용되지 않는다. 2020년 기록적 산불이 미국 서부 지역을 강타했을 때 사람들은 그것이 기후변화와 관련이 없다고 주장했다. 그들은 "그것은 모두 방화에 의한 산불입니다. 아니면 산림 관리가 미흡해서 산불이 커진 겁니다. 그런 거대한 산불은 실제가 아닐 수도 있습니다. 이 지도에서 캐나다를 보세요. 거기에는 화재가 없습니다"라고 주장했다.[7]

"내가 네 트윗(엑스)에 접속해 있었어. 번거롭게 왜 그 바보들에게 굳이 답을 하니?"

과학 선생님이신 내 아버지가 말씀하셨다. 나는 허위 정보에 대처하는 것이 매우 중요하다고 말했다. 이런 논쟁이 공공연히

---

7   당시 서부 캐나다에 산불이 많았지만, 미국 연방이 관리하는 지도 데이터에는 미국의 산불만 표시됐기 때문에 캐나다에 화재가 없는 것으로 나타난 것이다.

일어나면 과학자로서 우리들이 좀비 논쟁에 대해 여러 번 듣고 그에 잘 대응한다는 것을 알아야 할 필요가 있는 사람들이 있는 것이다.

그러나 다른 측면에서는 아버지 말씀이 옳았다. 내가 정확한 데이터를 갖고 대응하기 위해 받았던 긍정적 피드백은 비록 가치가 있다고 해도 많지 않다. 한 기독교인은 "당신은 가엾은 기후변화 무시자를 천천히 진실 쪽으로 끌어왔습니다"라고 했고, 다른 교인은 "당신은 우리 아빠의 마음을 바꿨습니다. 고마워요"라고 말했다. 이런 반응은 나를 매우 기쁘게 하지만 부정적 공격에 압도당하기 일쑤다. 그런 공격자들은 기후변화가 자신의 정체성에 대한 도전이라는 것을 생각하지도, 보지도 못하는 사람들이다.

한 남성은 "기후변화를 인간이 초래했다는 설득력 있는 증거는 없습니다"라고 말했다. 나는 앞서 언급한, 기후변화의 자연적 원인이 현재 벌어지고 있는 온난화의 원인일 수 없다는 그 논지를 가지고 답했다. 그러자 그는 "모욕은 증거가 아닙니다. 계속 시도하세요, 교수님"이라면서 내가 말한 팩트들도 자신이 동의할 때만 합법적인 전문지식이 될 것임을 분명히 했다.

내가 과학적 증거를 바탕으로 주의 깊게 정리한 내용을 보내주었으나 반대자는 아주 소수만이 사려 깊고 정직한 방식으로 토론에 참여했다. 그런데 왜 그런 팩트들은 사람들의 마음을 바꾸는 데 별로 효과가 없을까? 그리고 사람들이 그 어느 때보다 그런 팩트들에 접근하기가 쉬운데도 왜 그렇게 많은 사람들이 그것을 잘

못 이해하고 있을까?

자신이 확신하는 사실만 고른다

아버지가 말했듯이 우리는 우리 의견에 동의하지 않는 사람들을 바보라고 생각한다. 홍보 전문가 짐 호건의 『광장의 오염』이라는 책 제목[8]이 생각난다. 그 책의 부제는 '공공 담론의 독성 상태와 그것을 정화하는 방법'이다. 그는 우리가 인지하는 첫 추정이 문제의 큰 부분이라고 설명하고 있다.

대다수의 사람들은 과학과 팩트가 세상이 작동하는 방식을 설명해주고, 우리가 위험을 무릅쓰고 그것을 무시한다는 것을 이해하고 있다. 우리 모두는 누가 "중력은 실제가 아니다"라고 말하고 절벽에서 뛰어내린다 해도 그들이 믿든 말든 그대로 추락한다는 것을 알고 있다. 그래서 개인이나 기관이 사람들이 생각하는 방식을 바꾸기 원한다면 지식 부족 모델Knowledge deficit model을 적용해보는 것도 타당해 보인다. 이 모델은 사람들이 어떤 팩트와 과학적 설명에 동의하지 않는다면 그들이 충분히 알지 못하기 때문이라고 본다. 그래서 더 많은 정보, 즉 더 나은 교육과 더 명확한 설명이 있다면 사람들이 기후변화에 대해 잘못된 주장을 하지 않게 된다는 것이다.

---

8   원제는 『I'm Right and You're an Idiot』

이 접근법은 블랙홀이나 곤충 행동과 같이 도덕적 혹은 정치적 짐이 없는 문제에 대해 이야기할 때 효과가 있을 수 있다. 또 100년 뒤에 지구와 혜성이 충돌할 가능성이 있다는 천문학자의 경고와 같은, 즉각적 행동이 필요하지 않은 문제에 대해 이야기할 때도 작동할 수 있을 것이다. 그러나 정치, 이데올로기, 정체성, 도덕성 같은 것이 과학에 얽히게 되면—인지언어학자이자 철학자인 조지 레이코프가 말했듯 우리의 프레임이 방해가 되면— 모든 상황의 결과는 예측할 수 없게 된다. 그리고 만약 과학에 따라 긴급하고 광범위한 조치가 필요하다고 하면 어떻게 될까? 그것 역시 진흙탕 싸움이 시작될 때다.

사회과학자 댄 카한은 '보통의 과학 지능'이라는 척도를 개발했다. 이것은 사람들이 데이터, 통계, 확률, 과학적 연구 결과를 이해할 수 있는 능력을 측정한다[9]. 그리고 그는 사람들에게 기후가 인간 활동 때문에 변하고 있다는 것에 동의하는지 물었다. 그는 그 질문에 대한 긍정적 답변 가능성과 과학 지능 사이의 상관관계가 약하다는 것을 발견했다. 가장 낮은 과학 지능을 가진 사람들이 그 질문에 "예"라고 답변할 확률은 약 35%였고, 가장 높은 과학 지능을 가진 사람들이 "예"라고 답변할 확률은 약 60%였다. 그러나 그가 정치적 관계에 따라 나누었을 때 상당히 다른 것이

---

9 다만 이 측정은 기후에 특화된 지식이 아닌, 일반적 과학 지식과 분석 능력에 대한 것이다. 기후에 특화된 지식에 더 높은 점수를 받은 사람은 기후변화에 대해 더 많은 관심을 가지는 경향이 있다.

발견됐다. 진보적 민주당원이자 과학적으로 정통한 사람들 가운데 90% 이상이 이 질문에 "예"라고 대답할 가능성이 높았다. 보수적 공화당원이라고 밝힌 사람들 가운데 90% 이상은 "아니요"라고 답할 가능성이 높았다.

놀랍게도 카한과 동료들은 '과학적 소양이 가장 높은 사람들(즉, 과학을 가장 잘 이해할 수 있는 사람들)이 기후변화에 가장 큰 관심을 가진 것은 아니었으며, 문화적 양극화가 그런 관심에 가장 영향을 미친다'는 것을 확인했다. 다시 말하면, 과학적 지식이 많은 사람일수록 더욱더 정치적 정체성이 기후변화와 같은 양극화된 이슈에 대한 의견을 결정한다는 것이다.

카한의 연구는 미국에서 이뤄졌지만 다른 64개국에서 이뤄진 최신 연구에서도 비슷한 경향성이 발견됐다. 다른 선진국에서 교육은 사람들이 기후변화에 대해 더 걱정하게 만드는 경향이 있지만, 정치적 보수주의자일 경우 이런 효과는 눈에 띄게 줄어들었다. 반면 개발도상국과 신흥경제국에서는 정치적 소속에 관련 없이 모든 사람들이 교육으로 말미암아 기후변화에 대해 더 걱정하는 것으로 드러났다.

정량적인 정보를 더 잘 다룰 수 있고 과학을 전반적으로 이해할 수 있는 사람이라고 해서 어렵고, 정치적으로 양극화된, 도덕적 함의를 가진 과학적 주제를 더 잘 받아들이게 되는 것은 아니라고 판명되었다. 즉, 과학적 이해도는 당신이 이미 믿고 있는 것을 입증할 정보를 더 잘 골라낼 수 있게 해줄 뿐이다. 기후변화에 대해서는 우리 모두가 대부분 이미 어떤 의견을 갖고 있다. 그리고 우리가 더 똑똑하면 할수록 우리와 의견이 다른 '악당'에게 더 강력하게 주장하려고 노력할 것이다. 이것을 뜻하는 용어가 동기화된 추론[10]이다. 어떤 문제 앞에서 자신의 신념과 일치하는 정보만 취하는 확증 편향과 같은 말이다. 자신의 의견이나 관점을 알려주는 것이 아니라 자신이 이미 믿고 있는 것을 확인하는 것을 목표로 정보를 선택하고 처리하는 정서적 과정이다. 그래서 이 질문을 하게 된다. 도대체 당신은 왜 이 책을 집어들었는가?

동기화된 추론

감정이 아닌 이성에 우리의 의견과 판단의 근거를 두는 것이 그리스 철학자들이 제시한 숭고한 목표다. 그것은 현대의 과학자들이 지속적으로 추구하는 바다. 그러나 플라톤은 사람들이 마음속으로 어떤 것을 결정할 때 보통 감정이 먼저고 이성은 그 뒤라는 것을 강하게 시사하는 현대심리학에 실망할지도 모른다. 만약 우리가 어떤 사안에 대해 이미 의견을 결정했다면 더 많은 정보는 먼저 형성된 사고의 틀을 통해 걸러질 것이다. 그리고 그 틀이 우리를 좋은 사람으로 만드는 감각과 밀접하게 연결될수록 우리는 거기에 더 단단히 매달리고, 잠재적으로 반대되는 사실들은

---

10 motivated reasoning

우리를 스쳐지나가도록 내버려둔다. 조너선 하이트는 『바른 마음』[11]에서 이렇게 설명했다.

"사람들은 빠르고 감정적으로 도덕적 판단을 한다…. 우리는 자신이 그 판단에 이르게 된 실제 이유를 재구성하기 위해 도덕적 추론을 하는 것이 아니다. 우리는 다른 누군가가 왜 우리의 판단에 함께해야 하는지 최상의 가능한 이유를 알기 위해 추론한다."

당신은 이것이 기후변화에 대해 관심 없는 사람들에게 적용된다고 생각하겠지만, 실제로는 관심 있는 쪽과 없는 쪽 모두를 갈라놓는다. 만약 우리가 기후변화에 대해 걱정한다면 더 많은 부정적 뉴스를 접할 때 그것은 우리가 이미 믿고 있는 것을 더 분명히 해준다. 뉴스는 기본적으로 이렇게 말한다.

"보고 있어? 당신이 옳아. 이것은 진짜이고, 정말 나쁜 일이야. 기후변화가 현실이라는 건 당신만 말하는 게 아냐. 바로 나사 NASA 과학자들이 말하는 거야. 녹고 있는 그린란드 빙하가 바로 증거야."

이건 이미 우리가 생각했던 것을 더 분명히 해주고, 그런 것까지 생각하는 우리가 좋은 사람이라는 확신을 더욱 굳건히 갖게 한다. 더 나아가 그것은 우리 의견에 동의하지 않는 사람들이 틀렸다는 것을 확인시켜준다.

심리학자 토머스 길로비치는 우리가 어떤 것을 믿고 싶을 때

---

11 『The Righteous Mind』

2부 왜 팩트만으로 충분하지 않은가

스스로에게 "믿을 수 있을까?"라고 묻고, 입증 증거를 찾는다고 말한다. 어떤 것을 믿고 싶지 않을 때는 "내가 믿어야 할까?"라고 묻고 반대되는 증거를 찾는다. 우리는 모두 자신의 정체성이 위태로울 때, 심지어 상대적으로 위험이 적을 때도 이런 형태의 동기화된 추론을 한다. 우리가 똑똑하면 할수록 우리 의견을 지키고 자기 가치와 정체성을 지키기 위해 동기화된 추론을 하는데, 사회과학은 이것에 대해 경고하고 있다.

예컨대 나는 음식을 낭비해선 안 된다는 생각을 갖고 자랐다. 그래서 곰팡이만 피어 있지 않으면 그것을 먹는다. 물론 그것이 치즈라면 곰팡이를 긁어내고 먹기는 한다. 내 남편은 오래된 음식은 나쁜 것이고 그것을 잘못 먹으면 탈이 난다고 생각한다. 당신은 기한이 지난 음식을 먹는 것과 버리는 것 둘 다 지지하는 과학 논문도 찾을 수 있을 것이다. 그런데 남편과의 대화에서 나는 많은 동기화된 추론을 하게 된다. 왜냐하면 '아껴야 잘산다'는 것은 내 정체성의 일부이기 때문이다. 남편의 경우 혹여 내가 아프기라도 하면 제일 먼저 의심스러워하는 눈빛으로 "지난주에 냉장고에 남은 음식 먹었어?"라고 묻는다.

하지만 가끔 우리 모두는 큰 이해관계를 가지고 동기화된 추론에 나서기도 한다. 예컨대 육아나 종교와 같은 더 큰 결정을 할 때 주어진 상태에 대한 강한 정서적 애착 때문에 크게 반대하거나 심지어 분명한 사실 앞에서도 기존의 의견을 고수하게 된다. 우리는 틀렸다는 것을 인정하기보다는 우리가 왜 옳은지를 보여주기 위해 갖고 있는 모든 지식을 사용하게 된다.

나는 과학자로서 내 안의 이런 경향과 항상 싸운다. 어떤 문제에 대해 수년간 연구를 진행했을 때 그것이 틀렸거나 근거가 없는 것일 수 있다는 것을 상상하는 것은 매우 끔찍한 일이다. 그래서 나는 지구가 더워지거나 인간에게 책임이 있다는 결론을 내린 최근 몇몇 과학 연구를 재분석하는 국제 팀에 몇 년 전 합류하기로 결정했다. 그 가운데 하나라도 일리가 있었다면?

우리의 팀 리더인 노르웨이 기후과학자 라스무스 베네스타가 위의 연구 결과들을 모았다. 모두 38개가 있었다. 같은 10년 동안 지구가 더워지고 있고 그 책임이 인간에게 있다는 연구 결과는 수천 개가 있었다. 베네스타 박사는 38개 모든 연구의 결과를 해체하고 처음부터 다시 분석했다. 나머지 팀원들은 그의 연구를 확인하면서 뒤따랐다. 그리고 우리가 내린 결론은 매우 놀라웠다. 우리는 모든 분석 대상 연구에서 저자들의 동기화된 추론의 증거를 발견했다. 어떤 것은 중요한 요인을 무시했고, 또 어떤 것은 잘못된 가정을 했으며, 연구 결과가 매우 모순되는 것으로 드러났을 때 발견했어야 하는 기본적 산술이나 과학적 오류를 갖고 있는 연구도 있었다. 과학자로서 동기화된 추론을 드러내기보다 자신의 목표를 추구하느라 정보를 기꺼이 간과한 사람들의 연구라는 것이 밝혀졌다.

그 연구들의 저자들은 연구의 동기에 대해 솔직하게 말하지 않았지만 때로 이런 것에 대해 놀라울 정도로 솔직하게 말할 수도

　　　　　　　　2부 왜 팩트만으로 충분하지 않은가

있다. 텍사스의 농업에 기후변화가 어떤 영향을 미치는지에 대한 워크숍에서 한 농부가 내게 다가와서는 고개를 끄덕였다.

"교수님이 말한 건 다 이해가 갑니다. 저도 교수님에게 동의하고 싶어요. 그런데 제가 교수님에게 동의한다면 앨 고어의 의견에도 동의해야 해요. 그런데 저는 결코 그렇게는 못 합니다."

철학자 피터 버고지언과 물리학을 전공한 수학자 제임스 린지는『불가능한 대화를 하는 방법How to Have Impossible Conversations』에서 "모든 대화는 동시에 사실, 감정, 그리고 정체성에 대한 대화라고 생각하라"라고 설명했다. 워크숍에서 나는 내가 농업과 물에 대해 대화하고 있다고 생각했다. 그러나 우리는 동시에 기후변화에 대해 어떻게 느끼는지, 그리고 그것과 관련해 우리 자신을 어떻게 보는지에 대해 이야기하고 있었던 것이다. 버고지언과 린지는 "대화가 사실과 생각에 관한 것처럼 보일 수도 있지만 당신은 필연적으로 도덕성에 관한 논의를 하고 있으며, 바꿔 말하면 결국 좋은 사람 혹은 나쁜 사람이 되는 것이 무엇을 의미하는지에 관해 대화하고 있는 것을 알게 된다"라고 설명했다. 그 농부는 내가 한 말을 귀담아 듣고 그것을 공정하게 평가했으며, 심지어 논리적으로 그것에 동의하기까지 했다. 하지만 이 새로운 정보를 받아들이려면 자신이 갖고 있는 도덕적 판단을 포기해야 한다는 것을 깨달은 것이다. 그는 자신의 도덕적 판단을 포기하고 받아들여야 할 정도로 가치 있는 정보는 아니라고 여겼던 것이다.

팩트가 역효과를 낼 때

가장 극단적인 경우 사람들이 이미 기후변화에 대해 소위 진보적 해결책을 거부하는 쪽으로 정체성을 구축하고 있을 때 과학적 사실을 끄집어내는 것이 얼마나 그들의 정체성에 대한 개인적 공격 또는 (제 트윗 반대자가 말한 것처럼) '모욕'으로 받아들여질 수 있는지 알 수 있다. 만약 기후변화를 인정하지 않는 것이 우리를 좋은 사람으로 만드는 것의 일부라면, 우리는 반대 주장을 "당신이 틀렸다"라고 해석하진 않는다. 오히려 우리는 "당신은 나쁜 사람이다"라고 말하는 것을 듣게 된다. 아무도 그런 말을 듣고 싶어 하지 않는다. 그것은 일종의 **역효과**로서 우리의 부인을 더 강하게 밀어붙이는 경향이 있다.

이런 역효과는 케이블 텔레비전에서 내 친구 애나 제인 조이너에게 일어났다. 그녀는 크리스천이고 기후행동가다. 그녀의 아버지 릭은 미국 남부의 보수적 대형교회 목사다. 그는 정치적으로 보수적 견해를 바탕으로 기후변화의 현실이나 기후행동의 필요성을 부인하는 사람이다. 미국 백인 복음주의 지도자들, 공화당 정치인들, 우익 언론 전문가들과 같은 부류의 사람이다.

2014년 에미상을 받은 기후변화 다큐멘터리 시리즈 '위험한 삶의 나날들Years of Living Dangerously'의 작가들이 애나와 그녀의 아버지 사이의 극적 갈등이 훌륭한 TV 소재가 될 것이라고 생각했다. 그들은 배우 이언 소머헐더를 데려와 애나 부녀지간이 6개월간 서로에게 한마디도 하지 않은 것을 포함해 어떻게 수년간 이 문제로 다퉈왔는지를 인터뷰하게 했다. 작가들은 또 기독교인이자 기후과학자인 나와 전 공화당 국회의원 밥 잉글리스도 데려왔다. 밥은 스스로 기후변화를 부인해왔지만 자신의 아들을 통해 기후변화가 현실적이고 위험하다고 확신했다. 그 후 그는 기후변화에 대한 자유시장식 해결을 옹호하는 단체인 보수주의 환경단체 리퍼블리큰republicEn을 만들었다.

밥과 나는 최선을 다해 우리의 주장을 제시했다. 우리는 릭의 "그런데, 이건 어떤가요?", "그것 봐" 같은 말에 일일이 대답했다. 심지어 우리는 조이너 대가족의 해안가 집 근처에 있는 애팔래치콜라만의 어부들을 방문해 따뜻해지는 바다가 특별히 날선 정치적 성향을 갖지 않은 사람들에게 미치는 영향을 직접 보았다. 어부들은 공화당 사람들이었고, 그럭저럭 살아가는 사람들이었다. 그들은 바다가 따뜻해지고 해수면이 상승하며, 담수 유입이 줄어들면서 굴 어획량이 어떻게 줄어드는지에 대해 걱정했다. 애나 제인의 아버지는 똑똑한 사람이다. 크고 성공적인 조직의 수장일 뿐 아니라 지역 날씨도 지역 기상학자만큼이나 잘 이해하는 조종사이기도 하다. 동시에 그는 무시 그룹에 해당하는 사람이다. 그럼 우리의 대화에서 어떤 일이 일어났을지 알겠는가? 사회과학 덕분에 여러분들은 잘 추측할 수 있을지도 모른다. 즉, 그는 동기화된 추론을 잘하는 사람이고, 추가 정보를 받으면 보통 사람보다 더 극단적이 될 가능성이 높은 사람이라는 걸 의미한다. 바로 그런 일이 일어났다.

우리가 대화를 거듭하면 할수록 그의 거부반응은 더 강해졌다. 프로그램의 에피소드가 거듭되는 동안 실시간으로 그런 일이 벌어졌다. 그는 집단공격을 당하고 있다고 느꼈을 것이고, 나는 그 이유를 짐작할 수 있었다. 그는 분명 자신의 의견이 아니라 자신의 정체성이 도전받고 재단되고 있다고 느꼈다. 불행하게도 그 결과 애나 제인의 아버지는 더욱 멀어지게 만들었고, 그의 거부반응은 그 어느 때보다 높았다. 밥과 내가 대응한 예의 그 무기력한 좀비 논쟁은 가족 모임, 단체 문자 대화, 전화 통화 등에서 계속 제기되고 재방송되었다. 그리고 그건 전적으로 그의 잘못은 아니다. 우리 뇌가 작동하는 방식인 것이다.

인지적 인색함과 정보 과부하

오늘날 세상에는 너무 많은 정보가 있기 때문에 우리가 알아야 할 모든 것을 뇌가 담을 수 있는 방법은 없다. 이에 대한 용어가 있는데, 거의 모든 사람들이 '인지적 구두쇠'라는 것이다. 다른 말로 하면, 우리 인간은 가능하면 생각을 덜 하는 해결책을 찾는다는 것이다. 그것을 위해 우리는 종종 다른 사람들의 생각에 의존하기도 한다.

독자들은 어떤지 잘 모르지만 나는 이민 정책의 뉘앙스, '유전자 가위'라고 불리는 크리스퍼CRISPR 유전자 편집, 미 하원 법사위

2부 왜 팩트만으로 충분하지 않은가

원회 앞에서 행한 최근의 증언, 캐나다 총리가 자신의 개원사에서 한 말 같은 것에 깊은 전문지식을 개발할 시간과 에너지가 없다. 하지만 그런 문제에 대해 여러 의견을 갖고 있기는 하다. 그러나 나는 이런 이슈들에 대해 배우며 시간을 보낸 친구와 가족, 동료들, 언론인과 팟캐스터, 내가 신뢰하는 사람과 정보원에 귀 기울이면서 지식을 쌓고 있다. 그리고 다른 사람들과 마찬가지로 그런 신뢰받는 인물들이 이들 이슈에 대해 갖고 있는 것은 종종 그들의 정치적 성향과 직접 연결된다.

그래서 고도로 양극화된 주제에 대해서는 인지적 구두쇠로서 우리는 우리가 신뢰하는 사람들, 우리의 가치를 공유하는 사람들의 의견을 받아들이는 쪽으로 기울어진다. 그렇게 해서 우리는 보상을 받기 때문에 소속 집단의 같은 가치관을 가진 사람의 믿음과 의견을 채택할 동기를 부여받는다. 우리의 보상은 수용과 공동체 의식을 통해서 이루어진다는 점에서 사회적이면서, 동시에 우리 스스로 이 주제를 직접 연구할 필요가 없다는 점에서 심리적인 것이다. 다른 사람들과 같은 의견을 갖게 되면 너무 크고 빠르게 움직이는 것처럼 보이는 이 세상에서도 확실성, 안전성, 그리고 소속감을 갖게 된다. 우리 대부분에게 소속감의 가치는 새로운 정보를 얻는 것보다 훨씬 그 가치가 크다. 공개적으로 그 정보를 받아들이고 자신의 의견을 밝히는 것이 부정적인 결과로 이어질 경우에는 특히 그렇다. 부정적 결과의 사례는 논쟁이나 냉담한 반응, 심지어 당신의 사회적 그룹에서 따돌림당하는 것과 같은 것들이다. 그리고 우리가 동의하지 않는 정보에 노출될 때 우리는 이전의 신념을 재고하기보다는 더욱 고집하는 경향이 있다. 이는 민주당원이 보수적 엑스(트윗)을 읽고 보수당원이 진보적 엑스를 읽을 때 사람들의 태도가 어떻게 확실해지는지를 연구한 사례에 나오는 내용이다.

인지신경과학자 탤리 섀럿은 자신의 책 『최강의 영향력The Influential Mind』에서 우리의 뇌는 '정보를 얻으면 즐거워지도록' 프로그램돼 있다고 설명했다. 그러나 그녀는 또 "오늘날 우리가 받는 정보의 쓰나미 때문에 우리가 데이터에 덜 민감해질 수 있다"라고도 말한다. 왜냐하면 우리가 간단히 마우스를 누르는 것만으로 우리가 믿고 싶어 하는 거의 모든 것에 대한 지지를 찾는 데 익숙해져 있기 때문이다.

만약 우리가 사람들에게 자신의 사고 구조, 자신들이 믿는 것, 그리고 자신과 같은 생각을 가진 무리들이 고수하는 것과 모순되는 새 정보를 준다면 그들의 뇌는 신경을 끊어버린다. 더욱 나쁜 것도 있다. 섀럿의 말이다. "우리는 종종 모순되는 정보와 의견에 노출되기 때문에 이런 경향성이 양극화를 만들 것이다. 이런 경향은 사람들이 더 많은 정보를 받아들이면서 시간이 지날수록 더 확장된다."

내 경험도 이와 정확히 일치한다. 나는 우리의 뇌가 어떻게 작동하는지에 대한 섀럿의 실제적인 설명을 들으며 완전 소름이 돋았다. **그녀의 논리대로라면 애나 제인의 아버지와 내가 공유했**

던 팩트, 그리고 소셜 미디어에 매일 공유하는 것, 당신이 가족이나 지인들과 공유할 수 있는 모든 정보가 실제로는 잘못된 믿음을 불식시키기보다 기후변화에 대한 믿음의 양극화에 기여할 수도 있는 것이다. 심지어 수많은 기후 연구 과학자들이 점점 더 많은 정보를 가지고 논문을 발표하고 있지 않은가. 이런!

팩트가 효과적일 때

그러면 팩트는 쓸모없는 것인가? 아니, 절대 그렇지 않다. 팩트는 놀랍도록 중요하다. 왜냐하면 팩트는 우리가 좋든 싫든 세상이 어떻게 작동하는지를 설명하기 때문이다. 이런 팩트는 우리가 기후변화에 대해 양극화돼 있지 않다면 종종 우리 마음을 바꿀 때도 필수적이다. 우리가 양극화돼 있다고 해도 팩트는 우리 마음을 바꿀 수 있다. 그러나 그것은 양극화를 피할 수 있는 방식으로 공유될 때만 가능하다. 당신은 팀의 이야기를 이미 알고 있을 것이다. 나처럼 크리스천이면서 과학자인 그 사람 말이다. 두 가지 사례가 더 있다.

커스틴 밀크스는 미국 중서부의 작은 대학가 마을에 사는 고교 과학 선생이다. 그녀의 학생들 가운데 일부는 대학 교수의 아이들이다. 다수의 아이들은 러스트 벨트(미국 중서부, 북동부의 몰락한 중공업 지대)나 산지, 시골 출신이다. 그러다 보니 그녀에겐 마치 인종, 기후변화, 종교의 자유 같은 이슈와 관련해 정치적, 사회적으로 분열된 미국 사회의 축소판에서 살고 가르치는 것 같다고 한다.

그녀는 두 가지 효과적인 방식으로 학생들을 기후변화 문제에 참여시켰다. 첫째 그녀는 아이들이 기후변화에 대해 질문하도록 했다.

"저는 학생들에게 '기후변화에 대해 무엇을 알아야 하나요?'라고 묻습니다. 그러고는 학생들이 제출한 질문을 가지고 기후에 대한 우리의 학습 틀을 만듭니다."

학생들의 질문 가운데는 이런 것들도 있었다.

"어떻게 세계의 어른들이 우리의 미래를 이런 식으로 다룰 수 있나요?"

"지구상의 어느 곳이 가장 빨리 죽어가고 있나요?"

"우리의 행동 방식을 바꿀 시간은 아직 있나요?"

커스틴은 이런 질문들을 적은 종이를 자신의 캐비닛에 테이프로 붙이고 학기 내내 방향을 제시했다. 게시된 질문들을 가지고 그녀는 "오늘 우리는 너의 질문에 대한 답을 알아볼 거야"라고 말했다. 이런 방식은 이전에 과학에 대해 잘 알지 못하거나 생각지 않았던 학생들에게 매우 큰 동기부여가 된다는 것을 그녀는 발견했다. 그녀의 두 번째 전략은 학생들에게 기후과학자들이 하는 것과 같은 종류의 실험을 수행할 기회를 주는 것이었다. 그것은 학생들이 프링글스 캔에 넣은 합성 얼음 코어를 분석하거나, 연못의 유기물 코어 퇴적물에서 수집한 데이터를 그래프로 그리거나, 컴퓨터 시뮬레이션에서 서로 다른 양의 온실가스로 온도 상승을 모델링하는 것 등을 말한다. 일단 학생들이 기후과학자들이 수행한 더 기술적인 작업에 사용된 추론 과정을 따라갈 수 있다는 것을 알게 되면, 그들은 힘을 얻고 기후 데이터를 더 신뢰할 수 있게 된다. 커스틴은 "만약 아이들이 스스로 과학을 할 수 있다고 느낀다면 기후과학은 더 이상 이해할 수 없는 블랙박스가 아닙니다"라고 말했다.

특히 정보가 오해나 잘못된 견해를 해결할 때 정보에 대한 상호작용과 참여가 확대되면 아이들뿐 아니라 부모에게도 엄청난 영향을 미칠 수 있다. 대니얼 로손은 과학 교육을 전공했다. 그녀는 아이들에게 기후변화를 가르치는 것이 그들의 부모에게 어떤 영향을 미칠지 궁금했다. 그래서 그녀는 비교적 보수적 지역이지만 해수면 상승, 더 강한 허리케인과 홍수에 노출되는 노스캐롤라이나주의 중학교 학생들을 두 그룹으로 나눈 실험을 설계했다. 한 그룹의 선생들은 2년 동안 기후변화 교육을 수업에 통합하도록 하고, 나머지 그룹은 그렇게 하지 않도록 했다.

실험이 시작되기 전에 대니얼은 학생 부모들을 대상으로 설문조사를 했다. 기후변화가 진짜 벌어지고 있다고 생각하는가? 인간이 초래한 것인가? 심각하지만 우리가 해결할 수 있다고 생각하는가, 아닌가? 2년 뒤 대니얼은 같은 부모들을 대상으로 다시 설문조사를 했다. 아이들에 대한 기후변화 교육은 부모들이 기후변화에 대해 훨씬 더 관심을 갖도록 했다. 보수적 부모들이 특히 가장 많이 변했다. 딸들은 특히 냉철하고 현실적인 아빠의 마음을 바꾸는 데 매우 효과적이었다. 아이들은 양극화를 피해서 부모의 마음과 가슴에 바로 닿을 수 있었다.

바로 그것이다. 기후변화가 현실이며 인간이 초래했다는 것을 이해하고 설명할 수 있는 것이 매우 중요하다. 하지만 대부분의 경우 팩트만으로는 정체성과 도덕성에 심대한 영향을 미치는 문제에 대한 사람들의 마음을 바꾸기에는 충분하지 않다. 그 문제는 우리의 깊은 곳에 있는 희망과 두려움을 건드린다. 그러면 우리는 그다음에 무엇을 해야 할까?

6장
어떻게 두려움을 극복할까

> "기후변화에는 우리의 내재된 위협감이 작동하는 데 필요한 어떤 분명한
> 신호도 들어 있지 않다.."
> —조지 마셜, 『기후변화의 심리학』

> "당신은 찐 생산적인 사람이 되느라 두려움 속에서 살 필요가 없어요."
> —나의 학생 탤리 해밀턴

기후과학자이므로 나는 데이터에서 불안하고, 걱정스럽고, 심지어 무섭다고 느낄 것들을 본다. 과학 학회에서 우리는 여전히 유공충류의 온도 대리 기록과 다중 모델 앙상블의 내부 변동성과 같은 난해한 논문을 발표한다. 하지만 '지구가 난장판이 됐나?'[12] 와 같은 엄청 튀는 제목의 논제도 있다. 제목이 너무 적나라해 다

---

[12] UC샌디에이고 복합시스템랩의 지구물리학자 브래드 베르터가 2012년 12월 미국지구물리학회 회의에서 동명의 논제를 발표한 적이 있다.

른 과학자들도 '이게 뭐야?' 하는 느낌을 받는다.

풍자 전문 매체인 '디 어니언The Onion(양파)'의 기사처럼 묘사도 풍자적일 수 있다.

"(아무리 노력해도 지구가 이전의 정상 상태로 돌아가기 어렵기 때문에) 지친 일련의 최고 기후학자들이 갑자기 발표를 멈추고, 긴 한숨을 내쉬며, 현시점에서 누구나 할 수 있는 최선의 일은 다음 20년 동안 가능한 한 즐기려고 노력하는 것이라고 말했다…. 그래서 그들은 학회의 남은 일정을 생략하고 가까운 술집으로 가 곤드레 만드레 취할 것이다."

미국 지리학자협회의 강연 중에 기후학자들과 이 내용을 공유하면서 "누가 나와 같은 의견인가요?"라고 묻자 40%가 나를 지지했고, 20%는 우리가 이미 그 상태로 가 있다고 했으며, 나머지는 단지 불안감을 억누른다고 주장했다.

우리는 허탈한 웃음을 나누었고, 나는 강연을 계속했지만, 사실 우리의 과학적 노력에서 우리가 본 것은 희망의 정반대였다. 수백 년 동안 우리는 마치 내일이 없는 것처럼 살아왔고, 우리의 자원을 낭비하고, 문명 전체를 위험에 빠뜨렸다. 기후과학자들은 자신들을 포함한 모든 인류에게 영향을 미치는 질병을 확인한 의사들과 같은 상황이지만, 아무도 그들에게 귀를 기울이지 않는다.

우리의 지구는 지금 열병에 걸렸다. 산업혁명이 시작된 이후 인류가 선택한 생활 방식 때문이다. 나쁜 소식들이 끊임없다. 남극 빙하가 녹고 있고, 해안 마을들이 물에 잠기며, 북극곰들이 굶주리고, 숲이 불타고, 섬들이 사라지며, 종들이 멸종되고 있다. 만약 우리가 필요한 근본적이고 체계적인 규모로 우리의 습관을 바꿀 수 없다면, 인류에게 미칠 파국적 결과는 헤아리기 어려울 것이다.

두려워해야 하는가?

잠시 멈추고 쏟아지는 장황한 부정적 뉴스들을 보자. 이것은 정말 정확한가? 기후변화는 정말 그렇게 나쁜 것인가?

나는 기후과학자로서 정직해야 한다. 그 대답은 '일반적으로, 그렇다'이다.

우리는 이 행성을 가지고 정말로 전례 없는 실험을 하고 있다. 상황이 더 빨리 바뀔수록 정말 끔찍하고 놀라운 일이 일어날 위험은 더 커진다. 만약 그린란드의 빙하가 불안정해지고 완전히 녹는다면 해수면은 7m까지 상승할 것이다. 만약 북극의 영구동토층이 충분히 녹는다면 열을 흡수하는 메탄이 엄청나게 방출돼 파리 기후협정의 목표는 절대 달성하지 못할 것이다. 만약 육지의 얼음이 녹으면서 담수가 북극으로 유입되어 해양 순환이 너무 느려지면 전 세계의 지역 기후에 혼란이 올 것이다.

그뿐 아니라 과학자들에게는 잘 알려진 문제가 하나 있다. 연구할 때 '극적인 드라마가 최소화되는 상황을 우선시하는' 경향이 있는 것이다. 만약 당신이 기후 예측과 지난 수십 년간에 실제 일어난 일을 비교한다면, 과학계가 지구 온도의 변화를 바르게 이해하고 있다는 것을 발견할 것이다. 그러나 관찰된 다른 변화들과 그에 따른 영향들을 과학계가 과소평가하는 경향이 있다는 연구들도 많다. 이것은 수백 명의 저자들이 함께 내린 큰 과학적 평가의 결론에 해당한다. 왜 그럴까? 논문을 발표하기 전에 앞서 내려진 과학계의 결론에 동의해야 하기 때문에 과학자들은 자연스럽게 매우 조심스러울 수밖에 없다. 과학자들은 어떤 일이 일어날 것이라고 매우 확신—99% 확신하는 것처럼—하지 않는 무엇에 대해 어떠하다고 말하고 싶어 하지 않는다. 그리고 민심을 소란스럽게 하는 자라고 불리는 것을 매우 싫어한다. 그래서 요즘에는 무엇이든 99.999% 확신해야 입을 열려고 한다.

제4차 미국 국가기후평가NCA의 마지막 장 '잠재적 놀라움'에 나와 공동 저자 밥 코프는 "따뜻한 고기후 시기의 온도 변화를 과소평가하는 기후 모델의 체계적 경향성은 기후 모델이 장기적 변화의 양을 과대평가하기보다는 과소평가할 가능성이 높다는 것을 암시한다"라고 썼다. 다시 말해, 과학자들이 말하는 것보다 상황이 더 좋지 않을 가능성이 있다. 지구는 살아남을 것이다. 그러나 문제는, 우리 인류도 살아남을 수 있느냐 하는 점이다.

과학자로서 다시 강조하고 싶다. 우리가 두려움을 가져야 할 매우 분명하고 객관적인 이유가 있다는 게 나의 진심 어린 의견이다. 하지만 우리가 그 두려움을 이해하고 행동할 때 변화를 가져온다고 믿는다.

두려움이 효과적인가?

기후변화에 대해 관심 없는 것처럼 보이는 사람들을 볼 때마다 우리는 좋은 의도를 갖고 이렇게 생각할지도 모른다.

"사람들이 겁을 좀 먹어야 해요. 우리가 기후변화에 대해 아는 최악의 것들을 알려줍시다. 그게 사람들의 본심과 생각을 바꾸고 행동하도록 확실히 자극할 겁니다. 그렇죠?"

어떤 상황에서는 그럴지도 모른다. 첫째, 무서운 정보를 공유하는 것은 기후변화가 심각한 위협이 되지 않는다고 생각하거나 심지어 비현실적이라고 생각하는, 현실에 안주하는 사람들에게 중요한 첫걸음이 될 수 있다. 만약 당신이 기후변화에 대해 걱정하지 않는다면 왜 기후변화를 고치려 하겠는가. 연구에 따르면 비관적 메시지가 심지어 보수주의자들 사이에서도 위험 인식을 증가시키고, 자신들이 중요한 영향을 미칠 수 있다는 믿음을 키운다고 한다. 달리 말하면, 만약 그들이 기후변화를 원래 별문제 아니라고 생각했다면 그것이 정말 큰 문제라는 것을 알게 해야 더 걱정하고 행동하게 만든다. 사실 그래야 한다.

둘째, 두려움은 행동보다 비행동을 유도하는 불확실성과 결합될 때 잘 작동된다. 이것은 기후행동에 반대하는 사람들이 왜 두려움이 가득한 메시지를 사용하고, 왜 그들이 의심을 던지는 데 그렇게 많은 노력을 쏟는지를 설명한다. 그들은 "과학자들은 확신하지 못합니다"라고 말하고, 유일한 선택이 그처럼 끔찍하다면 그런 의문투성이인 문제에 대해 왜 행동을 취하겠느냐고 묻는다. 그들은 "그런 선택으로 경제가 파괴될 겁니다. 우리가 자동차를 운전하고, 스테이크를 먹으며, 외국으로 여행을 떠나는 자유를 빼앗길 겁니다"라고 말한다. 그뿐 아니라 우리는 새로운 것을 얻는 것보다 빼앗겨서 더 큰 비용을 치르게 된다고 한다. 그렇게 생각하면 우리가 불확실하고 두려운 것, 개인적 손실을 수반하는 해결책에 직면할 때 우리가 해야 할 일은 아무것도 없다.

셋째, 무서운 정보를 전달하는 것은 우리가 플라톤이 생각하는 '이상적인 사람'으로 기능할 때도 효과적일 수 있다. 만약 우리가 감정보다 이성적으로 판단한다면, 무서운 팩트는 우리가 해결책을 찾는 계기가 될 수 있다. (많은 심리학 연구가 반대 내용을 보여주긴 하지만) 우리는 종종 그것이 우리가 생각하는 방식이라고 **생각하려** 한다. 나는 그것이 바로 많은 환경 메시지가 사실과 공포에 기반한 접근 방식을 사용하는 이유라고 생각한다. 하지만 법학자 카스 선스타인에 따르면 우리는 정보를 받을 때 상당한 감정적 비용이 발생하며, 이 때문에 우리는 종종 은유적으로 말해서 귀를 막게 된다. 우리가 할 수 있는 일이 있다고 생각지 않으면 우리는 차라리 알지 않으려 한다. 이것이 바로 공포에 기반한 메시지가 효과를 발휘할 수 있는 네 번째 상황으로 이어진다. 만약 우리가 무엇을 해야 할지 안다면 더욱 효과적인.

사람이 살 수 없는 지구 효과

우리가 그 두려움을 구체적 행동으로 바꾸는 방법을 안다면 두려움에 기반한 메시지는 우리에게 매우 효과적인 동기를 부여할 수 있다. 이 개념을 실용적으로 응용하면 다음과 같다. 만약 기후변화에 대한 부정적 뉴스가 있다 해도, 어떻게 개인과 지역 공동체, 비즈니스 업계, 정부가 그 위협을 줄일 수 있는지를 설명하는 정보가 바로 뒤따른다면 이런 정보는 우리를 좌절케 하기보다는 힘을 실어줄 수 있다. 때로 우리는 이것을 우리 스스로 내부적으로도 할 수도 있다.

뉴욕 언론인 데이비드 월리스웰스가 2019년 베스트셀러 『사람이 살 수 없는 지구』를 쓴 동기도 두려움이었다. 아마도 그의 책은 과학적 문헌 이외에 파멸을 초래하는 기후변화 사실들에 대한 가장 철저한 (그리고 가장 잘 쓰인) 요약본일 수 있지만, 과학을 과장하거나 왜곡하지는 않았다. 이 책은 가능한 최악의 시나리오를 베팅의 위험을 분산하는 경향이 있는 과학자들의 성향에 방해받지 않고 명확하고 정확하며 무시무시한 산문으로 서술하고 있다.

이 책이 출간된 뒤 데이비드와 나는 기후변화에 대한 공개 토론회인 '클라이밋 원Climate One'에서 토론을 한 적이 있었다. 그는 "과학에 대해 알면 알수록 저는 더 깊이 빠져들었는데… 그만큼 더 겁이 났어요"라고 말했다. 그런데 여기에 그 중요한 결단이 있었다. 그는 겁먹은 태도로 물러나기보다 언론인의 재능을 이용해 이야기를 전달해서 사람들이 자신처럼 행동하도록 하고 싶었다.

그래서 사람들이 그의 의도대로 행동했던가? 그건 그 사람들이 데이비드처럼 기후변화에 맞서 무엇을 해야 할지 알고 있느냐 혹은 모르느냐에 따라 달라진다.

시예 바스티다는 젊은 기후행동가다. 그녀는 멕시코시에서 서쪽으로 45분 거리에 있는 산페드로톨테벡의 작은 마을에서 자랐다. 어려서 그녀는 오토미 원주민인 아버지에게서 지구와 함께 살고 지구를 보호하는 법을 배웠다. 그러나 그 마을 사람들이 물고기를 얻기 위해 의지했던 석호의 물이 대도시의 식수원으로 공급되기 시작했고, 가뭄과 홍수가 곧 지역 경제를 황폐화시켰으며, 그들의 삶의 방식을 뒤집어버렸다. 그녀의 가족이 뉴욕으로 이주했을 때 마침 슈퍼스톰 샌디[13]가 덮쳤다. 이 기록적인 폭풍은 따뜻한 바닷물과 해수면 상승으로 초대형으로 커졌다. 시예가 기후변화에 눈뜨는 것에는 시간이 좀 걸렸지만, 그 심각성을 알고 난 뒤 그녀는 매우 적극적인 기후활동가가 됐다. 그녀는 심지어 기후변화에 대해 걱정하는 다른 젊은이들을 위한 훈련 프로그램도 만들었다.

몇 년 뒤 환경 저널리스트 앤디 레프킨과의 토론에서 그녀는 "제가 해변에서『사람이 살 수 없는 지구』를 읽고 있었는데요. 지구가 4°C나 더워지고 있다는 것을 알게 됐어요. 내 아이들이 이

---

13 2012년 10월 자메이카, 쿠바, 미국 동부 해안에 상륙한 초대형 허리케인.

런 멋진 해변을 어쩌면 못 볼 수도 있다는 것이 슬펐어요"라고 말했다. 그녀는 1, 2, 3℃, 심지어 4℃ 사이의 엄청난 차이도 알게 됐다. 만약 이 세계가 파리협정의 목표(2100년까지 1.5℃ 이내 제한, 가능하면 2℃보다 상당히 낮게)를 달성하지 못한다고 해도 기후변화를 해결하기 위한 행동이 큰 영향을 미칠 수 있다는 것이 그녀를 자극했다.

"제가 슬퍼서 이 활동을 하는 게 아니에요. 저는 우리가 함께할 수 있는 힘이 있고, 방향을 바꿀 수 있는 힘이 있다고 희망적으로 생각해요."

그녀는 어릴 때 부모와 어른들이 환경 문제에 대처하는 것을 보며 자랐다. 그래서 이미 활동가의 기질을 갖추고 있었다. 최악의 상황은 아직 피할 수 있다고 인식했기 때문에 그녀는 더 적극적으로 활동할 수 있었다. 그녀 나름의 두려움이 제대로 작동한 것이다.

두려움이 효과가 없을 때

그러나 우리 대부분이 두려움 때문에 기후변화를 걱정할 수 있지만 그다음에 무엇을 해야 할지는 잘 모른다. 그런 상황에 있을 때 추가적인 재앙 이야기는 집단 무력감과 허무감을 부채질할 뿐이다.

기차에서 만난 안드레아스 커렐러스라는 남자 이야기다. 그는 비영리 단체가 태양광발전소를 설치하도록 돕는 리볼브라는 단체의 친환경 에너지 전문가다. 그의 책 『기후 용기Climate Courage』라는 책은 사람들이 기후변화를 해결하기 위해 취하는 긍정적 해결책과 행동에 초점을 맞추고 있다. 그는 이 책에서 캘리포니아의 한 기차 안에서 만난 흰 수염을 한 노인과의 일화를 전했다. 그 노인이 『사람이 살 수 없는 지구』라는 책을 읽고 있는 것을 보고 그는 "선생님이 그 책을 읽고 있으니 묻지 않을 수 없네요. 그 책의 내용에 대해서 어떻게 생각하세요?"라고 물었다. 그러자 그 노인은 "탁월하다오. 만약 당신이 진보주의자이고 기후변화에 대해서 좀 안다고 해도 당신이 얼마나 몰랐던 게 많은지 알게 될 거요"라고 말했다고 한다. 안드레아스는 더욱 궁금해져서 그 노인에게 어떻게 그런 생각을 하게 됐느냐고 물었다. 그러자 그 노인은 "희망이 없어요. 우리는 기후변화를 멈출 수 없으니까"라고 말하고는 기차에서 내렸다.

많은 사람이 그 노인과 동질감을 느낄 수 있을 것이다. 기후변화가 드리우는 위협의 크기와 필요한 해결책을 진정으로 이해하기 시작할 때 우리의 자연스러운 반응은 종종 두려움 그 자체가 된다. 기후변화 문제는 흔히 두 가지 종말론적 전망 가운데 하나로 표현된다. 첫째, 기후변화가 억제되지 않고 계속된다면 수많은 난민이 발생하고, 엄청난 가뭄과 홍수 때문에 모든 땅이 사람이 살 수 없는 곳이 된다. 둘째, 많은 보수주의자들이 주장하듯 우리가 기후변화를 바로잡으려 하면 경제는 파괴되고, 사회주의가

2부 왜 팩트만으로 충분하지 않은가

이 세계를 지배하게 된다. 이 두 가지 전망이 현실화된다면 누구도 고기를 먹을 수 없고, 운전도 못 하며, 여행도 못 하고 아이들도 가질 수 없을 것이다.

이 두 가지 전망 모두 사람들에게 결코 좋게 들리지 않는다. 이처럼 예상되는 미래의 두려움과 불안은 장기적 행동을 유지하기보다는 침대로 돌아가 이불을 뒤집어쓰게 한다. 우리가 공포에 기반한 메시지에 과도하게 노출되면 그만큼 우리는 둔감해질 수 있는 것이다. 무엇보다 그 자체로 장기적 행동을 유지하는 데 효과적이라는 증거는 거의 없다. 오히려 공포에 기반한 메시지는 우리 자신의 필멸mortality에 대한 의식을 불러올 수 있다. 또 죽음에 맞서 정교하게 조정된 방어기제, 즉 산만함, 부정, 그리고 합리화를 불러일으킬 수 있다.

두려움 극복하기

인간은 곧 모순 덩어리이고, 불안감을 매우 싫어한다. 조지 마셜은 그의 책 『기후변화의 심리학』에서 "우리는 기후변화가 만들어내는 불안감을 피하고 싶기 때문에 그것을 받아들이지 않는다"라고 말했다. 인간으로서 우리는 반복된 나쁜 메시지가 우리의 생명에 직접 관련이 없다면, 혹은 문제를 고치는 것이 내버려두는 것보다 더 힘들 것이라고 느끼면 무시하려는 경향이 있다. 우리의 감정 대역폭은 한정돼 있다.

우리의 감정을 넘어 뇌의 실제 작동 구조로 파고든 수백 개의 실험들은 인간이 문자 그대로 즐거움을 향해 나아가고 고통에서는 멀어지도록 짜여 있음을 보여준다. 이것을 기후변화에 적절한 메시지로 바꾸면서 인지신경과학자 탈리 섀럿은 "인간의 뇌는 위해를 피하는 게 아니라 보상과 연관되도록 만들어져 있다. 그것이 가장 유용한 반응이기 때문이다. 그리고 **우리는 나쁜 것을 예상할 때보다 좋은 것을 기대할 때 행동할 가능성이 더 높다**"고 말했다. 두려움은 또한 창의적으로 생각하는 능력을 가로막는다. 환경 엔지니어이자 영원한 낙관주의자인 케이티 패트릭은 우리에게 다음과 같은 내용을 상기시켰다.

"우리의 몸이 스트레스 물질을 내뿜으면 뇌는 해마 부위를 닫기 때문에 창의적 사고 능력을 포함한 뇌 기능이 30% 가까이 떨어지게 된다. **두려움과 비관주의는 창의적 사고 능력을 폐쇄한다. 환상과 낙관주의가 뇌 기능을 증진시킨다.**"

심리학자 르네 러츠먼은 더 나아간다. **그녀는 기후변화에 대해 이야기하는 것은 우리의 가장 깊은 믿음을 건드릴 수 있고 가장 큰 두려움을 자극할 수 있다고 지적한다.** 우리는 일반적으로 그렇게 하기를 꺼린다. 그리고 걱정하고 불안해하는 사람들도 영원히 경고등을 켜둘 수 없다. 우리는 결국 과부하가 걸려서 떠난다. 그녀의 테드 토크TED Talk '기후 불안을 행동으로 바꾸는 방법'에서 르네는 어떤 종류의 스트레스를 받을 때 인내할 수 있는 한계를 넘으면 우리는 무너진다고 설명했다. 이런 붕괴의 한 결과

2부 왜 팩트만으로 충분하지 않은가

가 우울, 절망, 그리고 폐쇄다.

르네가 이야기하는 붕괴의 다른 가능한 결과는 분노와 거부 정서다. 나는 거부 정서를 이해하려고 정말 많은 시간을 보낸다. 하지만 분노를 이해하는 것은 자연스럽게 다가온다. 가장 기억에 남는 것은 파리 기후회의 이후 느낀 것이다. 나는 자국 과학자들을 회의에 데려올 여유가 없는 가난한 나라의 협상가들을 지원하기 위해 그 자리에 있었다. 나는 그런 가난한 나라에서 온 사람들과 많은 이야기를 나누었다. 그들이 이미 목격하고 있는 고통에 대한 이야기도 들었다. 그리고 나는 집으로 돌아왔다. 비록 나의 가치를 공유하는 사람들이라 해도 이 세상에 어떤 일이 일어나는지에 대해 눈과 귀를 닫는 것이 좋다고 생각하는 사람들이 사는 환경으로 돌아갔다. 나는 매우 화가 나서 그들에게 "어떻게 그렇게 이기적이에요? 걱정이 안 되세요?"라고 그들에게 소리 지르고 싶었지만, 꾹 참고 대중들과 대화하기까지 몇 주가 걸렸다.

크리스티아나 피게레스는 파리협정의 정점을 찍었던, 기후 협상을 주도한 코스타리카 외교관이다. 나는 당시 기후회의를 위해 그곳에 있었지만, 그녀는 수년간 그런 정치적 환경에서 살아온 전문가였다. 톰 리빗카낵과 함께 쓴 『우리가 선택하는 미래The Future We Choose』라는 책에서 그녀는 이 세상에 어떤 일이 일어나는지 우리가 볼 때 경험하는 비탄과 고통에 대해 이야기한다. 그녀는 르네와 비슷한 통렬한 지혜를 제시한다.

"절망에 빠진 분노는 변화를 만들 힘이 없어요. 확신으로 진화하는 분노라야 멈출 수 없는 힘이 됩니다."

분노와 거부는 서로 매우 다른 것 같지만 동전의 양면이다. 둘 다 우리가 통제할 수 없는 상황을 통제하려는 시도이며, 두려움에 대한 인간의 반응을 나타내는 징후다. 그러나 중요한 것은 우리가 그런 정서를 갖고 행동하는 것이다. 우리가 기후변화에 대한 끔찍한 정보를 공유할 때 사람들이 행동하도록 노력할 것이다. 두려움은 적어도 그 폭이 줄어들 때까지 정신 차리고 관심을 기울이게 만든다. 사람들이 기후변화에 대해 걱정하지 않는다면, 걱정하게 해야 한다.

다만 우리가 그런 기후변화 때문에 품게 되는 두려움을 사람들의 일상 삶과 즉시 연결하지 않거나, 위협을 다룰 실행 가능하고 공감되는 선택지를 제공하지 않는다면 모든 것이 정반대가 된다. 사람들이 손을 떼거나 화를 내게 된다. 그리고 이런 두려움에 기반한 지나친 정보는 또 다른 양날의 칼 같은 감정, 즉 죄책감을 자극할 수 있다.

7장
죄책감 콤플렉스

"누구도 저탄소 경제에 사는 것을 단독으로 선택할 수 없다. 목표는 개인의 실천(자정작용)이 아니라 구조적 변화다."
—레아 스톡스, 『우리가 구원할 수 있는 모든 것』

"사람들은 에너지가 필요하고 우리가 그것을 제공합니다. 우리는 나쁜 사람들이 아닙니다."
—화석연료 회사의 임원이 내게 한 말

　우리가 두려움을 가질 때, 두려움에 기반한 메시지가 (우리 자신뿐 아니라 타인에게도) 제대로 먹혀들지 않을 때, 그다음 단계는 죄책감이다. 스스로 떳떳하지 못하다는 수치심을 느끼며 팩트를 제공할 때 상황은 더 악화된다. 왜냐하면 우리가 스스로 어떻게 판단하고 다른 사람이 우리를 어떻게 판단하느냐는 문제는 우리의 자의식과 연결되기 때문이다. 우리는 무엇이 옳고 그른지 이미 판단하고 있다. 그래서 우리가 옳다고 생각한 것을 행하는 것에 수치심을 느끼면 바로 거기가 추해지는 지점이다.

몇 년 전 나는 이런 경험을 한 적이 있다. 택사스주 오스틴에서 기후변화에 관심 있는 다른 기독교인들과 토론하는 모임에 참석했을 때였다. 우리는 어떻게 하면 기후 메시지를 지역사회에 전달할 수 있을지에 대해 이야기를 나누고 있었다. 오후 중반에 어떤 남자가 그의 가톨릭 공동체에서 하고 있던 저탄소 생활에 대해 이야기하면서 불만스러운 듯 몸을 앞으로 기울이며 단호한 눈초리로 우리를 쳐다봤다.

"모두 좋은 아이디어입니다. 그러나 현실적 문제는 죄의식입니다. 여러분은 자동차를 운행할 때마다 죄를 짓고 있는 거예요. 그 메시지를 공유할 필요가 있어요."

나는 본능적으로 반감을 갖고 말했다.

"아, 정말요? 그런데, 여기는 어떻게 오셨어요? 걸어왔다고는 말하지 마시고요. 그럼 이 모임도 죄를 짓는 건가요?"

나는 생각하면 할수록 화가 더 났다. 나는 대중교통을 이용할 수 없는 지역에 살고 있다. 그래서 다른 자상한 엄마들처럼 아이들을 차로 병원에 데려가는 것도 죄를 짓는 걸까? 다른 양심적인 선생들과 마찬가지로 내가 직장에 출근하는 게 죄를 짓는 걸까? 다른 독실한 기독교인들처럼 교회에 차를 몰고 가는 것이 죄를 짓는 걸까?

그는 동기부여를 하고 싶었겠지만 나에게는 그 반대의 효과를 자아냈다. 나는 내가 옳다고 생각하고 행동하는 것이 비판받자 방어적으로 바뀌어 화를 냈다.

우리는 왜 다른 사람에게, 그리고 우리 자신에게 죄책감을 갖게 하는 것일까. 누구나 잘못된 일로 여기는 일을 할 때 나쁜 감정을 갖게 된다. 우리 눈에 옳고 바른 일을 할 때는 기분이 좋아진다. 다른 사람을 평가해서 그들을 끌어내릴 때도 기분이 좋아진다(우리는 정의롭고 그들은 그렇지 않기 때문이다!). 그래서 누군가 자신의 가치 체계를 우리에게 강요한다면 그는 우리 덕에 기분이 좋아지게 된다. 수치심은 제로섬 게임이다. 지는 사람이 있어야 이기는 사람이 생긴다.

당신도 비슷한 경험을 한 적이 있을 것이다. 괜찮은 일을 한 것으로 알았는데, 어떤 사람이 당신에게 고함을 지르기 시작하거나 당신이 한 일이 아니라 당신 자신에 대해 따지고 들 때도 있을 것이다. 그런 부당한 취급을 당하면 수년 혹은 수십 년 마음에 사무치게 된다. 우리가 옳은 (혹은 옳은 일이라 생각한) 일을 하고 있는 것과 마치 끔찍한 일을 하는 것처럼 간주돼 비난받는 것은 완전히 다른 일이다. 누구도 그런 식으로 취급받기를 원하지 않는다.

동료의 압박이 효과적인 이유

오해하지 말기 바란다. 죄책감과 당혹감은 뭔가 잘못했을 때 적절한 임시방편의 대응일 수 있고, 또 종종 그래야 한다. 이런 감정들은 우리의 도덕적 나침반을 생각나게 하고 인간 사회에서 중요한 기능을 수행한다. 심리학자이자 마케팅 전문가인 로버트 치알디니가 설명하듯 다른 사람이 생각하는 것을 알아내는 것은 무엇이 받아들여지고 무엇이 그렇지 않은지를 결정하기 위해 우리가 가장 자주 사용하는 손쉬운 방법 가운데 하나다. 다른 사람이 생각하는 것을 알아차리는 것은 타인을 해치거나 공격할 수 있는 행동을 피할 수 있게 도와준다. 어렸을 때 리사이클하는 법을 안 이후 나는 재활용이 가능한 물건은 말 그대로 아무것도 버릴 수 없었다. 그 물건을 넣을 통을 찾을 때까지 그것을 들고 다녀야 했다. 거창한 시각에서 보면 컵 한 개는 별로 중요한 것도 아니지만, 자라면서 내가 교육받은 사회적 기준이 그랬고, 그것은 내 정신에 깊이 새겨졌다.

사회적으로 용인되는 집단적 감각으로서 그것은 우리 행동에 장기적 변화를 가져올 수 있다. 오랫동안 큰 스포츠 유틸리티 차량SUV을 운전하는 것은 신분의 상징이기도 했다. 그러나 이제는 그런 석유 다소비 차량보다는 빠른 전기차인 테슬라가 더 그런 상징이 되고 있다. 전기 기반의 넓고 빠른 기차 시스템을 갖춘 유럽에서 '비행 수치심[14]'이 독일과 스웨덴에서의 항공 여행을 줄이고 있다는 증거가 있다. 사람들이 기차 여행을 선호하고 외국보다는 국내 여행을 더 즐기고 있다. 이런 변화는 우리의 개인적 탄

---

14 flight shame(스웨덴어로는 Flygskam): 기후위기 시대에 온실가스 배출을 줄이기 위해 온실가스를 다량 소비하는 항공 여행을 줄여야 하지만 어쩔 수 없이 그런 여행을 할 때 느끼는 수치심, 혹은 그런 감정에 호소하는 사회운동.

2부 왜 팩트만으로 충분하지 않은가

소발자국[15]을 줄이는 데 실제적 영향을 미칠 수 있다.

내가 처음 내 탄소발자국을 측정했을 때 나는 깜짝 놀랐다. 왜냐하면 대부분의 탄소 배출량이 자동차나 음식, 가족을 보기 위한 여행 같은 데서 나오는 게 아니라 기후 관련 세미나나 학회, 국제회의에 가기 위해 비행기를 탈 때 발생했다. 그래서 나는 그런 상황을 바꾸기로 결심했다. 나는 탄소뿐 아니라 시간도 최대한 효율적으로 사용하기 위해 노력했다. 나의 목표는 대부분의 강연을 온라인으로 바꾸고, 한곳에서 여러 가지 일을 동시에 볼 수 있을 때만 비행기를 이용하는 것이었다. 그곳에서 각각의 일이나 여행을 통한 탄소발자국은 내 집에서 작은 플러그인 하이브리드 해치백 자동차를 타고 적당한 거리를 운전하는 것과 맞먹을 정도가 되어야 한다는 것이었다.

그런 변화를 만드는 것은 쉽지 않았다. 그러나 탄소 배출량을 줄이고 사람들과 소통하는 능력을 향상시켰다는 측면에서 상당한 성과를 거두었다. 2020년 코로나바이러스가 한창일 때 나는 이미 강연의 80%를 온라인으로 진행했고, 비행기를 탈 때는 여행당 20여 개의 행사를 준비했다. 2019년 가을 알래스카에 갔을 때 나는 내가 이야기를 들은 수백 명의 사람들 가운데 8명을 설득해서 탄소발자국을 10%씩 줄인다면 그것만으로도 내 여행에서 배출한 탄소를 상쇄할 수 있을 것이라고 계산했다. 나는 또 '할

---

15 carbon footprint: 개인 또는 단체가 직접 혹은 간접적으로 발생시키는 온실가스 총량.

수 있는 모든 배출량을 먼저 줄이고 나머지는 상쇄하라'는 모토를 내세우는 자선단체 클라이밋 스튜어드Climate Stewards를 통해 나의 모든 여행을 상쇄했다. 나의 기부금은 대기 중의 탄소를 제거하거나 배출되는 것을 막는 청정 쿡스토브[16], 혼농농업[17], 나무 심기, 생태계 복원 프로젝트를 지원한다.

죄책감은 우리가 변하도록 동기부여를 할 수 있다. 두려움처럼 죄책감은 우리가 오랫동안 갖고 다니거나 우리 자신을 향해 공격하는 무기로 사용된다면 우리를 멈추게 할 수도 있다. 그것이 바로 내가 수치심이라고 부르는 것이다. 나는 그런 수치심을 여러 번 느낀 적이 있다.

순수성 테스트가 도움 되지 않는 이유

나는 여행하기 전에 예정된 강연 목록을 인터넷에 올린다. 가능하면 많은 사람이 내 이야기를 들을 수 있도록 하기 위해서다. 몇 년 전 앨버타로 '묶음 여행'을 하러 갔을 때 영국 출신의 동료학자가 텍사스에서 올 때 왜 기차를 타지 않았는지 바로 물어보았다. 비행기를 탔기 때문에 나는 그의 순수성 테스트에서 실패

---

16 실내에서 석탄, 나무 등을 연소시켜 온실가스와 오염물질을 발생시키는 낡은 조리기구 대신 에너지 효율을 높인 고효율 조리기구.
17 agroforestry: 농업과 임업을 겸하면서 축산업까지 도입해 서로의 장점으로 지속 가능한 농업을 할 수 있게 한다.

했고, 그의 반응은 나를 수치스럽게 했다.

분명히 해야 할 것이 있다. 비록 나는 비행기 탑승이 나의 개인적 탄소발자국에 가장 큰 비중을 차지하고 있다는 것을 알지만 기후과학자 한 명—혹은 이 세상 모든 기후과학자들—이 비행기를 다시 타지 않아도 기후 문제는 별로 줄지 않을 것이라는 것도 알고 있다. 2020년 우리는 그것을 시도해봤다. 코로나바이러스 관련 모든 봉쇄를 통해 사람뿐 아니라 산업과 교통도 멈춰 섰을 때 세계의 탄소 배출량을 7% 줄일 수 있었다. 비록 일시적인 현상이었지만 말이다. 파리협정의 목표를 달성하려면 그런 감축을 지속적으로 매년 하는 것이 중요하다.

그러나 그 영국 학자의 반응은 현재 상황이 얼마나 나쁜지에 대한 우리 공통의 인식에서 나오는 것이어서 나는 날카롭게 반박하지는 않았다. 그 대신 나는 텍사스주 러벅에서 캐나다 앨버타주 에드먼턴까지 기차를 타면 얼마가 걸릴지 계산해보았다. 내가 가장 가까운 기차역까지 가려면 오클라호마까지 6시간 운전을 해야 한다. 그리고 뉴욕시까지 57시간을 가야 하고, 토론토까지 12시간, 하룻밤 쉬었다가 다시 앨버타주까지 61시간을 가야 한다. 내가 도착할 때까지 136시간, 그러니까 5일 이상을 여행을 하고 있어야 한다. 그리고 다시 같은 시간을 되돌아와야 하는 것이다. 나는 만약 그 동료 학자가 영국에서 동쪽으로 기차를 타고 간다면 내가 앨버타에 도착할 때쯤 그는 시베리아의 바이칼 호숫가에 있는 이르쿠츠크에 도착할 수 있다고 지적했다. 다행히도 그는 자신이 설정한 기준을 내게 적용하는 게 불가능하다는 것을 인정했다.

동료의 압박은 실행 가능한 대안이 있을 때 효과적이다. 재활용을 위한 쓰레기통이 있을 때, 재사용 가능한 물병을 사용하는 다른 사람들을 볼 때, 합리적 시간 안에 도착할 수 있는 기차가 있을 때, 다른 대안이 비교적 (혹은 훨씬) 더 적당할 때와 같은 예가 될 것이다.

그러나 기후 죄책감은 사회적 선한 행동을 독려하는 데 이용되기보다는 사람들에게 수치심을 주거나 다른 사람에게 비판적 손가락질을 해서 자신의 기분을 좋게 하는 데 더 이용되고 있다. 또 수치심은 우리의 정체성과 자아 가치에 너무 가까이 다가가서 건드리기 때문에 어쩌면 두려움보다 더 치명적으로 조종될 수 있다. 그리고 기후변화에 대해 우리가 할 수 있는 게 아무것도 없을 때—적어도 합리적으로 보이는 것이 아무것도 없을 때, 죄 짓지 않고 일을 해야 하므로— 우리의 반응은 좀처럼 긍정적일 수 없다. 한 연구에 따르면 사람들이 행동을 바꾸라는 얘기를 들으면 자신의 선택이 잘해야 부적절하고 최악은 나쁜 것으로 판단되고 있다고 여겨 탄소발자국을 줄이려는 개인의 의지가 줄어든다고 한다. 그런 사람들은 또 친親기후 정치인들을 별로 지지하지 않았고, 기후과학자들도 별로 신뢰하지 않았다.

소프트웨어 오파워의 실험은 동료의 압박이 변화를 가져온 성공 사례로 언급된다. 물론 이 또한 문제가 없는 것은 아니었다.

오파워는 유틸리티 회사가 각 고객의 전기요금 청구서에 전력 사용량을 이웃의 사용량과 비교하여 표시하는 작은 섹션을 추가한 소프트웨어 패키지였다. 단순히 그런 정보를 포함하는 것으로 전력회사는 소비자 전력 사용량이 평균 2% 하락해서 8년 동안 10억 달러 이상을 절약했다. 그러나 여기에 유의할 점이 있었다. 장기간 고객 행동을 분석한 결과 '정치적으로 보수적이고 보통보다 전력 소모가 많으며, 환경단체에 기부도 하지 않고 재생 에너지 비용도 내지 않는 가구'는 청구서에 이웃의 사용량을 보고 전기를 더 사용했다. 만약 우리가 뭔가를 하는 것으로 수치심을 느꼈다고 생각하면 실제로 정반대로 행동하거나 느낄 수 있는 것이다.

사회과학자 리베카 헌틀리가 '못마땅함의 청교도 정신'[18]이라고 부르는 것은 많은 환경적 메시지에서 나오는데, 이는 극도로 비생산적이다. 하지만 대안은 있다. 즉, 행동이야말로 당신을 기분 좋게 할 수 있다는 것을 다른 사람에게 보여주는 것이다. 연구에 따르면 선택에 대한 자부심을 기대하는 것은 선택하지 못한 것에 대한 죄책감보다 훨씬 더 동기부여가 된다. 그래서 사람들이 나에게 비행기 이용에 대해 물을 때 나는 그들을 망신시키지 않는다. 그 대신 나는 만능 해결책은 없다고 말하고 몇 가지 아이디어를 제안한다. 미래에 단거리 비행은 전기로, 장거리 비행은 수소 혹은 바

---

18 Puritan ethos of disapproval

이오 연료를 이용한다면 얼마나 좋겠는가. 그러나 지금의 '생각 있는 여행'은? 누구에겐 비행기를 타지 않는 것이 될 것이다. 또 다른 누구에겐 나처럼 하이브리드 접근법이 더 나을지도 모른다. 또 다른 사람들은 항공사에 연락해서 새로운 저탄소 기술로 전환을 가속하도록 권유하는 행동가가 될 수도 있다.

결국 그 영국 학자의 의견은 사실 나에 대한 것이 아니었다. 그 것은 그의 두려움에 대한 것이었다. 우리가 진정으로 통제하고 싶으나 할 수 없는 것들—이 경우엔 항공사, 화석연료 회사, 정부, 그리고 우리가 살고 있는 전체 시스템—이 있을 때 우리는 다른 사람에게 두려움을 돌리고 그들을 통제하려고 수치심을 이용한다. 우리는 일시적으로 기분이 나아질 수 있지만 장기적으로는 상황이 더 나빠질 뿐이다.

우리가 죄책감에 사로잡히는 이유

우리는 심지어 어떤 도움도 받지 못한 채 자신을 부끄러워하기도 한다. 텍사스 출신의 한 무시 그룹 일원은 강우 패턴이 어떻게 변하고 있는지에 대해 이야기한 뒤 "나는 농부인데, 온실가스를 많이 배출한다 해도 내 트럭이 필요해요"라고 방어적으로 말했다. 나는 트럭뿐 아니라 화석연료 혹은 기후변화에 대해 전혀 언급하지도 않았다. 나는 다만 그가 가뭄에 어떤 영향을 받을지에 대해 이야기하면서 그의 이야기를 따라갔을 뿐이다. 그럼에도 그

의 즉각적인 반응은 그 문제와 연관된 나의 말이 아니라 죄책감
으로부터 자신을 방어하는 것이었다.

최근 나는 기후변화에 대한 교외 지역 여성들의 의견을 조사한
설문조사 결과를 들었다. 한 연구원은 "대부분의 여성이 자신을
친환경주의자라고 밝혔다"며 이렇게 말했다.

"하지만 그들은 자신들이 충분히 잘하고 있는지, 정말 친환경
을 생각하고 있는지에 대해 확신하지 못한다는 말을 덧붙였어요.
자신들은 재활용을 충분히 하지 않고, 큰 차를 운전하며, 비건도
아니고 여행도 한다면서요."

작가이자 커뮤니케이션 전문가인 메리 아네즈 헤글라는 뉴욕
에서 비영리 환경단체에서 일한다. 2019년 그녀는 복스에서 『나
는 환경운동 단체에서 일한다. 당신이 재활용하든지 말든지 상관
안 한다』라는 책을 출간했다. 이 책에서 그녀는 사람들이 자신에
게 접근해서 환경적 죄를 어떻게 고백하는지를 묘사했다. 그들은
전기차를 운전하지도 않고, 국제선 비행기를 타야 하는 휴가도
다녀왔다고 말하는 사람들이었다. 그녀의 이야기를 더 소개하면
다음과 같다.

나는 사람들이 면죄 선언을 원한다고 비난하지 않습니다…. 그러
나 그 이면에는 훨씬 더 은밀히 퍼지는 힘이 있습니다. 지난 수십 년
동안 기후변화에 관한 대화를 주도하고 방해한 것이 바로 그 이야
기입니다. 우리 모두가 테이크아웃을 덜 주문하고, 비닐봉지를 덜

사용하며, 전등을 좀 더 끄거나, 나무를 몇 그루 심거나, 전기차를 운전했다면 기후변화는 해결될 수 있었을 것이라는 이야기입니다.

우리 모두가 소비 습관을 고쳤다면 이 거대한 실존적 문제가 해결될 수 있었을 것이라는 믿음은 터무니없을 뿐만 아니라 위험합니다. 그것은 환경주의를 죄나 미덕으로 규정된 개인의 선택으로 바꿔놓고, 이런 윤리를 지킬 수 없거나 지키지 않는 사람들을 단죄합니다.

사람들이 저를 친환경 수녀인 것처럼 제게 와서 자신들의 녹색 범죄를 고백할 때 저는 그들에게 석유·가스 산업이 저지른 범죄에 대한 죄책감을 당신들이 짊어지고 있다고 말하고 싶습니다. 병든 지구의 무게는 어느 개인이 어깨에 짊어지기에는 너무 무겁습니다. 그런 비난은 불가피하게도 무관심으로 가는 길을 열어줍니다.

우리는 모두 기후를 바꾸고 있는 화석연료와 산림 파괴, 농업에 의존하는 체계의 한 부분이다. 그러나 행동과학자 가브리엘 웡퍼로디와 아이리나 페이지나는 이 체계가 또한 우리에게 안전과 보안, 안정성과 의미를 제공한다고 지적한다. 그들은 기후변화가 이 체계를 단지 위협하는 것만은 아니라고 덧붙인다. 기후변화도 우리를 안전하게 해주는 바로 그 체계에 의해 야기되는 문제여서, '자신을 능력 있고 일관성 있으며 강력한 도덕적 원칙과 가치를 고수하는 사람으로 여기는 개인적 성실감'에 위협을 가하기도 한다. 우리는 착하기를 원하고, 그렇게 보이기를 원한

　　　　　　　　2부 왜 팩트만으로 충분하지 않은가

다. 그래서 우리는 적합성이나 가치에 의문을 제기할 수 있는 모든 정보에 방어적으로 반응한다고 그들은 결론짓는다.

그렇다면 기후변화에 관한 한 우리가 무력감을 느끼는 것은 놀랄 일이 아니다. 우리는 우리 삶의 필수적 요소들, 예컨대 운전해서 출근하거나, 의사에게 가거나, 아이들에게 음식을 가져다주거나, 가족과 함께 휴가를 가는 것도 기후변화에는 나쁘다는 말을 듣는다. 그러나 우리는 달리 사는 방법을 상상할 수 없다. 어떻게 달리 존재할 수 있겠는가. 우리가 수치심을 느낄 때, 내가 오스틴에서 그날 그랬던 것처럼, 우리에겐 다른 선택권이 없다고 느끼기 때문에 우리 자신을 방어한다. 우리는 그저 최선을 다해 그럭저럭 살아가고 있을 뿐이다.

"우리는 나쁜 놈이 아니다"

심지어 화석연료 회사에 다니는 사람들도 이렇게 느낀다. 그것을 나는 석유·가스 회사의 리더십 팀에게 강연을 해달라는 초청을 받았을 때 처음 알게 됐다. 그 회사는 엑손모빌이나 셰브론은 아니고, 미국 남부의 석유·가스 시추회사 가운데 제법 큰 곳이었다.

자기 회사 리더십 팀에게 강연을 해달라고 나를 초대한 이는 대학 동창이었다.

"걱정 말아. 우리 회사 석유 시추, 지질 전문가는 참석하지 못하게 할 거야. 그는 기후변화 문제는 모두 터무니없는 소리라고 생각하는 작자야. 우리는 네가 해야 하는 말이 무엇인지 듣고 싶어."

그 초대는 별로 영감을 주는 것은 아니어서 나는 그것을 받아들일지 말지 열심히 생각했다. 만약 내가 그들과 공유하는 핵심 가치나 믿음이 없다면 그들에게 말할 게 없을 것이었다. 그건 내가 다른 사람들에게 조언한 이야기이므로 나도 그렇게 하는 게 나았다. 하지만 석유·가스 회사 임원들과 내가 공유하는 게 뭐가 있었을까?

그때 번개처럼 스치는 생각이 있었다. 내가 화석연료에 정말로 감사하는 게 있다는 것이었다. 화석연료가 없었다면 나는 훨씬 더 짧고 비참한 삶을 살고 있었을 것이다. 우리는 다음 식사 때 먹을 음식을 마련하기 위해 하루를 보낼 필요도, 하룻밤 동안 음식이 부패할까 걱정할 필요도 없다. 식료품점에서 음식을 사서 보관할 냉장고가 있기 때문이다. 우리의 이동 수단은 한때 발, 수레, 말에 국한돼 있었다. 하지만 지금은 우리 조상들이 봤다면 충격받을 정도의 속도로 지구를 운행하는 비행기와 자동차와 기차가 있다. 그리고 가전제품과 전기 덕분에 우리는 더 이상 한 세기 전에 너무나 많은 여성들이 해야 했던 하찮은 일들의 끝없는 고역으로 시간을 보낼 필요가 없고, 태양과 함께 깨어나고 잠자리에 들 필요도 없다. 내가 진정으로 화석연료에 고맙다고 말하는 것이 결코 과장은 아니다.

20층짜리 본사 꼭대기에 있는 임원 회의실로 내가 들어섰을 때

분위기는 딱딱했다. 몇몇은 웃음 지었지만, 모두가 자리를 잡는 동안 대부분의 얼굴은 불편해 보였다. 그럼에도 나는 화석연료에 대한 고마움 같은 것을 이야기하기 시작했다. 그러자 회의실의 모든 사람들이 편안해지는 것을 볼 수 있었다. 한 남자가 믿을 수 없다는 듯이 말했는데, 얼굴에 웃음이 천천히 번졌다.

"교수님 말이 맞습니다. 사람들은 에너지가 필요하고, 우리가 그것을 제공합니다. 우리는 나쁜 사람들이 아닙니다!"

나는 동의했다. "맞아요. 그리고 우리는 미래에도 에너지가 필요합니다. 그런데 문제는 우리가 에너지를 어떻게 얻느냐가 아닐까요? 우리는 더 이상 말과 마차, 공용 전화를 사용하지 않습니다. 그리고 화석연료 사용에는 심각하고, 심지어는 위험한 부작용이 많이 있으며, (재생에너지로의) 에너지 전환이 훨씬 더 긴급하다는 것을 우리는 잘 알고 있습니다. 가능하면 빨리 화석연료를 넘어설 필요가 있습니다. 그래서 전등을 밝히고, 지역에 일자리를 제공하면서 어떻게 그것을 할 수 있을까요?"

그 강연은 45분 동안 진행될 예정이었지만, 토론이 2시간 동안 이어졌다. 모두가 의문을 갖고 있었고, 다음 질문을 이해하고 싶어 했다. 인간이 기후를 변화시키고 있는 것을 어떻게 알았을까? 지질 전문가들은 어느 지점에서 잘못된 것일까? 그리고 미래에 어떤 에너지원을 개척할 수 있을까?

두려움과 죄책감을 넘어

만약 많은 죄책감과 부끄러움으로 두려움을 쌓아올리지 않는다면 그 답은 무엇일까? 흥미롭게도 뇌과학, 심리학, 철학, 종교가 비록 다른 관점이지만 모두 같은 해결책을 가리키고 있다.

첫째, 우리는 무슨 일이 일어나고 있는지 알아야 한다. 그걸 알고 당황하지 말고 진지하게 걱정해야 한다. 우리가 무엇이 고장났는지조차 모른다면 무엇을 고치려고 하겠는가? "걱정은 행동의 원천입니다"라고 연구자 브랜디 모리스가 나에게 말했다. 그녀는 생리학과 심리학을 결합해 우리가 기후변화에 대해 배울 때 우리의 뇌가 어떻게 반응하는지 연구한다. 토니 레이저로위츠도 여기에 동의한다. 그는 "두려움은 기후행동을 위한 정책 지원의 좋은 예측 변수는 아니지만, 걱정은 좋은 예측 변수입니다"라고 말했다. 우리를 걱정하게 하는 것은 바로 그것이다. 기후변화는 현실이고, 인간에 의한 것이며, 그 위험은 심각하다는 것을 이해하는 것이다.

둘째, 우리는 심각한 기후변화를 막을 수 있다는 것을 알 필요가 있다. 해결책들이 있다. 이것을 아는 것이 '우리 사회 체계를 파괴하기보다는 지지하고 안정성과 장기지속성을 보장하는 것과 일치하도록' 재구성하는 데 도움이 된다는 것을 윙퍼로디와 페이지나가 알아냈다. 해결책들을 우리와 반대되는 것으로 보지 않고 같은 편으로 보는 것이 더 중요하다. 우리 뇌 기능에 한 차원

더 깊이 들어가서 부정적 태도보다는 긍정적 태도를 강화하는 것이 장기적 변화에 동기를 부여하는 핵심이다. 만약 우리의 뇌가 탤리 섀럿의 설명처럼 보상을 향해 나아가되 두려움과 불안에 반응해 얼어붙도록 돼 있다면, 우리는 자신과 서로에게 행동을 촉구하기 위해 긍정적 동기를 제공해야 한다.

셋째, 선과 악에 대한 인식이나 지식이 급증하는 상황에서 죄책감을 줄일 수 있는 명확하고 합법적인 경로를 제공할 수 있어야 한다. 조지 마셜은 『기후변화 심리학』을 쓰면서 매우 이례적으로 대형 교회들을 둘러보았다. 그 이유는 신자들이 기후변화를 어떻게 생각하고 이야기하는지에 대한 몇 가지 중요한 가르침을 대형 교회들이 갖고 있기 때문이었다. 지옥불과 파멸에 대한 설교는 아무리 희박하더라도 구원과 용서의 가능성이 있을 때에만 행동을 촉구하는 데 효과적이다.

믿음이 가르쳐주는 것

기독교인으로서 나는 (비록 대형 교회에 다니지는 않지만) 성경이 두려움과 행동에 대해 말하는 방식이 특히 인상적이라고 생각한다. 디모데서[19]에서 사도 바울은 하나님은 우리에게 공포심은 주지 않았다고 간단히 말했다. 그래서 우리가 두려움을 느끼고 기

---

19 사도 바울이 디모데에게 보낸 서한. 전서와 후서가 있음.

후변화에 대응한다면 그 두려움은—해결책이나 기후변화 영향의 압도적 특성에서 나오는 두려움— 하나님에게서 나오는 것이 아니다. 그 대신 바울은 하나님이 우리에게 권능의 정신을 주셨고, 이는 우리가 얼어붙거나 마비되지 않고 행동할 수 있게 해주셨다고 말했다. 우리는 다른 사람에 대해 연민을 갖고 그들의 필요를 최우선에 두고 행동하는 사랑의 정신을 받았다. 마지막으로 우리는 천지창조에서도 분명히 나타난 팩트와 데이터에 기반해 현명한 결정을 할 수 있도록 하는 건전한 마음을 하나님으로부터 선물로 받았다.

그렇다면 우리는 어떻게 두려움이나 수치심에서 벗어날 수 있을까? 나는 사랑으로 행동하면 벗어날 수 있다고 믿는다. 사랑은 진실을 말하는 것에서 시작한다. 즉, 사람들이 자신들이 처한 위험과 선택을 적절하고 실용적으로 완전히 파악할 수 있도록 하는 것이다. 그러나 사랑은 또한 죄책감과 수치심의 반대인 연민, 이해, 수용을 제공한다. 사랑은 또한 우리에게 용기를 북돋아준다. 우리가 사랑하는 사람들을 위해 무엇이든 못 할 게 있을까? 그리고 마지막으로 사랑은 가장 일시적이고 인기 있는 감정, 즉 희망의 문을 열어준다.

해나 맬컴은 신학자로 할아버지인 선구적 기후과학자 존 호튼 경이 인류가 직면한 긴급한 문제에 대해 이야기하는 것을 들으며 자랐다. 그녀는 할아버지가 "지금 우리가 아무것도 하지 않으면 50년 안에 온 나라가 물에 잠길 거야!"라고 말한 것을 회상했다.

그녀는 현대 과학자들의 경고의 메아리를 성경 예언자들의 종말론적 언어로 보고, 현 상태가 지속되면 대재앙이 닥칠 것이라고 경고했다. 그녀는 중요한 다음 단계를 지적한다.

"예언자들의 말은 우리가 종말론적 두려움에 대해 말하는 법을 배우도록 할 수 있어요. 그들은 우리에게 죄, 탐욕, 그리고 슬픔의 현실에 대해 솔직하도록 가르칩니다. 그들은 기존 체제에 대한 작은 조정이 아니라 급진적이고 혁신적 변화를 요구합니다. 그리고 그들은 우리에게 불가능해 보일 때도 평화로운 미래의 비전을 그리며 터무니없을 정도로 희망적일 수 있는 방법을 가르칩니다."

3부

위험 증폭기

saving us

8장
먼 위험

"우리는 평평한 지구의 끝 어디엔가에 용이 숨어 있다고 믿었던 14세기 세계지도처럼 원시적인 시간 개념을 이용해 우리의 미래를 향해 부주의하게 항해하고 있습니다."
—마르시아 비외르네루드, 『시의성』

"우리는 데이터가 무엇을 말하고 있는지 살펴보았고, 그 의미는 매우 분명합니다. 지구온난화가 가속화하고 있고, 우리는 준비를 해야 합니다. 그렇지 않으면 우리는 가뭄에 시달릴 겁니다."
—텍사스에서 열린 물 계획 회의에 참석한 남자

솔트레이크시티의 한 식당에서 스크램블 에그를 먹으며 나는 야생의 북극곰 이야기를 듣고 있었다. 나는 그것들이 모두 사실이라는 것을 알고 있었다. 스티브 앰스트럽은 북극곰인터내셔널Polar Bears International의 수석 과학자이며 수백 마리의 북극곰을 조사하고 분류했는데, 그 결과 북극곰이 미국 멸종위기종법에 따라 멸종위기종으로 등재됐다. 우리는 우연히 그날 늦게 유타주에서 대담이 있었기에 기회를 잡아 아침 식사를 함께하기로 했다.

나는 스티브에게 농담 삼아 몇 마리의 곰에게 생명의 키스(인공호흡)를 했는지 물었다. 그는 웃는 대신 암산을 해보더니 "열두 마리나 됩니다"라고 말했다. 그러고 나서 그는 그의 팀이 겨울을 나기 전 곰들을 관찰하기 위해 매년 가을 캐나다 매니토바주 처치힐로 떠나는 여행에 대해 말했다. 그는 "곰들을 직접 보러 가지 않을래요?"라고 내게 물었다.

누가 그걸 마다하겠는가? 나는 가고 싶었다. 하지만 나는 이미 그해 가을뿐 아니라 12월에 열리는 파리 기후회의까지 여러 가지 분주한 계획들이 있었다. 나의 주된 일은 기후변화가 바로 지금 우리에게 어떻게 영향을 미치는지에 초점을 맞추고 있다. 그뿐 아니라 나는 북극곰이 기후변화의 상징으로 이용될 때 그것이 나머지 우리에게 멀리 떨어진 일처럼 보이게 하기 때문에 해를 끼친다고 믿었다. 빙하가 녹고 북극곰이 굶주리는 것은 현실이고 심각한 일이다. 하지만 기후변화에 대한 진정한 관심, 장기적 행동에 동기를 부여하는 관심은 일반적으로 우리가 사는 집과 더 가까운 무엇에 근거해야 한다.

내가 주저하고 있다는 것이 틀림없이 얼굴에 나타났을 것이다. 그때 스티브가 나의 관점을 완전히 바꾸는 말을 했다. 그는 "우리가 북극곰에 대해 관심을 갖는 이유는 그들이 우리에게 어떤 일이 일어날지를 보여주고 있기 때문입니다. 만약 우리가 그들의 경고에 귀 기울이지 않으면 그다음은 우리 차례가 될 것입니다"라고 말했다. 그 말에 나는 결국 그들의 답사 여행에 동참하기로 결심했다.

북극곰이 우리에게 가르치는 것

북극곰의 삶은 해빙海氷에서 돌고 돈다. 그곳은 겨울에 그들이
선호하는 먹이인 바다표범을 사냥할 수 있는 곳이다. 그러나 요
즘 북극해는 일종의 죽음의 소용돌이에 처해 있다. 세계의 봉우
리들이 따뜻해지면서 만년설이 녹는 것처럼 그 아래의 해빙도
녹아내리고 있다. 그 어두운 물은 반사하는 흰 얼음보다 태양에
너지를 더 많이 흡수하고, 북극 기온은 더욱 올라가게 된다. 이것
이 지구의 다른 부분보다 두 배나 더 빨리 기온이 상승하는 순환
을 유발한다. 북극의 해빙은 평균적으로 매년 아일랜드 면적만
큼 줄어들고 있다. 2020년에는 기록상 두 번째로 작은 해빙 면적
을 기록했는데, 이는 1979년 위성 기록이 시작되었을 때의 절반
정도의 크기에 해당한다. 잠수함과 위성을 이용한 측정에서도
해빙 두께가 1958년 이후 거의 절반으로 줄어들었다는 것이 확
인됐다.

북극곰의 먹이의 터전이 되는 해빙은 말 그대로 해빙解氷되고
있다. 매년 이른 봄에 해빙이 사라지고 늦가을에 얼음이 얼면서
더욱 많은 북극곰이 해변에서 먹이를 구하지 못하고 있다. 이들
이 육지에서 잡는 먹이는 얼음 위에서 잡는 먹이의 대체물이 되
지 못한다. 그래서 북극곰은 온난화의 영향을 가장 먼저 받는 생

물종의 하나다. 2015년 스티브의 팀과 함께 북극에 갔을 때 나는 이것을 직접 눈으로 보았다.

일반적으로 허드슨만의 얼음은 11월 초에 언다. 그런데 우리가 2,000마일을 달려 처칠[1]에 도착했을 때 얼음 한 조각도 보이지 않았고, 다만 굶주린 북극곰들만 있었다. 여덟 살짜리 둘째 아들이 여행에 함께했다. 이튿날 밤이 핼러윈이었는데 아이는 어른들이 마을에 너무 가까이 돌아다니는 곰들로부터 '트릭 오어 트릿trick or treat'[2] 놀이를 하는 사람들을 보호하기 위해 순찰하는 것을 보고 눈이 휘둥그레졌다.

툰드라 지대에서의 첫날 아침 스티브는 태양이 지평선 위로 떠오를 때 나를 흔들어 깨웠다. "밖을 보세요!"라며 어딘가를 가리켰다. "저 곰이 밤새도록 저를 깨웠고, 똑바로 서서 창문 안을 응시했어요." 아니나 다를까 창 밖에는 거대한 곰이 있었다. 호기심 많고, 지루하고, 배고픈 곰이었다.

많은 기후변화의 장면들은 굶주림에 지친 게 확연해 보이는 곰을 보는 것보다 훨씬 더 미묘하지만, 어쨌든 우리와 가까이 있고 우리의 생명을 위협한다. 기후변화는 곰뿐 아니라 우리의 식량원에도 영향을 미친다. 공중보건 연구자 크리스티 이비는 '기후변화는 어떻게 우리 음식 영양가를 줄일까요'라는 제목의 테드 토

---

1 세계 북극곰의 수도로 알려진 캐나다 북쪽 작은 마을. 800여 명의 주민이 살고 있고, 북극권 허드슨만에 있다.
2 할로윈 때 "과자 안 주면 장난칠 거예요"라고 외치는 말.

크TED Talk에서 이산화탄소 수치가 어떻게 쌀과 밀 등의 작물들을 더 빨리 자라게 하는지 설명했다. 작물들은 빨리 자라지만 그 대신 단백질과 영양소 수치가 줄어든다. 그리고 온도 상승은 해충과 수확량에도 영향을 미친다. 예컨대 1981~2002년 기후변화는 연간 50억 달러 가치의 밀과 옥수수, 보리 손실을 입힌 원인으로 추정된다. 이런 작물 손실은 종종 사람들이 하루에 몇 달러로 살아가는 가난한 나라들에서 일어난다. 식량 가격이 두 배로 오르면 가족들은 굶주리게 된다.

스티브가 옳았다. 북극곰에게 일어나고 있는 일은 사람들에게도 일어나고 있는 중이다. 그러나 너무나 자주 우리는 그것을 북극곰보다 훨씬 덜 의식하는 것 같다.

심리적 거리

지구가 우리에게 던지는 어떤 문제든 우리는 끄떡없다고 생각한다. 그것은 기후변화에만 국한된 것은 아니다. 내가 사는 텍사스주 러벅에서는 누구도 토네이도의 실체를 의심하는 사람은 없다. 그런데 1970년 5월 11일 서부 텍사스의 중견 방송인인 밥 내시는 "토네이도에 맞는 것은 공룡에게 짓밟히는 것보다 확률이 더 낮습니다"라고 말했다. 그런 뒤 몇 시간 안에 그 도시의 건물 가운데 4분의 1이 손상되거나 파괴되었고, 30명 이상이 목숨을 잃었고, 수백 명이 다쳤다. 지금까지 1970년 러벅 토네이도는 미국 도시의 상업 지구를 강타한 가장 강력한 토네이도 가운데 하나로 남아 있다.

특정한 형태의 위험을 무시하려는 인간의 속성을 바로 '심리적 거리Psychological distance'라고 부른다. 그것은 어떤 것이 시간적으로 혹은 물리적으로 거리가 있거나, 또는 사회적 관련성에서 멀리 떨어져 있을수록 우리는 그것을 더 추상적이고 중요하지 않다고 여길 것이라고 가정하는 이론의 한 부분이다. 반대로 우리와 가까운 것일수록 더 구체적이고 관련성 높은 것으로 여긴다.

이 이론은 예컨대 오클라호마 공화당원이자 오랜 기후 무시 그룹의 일원이었던 제임스 인호프 상원의원이 2015년 바깥의 추운 곳에서 뭉쳐온 주먹만 한 눈 뭉치를 상원에서 보여주며 지구 온난화는 실제가 아니었다고 주장한 것이 얼마나 효과적이었는지 설명한다. 상원의 카펫에 떨어진 실제 눈덩이는 많은 사람에게 미국 워싱턴 D.C.와 전 세계가 더워지고 있다는 것을 보여주는 수십 년간의 온도 데이터보다 훨씬 더 선명한 물리적 사례가 되었다.

기후변화가 먼 일처럼 보이는 이유

왜 기후가 변하고 있는지에 대한 많은 정보, 혹은 심지어 북극곰에 미치는 영향에 대한 정보도 우리의 호기심을 만족시킬 수 있다. 그러나 심리적 거리 개념은 그런 정보가 왜 우리로 하여금 기후변화에 대해 더 걱정하고 혹은 기후행동을 기꺼이 지지하거나 참여하도록 만들지 않는지 그 이유를 설명해준다. 기후변화는 이 이론이 설명하는 거의 모든 형태의 '심리적 거리' 사례에 해당한다.

첫째 기후변화는 구체적이기보다 추상적이다. 공기 오염과 달리 기후변화는 우리가 볼 수도, 느낄 수도, 냄새를 맡을 수도 없는, 열을 가두는 가스 때문에 이루어진다. 문제를 더 복잡하게 하는 것은 기후변화는 지구 평균기온으로 표현된다는 점이다. 지구 평균기온은 최소한 수십 년 동안 전 세계 수천 개의 기상 관측소에서 나온 일일 기록들을 합산한다. 바로 지금 여기의 날씨와 비교하자면 매우 모호한 개념일 수 있다.

그리고 실제 거리와 시공간의 문제가 있다. 사람들은 종종 기후변화를 먼 곳의 사람들이나 장소에서 일어나는 것으로 생각한다. 예컨대 스티브가 연구하는 북극곰이나 익숙지 않은 지명인 투발루나 나우루 같은 남태평양 저지대 섬에서 살고 있는 사람들에게서 일어나는 일이고, 자기 자신들에게는 관련이 없다고 생각한다. 사람들은 또 지금 이곳이 아니라 미래의 아이들이나 손자·손녀에게 영향을 미치는 일로 생각한다.

그리고 사회적 관련성의 문제가 있다. 지구온난화는 틈새 문제로 간주된다. 사람들은 기후변화는 환경주의자, 트리 허거[3], 고래

---

3 tree-hugger: 열렬한 환경운동가를 비꼬아 하는 말. 호주에서는 greenie라고도 함.

구하기 캠페인 하는 사람, 환경주의자 버니 샌더스나 녹색당에 투표하는 사람들에게나 중요한 문제로 생각한다. 그러나 만약 우리가 우리 자신을 이런 식으로 설명하는 사람이 아니라면, 대체로 우리는 기후변화가 우리에게 중요하다고 생각지 않는다.

예일대 기후 커뮤니케이션 프로그램은 기후변화와 관련된 20여 개 질문을 가지고 미국과 캐나다의 여론을 추적했다. 지역 여론조사에서도 당신은 여전히 심리적 거리 효과를 확인할 수 있다.

2020년 현재 미국인의 약 70% 이상이 지구온난화가 일어나고 있고 그것이 식물과 동물(우리 자신의 삶만큼 우리에게 관련 있는 게 아닌 것들)에게, 그리고 미래 세대(지금이 아니라 미래에 살 사람들)에게 해를 가할 수 있다는 것에 동의했다. 65%의 사람들은 지구온난화가 개도국 사람들(먼 곳에 사는 사람들)에게 피해를 줄 것이라는 것에 동의하고, 61%는 심지어 미국에 사는 사람들(자신들이 아니라)에게도 해를 끼칠 것이라고까지 말했다.

하지만 예일대 연구원들이 "기후변화가 여러분에게 개인적으로 해를 끼칠 것이라고 생각하나요?"라고 묻자 그 비율은 겨우 43%로 급격하게 떨어졌다. 어쨌든 우리 대부분은 기후변화가 우리가 살고 있는 세상, 멀리 있는 사람들, 심지어 우리의 손주와 이웃에게까지 영향을 미칠 것이라고 상상하지만, 우리 자신만은 제외한다.

우리의 관점을 뒤집는 방법

"확률이 낮을 경우 인간의 마음은 일을 올바르게 처리하도록 조직되지 않는다. 누구도 경험하지 못한 사건이 일어날 수 있는 지구 행성의 거주자에게 이건 좋은 소식이 아닙니다."

심리학자 대니얼 카너먼은 그의 책 『생각에 관한 생각』에서 이렇게 썼다. 달리 말하면, 우리가 지금처럼 희귀한 시대에 살고 있을 때 우리의 사고방식은 우리가 맞닥뜨릴 수 있는 피해를 과소평가해 심각한 위험에 처하게 하고, 이것이 다시 우리의 위험을 더 증가시킨다는 것이다.

심리적 거리는 우리가 기후변화 과학을 받아들이느냐 마느냐의 문제보다 더 광범위한 도전이다. 지구온난화가 일어나고 있다는 것을 아는 많은 사람도 여전히 그것을 우리의 많은 우선순위 목록 가운데 하나쯤으로 여긴다. 주요 뉴스를 보면 긴급한 문제 투성이다. 세계적 팬데믹과 다가오는 경제 위기, 난민과 이민, 물, 에너지, 유한한 자원 문제도 심각하다. 개인적으로 보면 우리는 건강, 안전, 직업, 가족에게 먼저 관심을 갖는다.

이것은 벅찬 문제처럼 보이지만, 텍사스테크대 동료인 커뮤니케이션 연구자 크리스 추는 그 문제를 뒤집어버렸다. 그는 우리가 왜 기후변화에 거리를 두는지를 들여다보기보다는 우리가 거리두기를 멈출 수 있는 방법을 연구했다. 그의 연구는 우리가 지구상의 반대편에서 어떤 일이 일어나는지에 대해 사람들에게 이야기할 때—미국인에게 인도네시아의 기후변화 영향에 대해 이야기하는 것처럼— 그것이 먼 이야기이며 자신의 삶과는 덜 관련 있는 것으로 본다는 것을 확인했다. 정치적 양극화라는 우리의 강력한 프레임도 기후변화에 대한 우리의 의견을 지배하고, 우리가 받는 정보에 대한 압도적인 여과기 역할을 지속적으로 하게 된다.

그러나 지금 여기에서 어떤 일이 일어나고 있는지 우리에게 중요한 방식으로 이야기할 때 우리의 관점은 갑자기 바뀐다. 예컨대 지역 해수면 상승이 우리에게 어떤 영향을 미치는지를 이해할 때 우리는 탄소발자국을 기꺼이 줄일 것이다. 우리 삶에 기후변화 관련성을 인식할 뿐 아니라 우리의 정치적 양극화도 줄어든다. 달리 말하면 기후변화가 지금 여기 우리 삶에 영향을 줄 때 우리는 기후변화가 중요하다는 것에 동의할 가능성이 더 큰 것이다.

우리가 심리적 거리를 줄일 때 서로 간에 공통적으로 갖고 있는 것이 우리를 두 쪽으로 나누는 정치 이데올로기보다 더 중요하고 적절해지게 된다. 이것이 기후변화에 대해 우리가 이야기하는 접근 방식을 바꿀 수 있고, 과거에 우리가 사용했던 전략보다 기후행동을 더 성공적으로 지지할 수 있는 방법임을 암시하는 중요한 통찰이다.

집에서 가까운 곳의 기후변화 이야기하기

　나는 지역의 기후 영향을 공유하는 것에 대해 양극화 관점을 벗어난 사람들의 힘을 직접 보았다. 몇 년 전 나는 중부 텍사스 수역지구에 대한 장기 계획의 일환으로 기후 예측 프로그램을 개발하는 일을 돕게 되었다. 그 지구의 사업 주관팀은 기후 정보의 필요성에 회의적이어서 제안된 업무를 결정하기 전에 나에게 형식상 예비 강연을 해달라고 요청했다. 그들이 나를 소개하는 말은 놀라우리만큼 황당했다. 내 이름 외에는 나 자신이나 제안된 일과는 거의 관련이 없었다. 그 대신 대부분이 내가 일하는 대학에 관한 것이었다. 얼마나 좋은 학교이고, 학생이나 학교가 얼마나 성공적인지, 미식축구나 농구팀이 얼마나 잘하는지 등을 이야기했다. 나는 어쨌든 웃는 얼굴로 방 안을 둘러보다가 이유를 알게 되었다. 거의 모든 사람이 동창생이었다. 그래서 기후과학자라는 타이틀 때문에 다소 나를 의심스러워하는 사람들이 있었지만 나는 그들 '부족'의 일원이었으므로 경쟁 학교에서 온 과학자보다는 더 신뢰할 만한 사람으로 간주되었다. 우리는 양극화 시각에서 잠시 벗어날 수 있었고, 그래서 일이 성사되었다.

　하지만 나는 이 합의를 당연하게 생각하지는 않았다. 수역지구들은 데이터를 매우 잘 알고 있다. 그래서 그 프로젝트를 진행하는 동안 우리 팀이 사용하는 수도계량기와 기상 관측소도 그 수역지구가 알고 있는 것이었다. 일단 과거 데이터를 이해한 뒤 우리는 지구 평균기온이 2℃와 4℃ 올랐을 때의 영향을 그와 관련된 척도, 즉 물 공급, 소비자 수요, 그리고 환원수 차원에서 계산했다. 우리의 연구 결과는 과거에 그 지구가 물 보존 노력을 얼마나 성공적으로 잘했는지를 강조했다. 그러나 그 결과는 또 4℃가 오른 세상에서 자신들이 지금 하고 있는 것만큼의 양과 질 높은 물을 지속적으로 공급하기 어려울 것임을 보여주었다. 반면 2℃가 상승하면 대응하는 데 비용은 많이 들겠지만 실행 가능한 장기적 선택지 범위 내에 대처 방안이 있었다. 그들은 더 길고 건조한 기간에 물 보존을 늘리고 공급을 안정화하기 위해 몇 가지 새로운 자원을 추가할 수 있었다.

그 프로젝트 엔지니어들이 이사회에 마지막 결과물을 프레젠테이션했을 때 논쟁은 적었지만 활발한 토론이 있었다. 모든 사람이 기상관측소의 이름과 분석에 사용된 측정기의 위치를 인식했다. 모든 그래프는 과거 데이터와 미래 예측을 함께 보여주어 어떻게 비교가 되는지 확인할 수 있었다. 분명히 과거 조치는 성과를 거두었고, 더 많은 그런 조치가 필요했다. 여기에는 모두가 동의했다.

그때 예상될 만한 반응이 나왔다. 이 연구 결과물을 가지고 그 지역 사람들과 어떻게 소통하느냐에 대한 질문도 있었다. 긴 침묵이 이어졌다. 그때 이사회의 한 분이 모두가 생각하고 있던 말을 끄집어냈다.

"우리는 사실 조금 보수적입니다. 지금 우리가 얘기하고 있는 것은 지구온난화인데요. 우리가 지역 사람들에게 이것을 이야기 할 경우 그들은 이것을 어떻게 받아들일까요?"

그런데 가장 나이가 많은 이사는 받아들이기를 거부했다.

"교수님이 얘기하는 게 무엇인지 정확히 압니다. 내 손녀가 학 교에서 돌아와서는 북극곰이 위험에 처했는데 얼음이 녹아서 그 렇다는 식으로 얘기하더군요. 나는 손녀에게 그게 사실이 아니라 고 말했는데, 내 말을 듣지 않더군요."

그 테이블에 있던 사람들이 우울한 표정을 지었다. 젊은 세대 가 잘 속는 속성, 학생들을 세뇌시키려는 교육 체계의 편파성은 새로운 주제는 아니다. 그 최고 연장자가 힘주어 말했다.

"그러나 지금 여기는 다릅니다. 지금 데이터가 우리에게 말하 는 바를 보고 있는데, 그건 매우 명확합니다. 데이터는 데이터인 겁니다. 온난화가 진행되고 있고, 우리는 준비해야 합니다. 그러 지 않으면 우리가 위험에 빠질 겁니다."

그는 강조하는 의미로 탁자를 두드렸고, 다시 반복했다.

"데이터는 데이터인 겁니다."

그것이 그의 마지막 말이었다.

기후변화는 곡선 도로다

기후변화는 우리에게 여러 가지 방식으로 영향을 미친다. 우리 가 어디에 살고, 무엇에 관심을 갖느냐에 따라 달라진다. 그러나 모든 문제의 근본적 원인은 우리가―인간과 북극곰 모두가― 이렇게 빠른 기후변화에 완전히 익숙지 않고, 준비도 되어 있지 않다는 사실이다. 내가 상상하는 것은 이러하다.

내가 살고 있는 서부 텍사스는 평원지대여서 길이 거의 직선이다. 완전히 똑바른 길들이어서 운전할 때 후사경을 보면서도 운전할 수 있다. 직선 길을 달릴 때는 과거에 있었던 곳이 미래에 있게 될 곳의 믿을 만한 가이드이기 때문이다. 그런데 후사경을 보면서 직선으로 달리는 데 곡선 길을 만나면 어떻게 될까? 예컨대 당신은 계획하지 않은 곳으로 가게 될 것이고, 그건 좋은 소식이 아닐 것이다. 그런데 그것이 바로 '기후도로'에서 운전하는 우리 인간에게 일어나고 있는 일이다.

현대 문명은 우리가 직선 길과 안정적인 기후를 갖고 있다는 가정에 기초해 있다. 그래서 과거에 우리가 경험한 조건, 후사경에서 우리가 여전히 볼 수 있는 그 조건은 미래의 정확한 예측 변수다. 후사경을 통해 우리가 볼 수 있는 것에 근거해서 우리는 땅을 나누고 복잡한 농업 체계를 발전시키고, 수조 달러어치의 인프라를 건설해왔으며 물 자원을 분배해왔다.

지난 수천 년 동안 작고 지역적인 규모의 기후 변동 혹은 '기후도로'의 꿈틀거림이 있었다. 그 가운데 일부는 지역적으로 넓은 곳에 영향을 미쳤다. 때로 그것들은 앞서 언급한 중세 온난기와 같은 새로운 기회를 제시하기도 했다. 다른 시기에는 강우량과 기온의 변동이 중앙아메리카의 마야문명이나 미국 남서부의 아나사지 인디언 문명, 오늘날의 파키스탄에 속하는 청동기 시대 인더스 계곡 문명의 쇠퇴에 기여했다. 하지만 대부분의 다른 지역에서는 기후도로가 대체로 직선이었기 때문에 그 도로를 벗어나지 않고 머무르는 데 성공해왔다.

오늘날 지구는 지난 150년 동안 1℃[4]가 넘게 더워졌다. 이 속도는 지구가 마지막 빙하기에서 나올 때보다 10배 빠르다. 지구 자체는 결국 지질학적 시간 척도에서 보면 이전보다 더워진 채로 생존할 것이다. 위험에 처한 것은 인간의 시스템, 도시와 경제, 건물과 식량 체계, 그리고 이 모든 것의 끝에 있는 우리의 문명이다.

그래서 이제는 후사경에서 눈을 떼고 우리가 가야 할 미래의 길에 무엇이 있는지 신중하고 끈질기게 바라볼 때가 됐다. 지금 당장은 우리 모두가 거대한 버스에 타고 급격하게 굽은 길을 따라 질주하고 있는 것 같다. 자동차 바퀴는 울퉁불퉁한 도로 위를 구르고 있고, 경고음이 울리고 있다. 북극곰 전문가 스티브의 말이 귓전을 울린다.

"북극곰의 경고에 귀 기울이지 않으면 그다음은 우리 차례입니다."

---

4   2023년 7월부터 2024년 7월까지 지구 평균기온이 산업화 이전보다 1.5℃ 이상 높았다.

9장
지금, 여기

"우리는 전 지구의 가정에 행한 훼손을 깊이 이해한 첫 세대이자, 그 피해를 줄일 혁신적인 일을 할 수 있는 마지막 세대일 것이다."
―케이트 라워스, 『도넛 경제학』

"저는 이곳에서 30년을 살았는데 날씨가 점점 이상해지고 있습니다."
―교회에서 어떤 남자가 내게 한 말

2013년 웨더채널Weather Channel이 미주 지역에서 가장 날씨가 사나운 도시를 뽑는 대회를 열었다. 여기서 텍사스주 러벅이 노스다코타주의 파고, 알래스카주의 페어뱅스, 메인주의 카리부를 제치고 압도적 승리를 했다. 당신이 그곳 날씨를 안다면 별로 놀랄 일도 아닐 것이다.

미국 전역에서 1980년대 이후 최소 10억 달러 이상의 피해를 초래한 기후와 기상 재난의 수치를 들여다보면 텍사스주가 압도

적임을 알 수 있다. 2020년 현재 텍사스주에서 지난 40년간 124 회의 기상 재난이 있었다. 미국 평균은 3.1회다. 극단적 날씨를 불운 시험 이벤트로 생각해보자. 주사위 각 면에 날씨가 그려진 날씨 주사위 던지기에 비유한다면 텍사스주는 이미 눈속임용 주사위[5]로 연속해서 불운을 경험하고 있는 것이다.

지난해 크리스마스 직전에 나는 집 근처 여성 그룹의 모임에 연사로 초대를 받았다. 그 그룹은 인기 있는 모임이었다. 식당에는 제철 빵이 테이블마다 넘쳐나고, 목재 호두까기인형이 촘촘하게 장식돼 있었으며, 모든 좌석이 찼다. 프로젝터나 슬라이드를 놓을 공간이 없었다. 나는 호두까기인형과 크리스마스트리, 그리고 여성들에 둘러싸인 벽난로 옆에 있었다.

강연을 할 때 나는 보통 시각 자료를 활용한다. 지구의 온도 변화, 태양에너지의 이동 방향, 허리케인 하비가 휩쓸고 간 흔적, 아이들을 학교에 보내는 데 도움이 되는 태양광 전지판을 들고 있는 방글라데시 여성의 사진 같은 것을 보여주면서 이야기한다. 그런데 이때는 어느 것도 활용할 수 없어서 나는 참석자들의 마음속에 있을 이미지를 활용하기로 했다. 날씨는 어떤 분명한 이미지를 형성한다. 나는 러벅에서 10년 이상 생활해왔기 때문에 이곳에서 홍수, 가뭄, 눈보라와 천둥, 우박, 진흙비, 폭염과 같은 극한 날씨를 경험해왔다.

---

5 특정 면에 납 등을 넣어 왜곡된 결과가 나오도록 조작한 주사위.

3부 위험 증폭기

나는 내가 경험한 최악의 날씨 이야기로 시작했다. 2011년 10월 덴버에서 열린 연구 모임에 가기 위해 아침 비행기를 타야 했다. 그런데 아직 동이 트지 않았을 때 유나이티드에어라인에서 온 전화를 받고 잠에서 깼다. 러벅에서 덴버행 직항 비행기가 취소됐다는 거였다. 그 직원은 "그런데 손님이 아침 5시 55분까지 공항에 도착하신다면 휴스턴을 경유해서 덴버로 가실 수 있습니다"라고 말했다. 이미 아침 5시였다. 그래서 나는 후다닥 옷을 껴입고 컴퓨터 가방을 챙겨서 자동차를 몰고 공항으로 달려갔다. 공항 주차장에서 주차 티켓을 받기 위해 자동차 창문을 열고 다시 닫는 것을 잊어버렸다.

다행히 나는 비행기를 탔다. 그런데 그날 오후 역사적이고 기록적인 모래폭풍 하부브가 덮쳤다. 공항 근처에 있었던 사람이라면 수 마일 전에서부터 그 수직 벽과 같은 모래폭풍이 다가오는 것을 볼 수 있었을 것이다. 그 하부브는 낮을 밤으로 바꾸고 러벅 전역을 두꺼운 먼지로 덮어버렸다. 하부브는 창이 열린 채 주차장에 주차해 있던 내 차도 통과했다. 마침 열린 창문은 하부브가 불어오던 서쪽 방향을 향하고 있었다. 내가 주차장으로 돌아왔을 때 나는 주차권을 찾을 수 없었고, 차 내부는 붉은 먼지가 두껍게 쌓여 있었다. 그 차의 통풍구는 폐차되기 전까지 귀뚜라미가 긴 것처럼 삐걱거렸다. 나는 그 경험을 절대 잊지 못할 것이다.

조작된 날씨 주사위를 던지다

그러고 나서 나는 참석자들에게 잊지 못할 날씨 이야기를 공유해달라고 요청했다. 모두가 그런 경험은 갖고 있었고, 많은 사람들이 어떤 것을 공유할지 고민했다. 어떤 여성은 1950년대의 먼지폭풍에 대해 이야기했는데, 먼지가 너무나 짙어 한낮이 캄캄한 밤으로 바뀌었다고 했다. 또 어떤 이는 시내를 파괴하고 최고층 건물을 뒤틀어놓은 예의 그 러벅 토네이도를 묘사했다. 다른 사람들은 그들이 겪었던 가뭄, 홍수, 허리케인에 대한 이야기를 나눴다. 그들의 이야기가 불러일으킨 이미지가 너무 생생해서 나는 그 현장을 쉽게 상상할 수 있었다.

이런 경험이 어떻게 기후변화와 연결되는가? 이곳 텍사스뿐 아니라, 사실상 모든 곳에서 기후변화는 기상 현상들을 더 거대하게 만들고, 그것을 더 강하고 더 오래가도록 하며, 더 해롭게 만들고 있다. 기후변화는 뭐가 나올지 모르는 속임수 날씨 주사위처럼 예측이 불가능한 날씨를 만들어내고 있다. 20~30년 전에는 우리가 사는 장소에 기후변화가 어떤 영향을 미치는지 알아내기가 어려웠다. 오늘날은 어디에 살든지 간에 우리는 지구온난화 영향으로 어떤 날씨가 나올지 모르는 날씨 주사위를 경험하고 있다.

폭염은 더욱더 강해졌고, 가뭄도 더 길어졌다. 2019년 여름만 해도 북반구의 29개국에서 400여 곳이 사상 최고 온도의 기록을 세웠다. 기후변화는 호주에서 알래스카에 이르기까지 더 장기화하고 더 넓은 지역으로 번져간 엄청난 산불을 증폭시켰다. 기후변화는 열대 사이클론과 허리케인의 힘을 최대한으로 끌어올려서 더 크고 느리고 강하게 만들었다. 캘리포니아가 매년 사상 최대 산불을 기록하고, 시베리아의 폭염 온도가 38°C까지 치솟으며, 허리케인이 1,300mm의 비를 멕시코만에 뿌린다면? 그것이 바로 기후변화다.

그래서 나는 그날 러벅에서 그 여성들에게 말했다. 만약 당신들이 멕시코만을 따라 텍사스 도시에서 산다면 해수면 상승과 더 강해지는 허리케인을 걱정해야 한다고 말이다. 그것은 단지 우리만 겪는 일이 아니다. 전 세계에서 수억 명의 사람들이 허리케인과 태풍, 사이클론과 같은 강한 열대 폭풍과 해수면 상승으로 위협받는 지역에서 살고 있다. 만약 당신이 농업 지역이자 자원 집약적 경제 시스템을 갖춘 텍사스의 고평원지대에 산다면 당신은 더 강한 가뭄과 극단적 여름 날씨를 경험할 것이다. 이미 수억 명의 사람들이 물이 부족한 지역에서 살고 있고, 물 부족은 더욱 심화되고 있다. 만약 당신이 이러한 것들에 관심을 갖는다면 이미 기후변화를 걱정하고 있는 것이다. 많은 사람들이 고개를 끄덕였다. 그것은 그들이 직접 본 것과 일치했고, 내 말이 맞다고 인정하는 끄덕임이었다.

몇 주 전에 주일학교에 간 아들을 자동차로 데려오기 위해 교회에 가서 줄을 서 있는데, 내 뒤에 있는 남자가 갑자기 나에게 물었다.

"교수님은 이곳 날씨가 점점 이상해지고 있다고 생각하세요?"

"그럼요. 데이터를 보면 분명히 알 수 있습니다."

"저도 알아요. 여기에서 30년 넘게 살았는데, 그런 변화를 다 봤거든요."

크리스마스 파티에 참석했던 여성들도 역시 그렇게 생각했다. 지구온난화에 대해 확신하지 못하는 사람들조차도 지구 이상화[6]가 점점 심해지고 있음을 목격하는 것에는 대부분 공감했다.

해안 지역이 우리의 카나리아

기후변화는 텍사스의 내가 사는 지역 사람들에게도 영향을 미치고 있다. 기후변화는 지구상의 당신이 어디에서 살든 영향을 미친다. 그러나 해안 지역에 사는 사람들은 탄광 갱도의 카나리아[7]와 같다. 기후변화의 영향이 이미 명백한 곳에 사는 사람들이기 때문이다. 지구의 해수면은 1880년 이후 거의 25cm가 상승했다. 빙하氷河[8]와 빙상氷床[9]의 육지 얼음이 녹으면서 상승하고 있

---

6 global weirding: 지구온난화 영향으로 비정상적이고 극한 기상이 자주 발생하는 현상.
7 광부들이 유독가스에 민감한 카나리아를 탄광 갱도에 데리고 가서 유독가스 누출에 대비했던 데서 조기 경보의 의미가 유래됐다.
8 glaciers: 수백수천 년 동안 쌓인 눈이 얼음 덩어리로 변하여 그 자체의 무게로 압력을 받아 이동하는 현상. 또는 그 얼음 덩어리.
9 ice sheets: 대륙의 넓은 지역을 덮는 빙하. 제사기 플라이스토세 빙기에 유럽과 북아메리카 대륙에서 발달했으며, 현재는 남극 대륙이나 그린란드에서만 볼 수 있다. 대륙 빙하라고도 한다.

고, 바다가 뜨거워지고 따뜻한 물이 더 많은 공간을 차지하고 있기 때문이다.

이런 추세는 더욱 가속화하고 있다. 오늘날 해수면은 30년 전 위성 기록이 시작됐을 때보다 30% 빨리 상승하고 있다. 해안가에 사는 사람들에게 일어나고 있는 일은 북극곰처럼 미래의 나머지 사람들에게 일어날 것이다. 그래서 기후변화에 대해 걱정할 뿐만 아니라 이에 대해 조치를 취해야 할 때가 되었다.

노스캐롤라이나주 프린스빌은 미국 최초의 아프리카계 미국인들이 만든 마을로 유명하다. 백인 정착민들은 가고 싶어 하지 않았던 저지대 늪지대에 있다. 1900년대에는 잦은 홍수를 막기 위해 일련의 제방이 세워졌지만, 지금은 그 제방들이 제 역할을 못 하고 있다. 1999년과 2016년에 연속된 허리케인이 마을 대부분을 물에 잠기게 했다. 그 때문에 집을 두 번이나 지었던 이 마을 주민 마빈 댄시는 "허리케인이 다시 온다면 마을로 돌아오지 않을 겁니다"라고 말했다. 텍사스 휴스턴 사람들도 그의 말에 동의할 것이다. 이 도시의 상당 부분이 500년에 한 번 올 정도의 홍수를 몇 년 사이에 세 번이나 겪었다. 도시 개발, 지반 침식, 기후변화가 가져온 엄청난 폭우로 말미암아 휴스턴도 어떤 날씨가 나타날지 모르는 날씨 주사위를 경험하고 있다.

미국에는 40%의 사람들이 해안가 커뮤니티에 산다. 전 세계적으로는 7억 명이 저지대 해안가 지역에 사는 것으로 추정된다. 세계의 초거대도시 대부분도 해안가에 위치해 있다. 인도양의 몰디

브 같은 저지대 섬이나 남태평양의 키리바시와 투발루는 특히 위험에 처해 있다. 해수면에서 불과 몇 피트(1피트는 30.48cm) 높은 곳에 위치해 있고 미터나 야드보다는 센티미터나 인치로 해발 높이가 측정되는 섬나라들이 물에 잠기기까지는 그리 많은 시간이 남아 있지 않다.

사이먼 도너는 나처럼 온타리오주 출신의 캐나다 기후과학자다. 보통은 브리티시컬럼비아대학으로 자전거를 타고 출근하는데, 그 외에는 남태평양에서 다이빙을 하고 바다의 열대우림으로 불리는 산호초를 공부하고 있다. 더 강하고 큰 피해를 주는 해양열파(혹서)가 산호초 백화 현상을 위태롭게 증가시키고 있다. 만약 바닷물이 너무 따뜻해지면 산호초들이 스트레스를 받아 공생하던 조류를 밀어내고 하얗게 변한다. 조류는 산호초에 산소 에너지를 공급하므로 이런 현상은 산호초의 생존을 위협한다. 그래서 사이먼과 그의 연구 그룹은 과학자들이 과거 산호 백화 사건의 영향과 산호 보호 방법을 잘 이해할 수 있도록 태평양 전역에 이에 대한 데이터베이스를 만들고 있다.

2005년에 사이먼은 산호초 연구를 위해 환초섬인 키리바시에 도착했다. 바로 그때 사상 최악의 폭풍이 그 섬을 덮쳤다. 키리바시의 최고 해발은 3m에 불과하기 때문에 엘니뇨 기간에 정기적으로 발생하는 거대한 폭풍 해일에 매우 취약하다. 당시는 거센 바람과 만조 때문에 바닷물이 섬들을 연결하는 주요 도로로 쏟아져 들어왔다. 물이 매립지를 보호하는 방조제를 부수고, 집과 병원이 물에 잠겼으며, 돼지와 다른 가축들이 물에 잠긴 거리를 꽥 꽥거리며 다녔다.

사이먼은 자신에게 가장 큰 충격을 준 것은 폭풍이 아니라 사람들이 반응하는 방식이었다고 내게 말했다. 사람들은 거센 폭풍 속에서도 평정심을 갖고 밖으로 나가 서로 도와 지붕을 고치고 도로의 쓰레기를 치웠다. 그렇게 필요한 일을 해서 삶이 지속되도록 한 것이었다.

태풍이 지나간 다음 날 사이먼의 친구 타라타우 키라타가 그를 가족의 땅으로 데려갔다. 태풍은 그들이 쌓은 산호초 암벽을 훼손했으며, 앉아서 쉬고 잠도 자는 평상의 다리를 부러뜨렸고, 모래 바닥 대부분을 침식했으며, 나뭇가지들로 가득 찬 구덩이를 만들었다. 그럼에도 타라타우는 냉정했고 "우리는 다시 새 암벽을 만들어야 해"라고 말했다.

사이먼은 "그게 내가 알게 된 키리바시 사람들이 태풍에 맞서는 방법입니다"라고 내게 말했다. "그들은 강하고 회복탄력성이 있는 사람들이지만 목숨을 걸고 싸워야 하는 상황에 직면해 있습니다. 해안가 범람은 우리도 보는 현실이지만 그들에게는 해수면 상승과 해수 온난화의 영향이 더해집니다." 사이먼은 여전히 산호초를 연구하고 있지만 그때 이후 키리바시 사람들이 자신의 섬과 사람들에게 기후변화에 대해 이해하고 준비할 수 있도록 돕기 위해 정부와 지역사회와 협력하고 있다.

북극에도 카나리아가 있다

또 다른 400만 명의 사람들이 지구상의 가장 위쪽인 북극에 터를 잡고 있다. 그곳의 많은 사람들이 자신들의 발아래가 변하고 있다는 것을 안다. 영구동토는 여름에도 녹지 않는 땅이다. 그런데 북극의 기온이 지구 평균보다 두 배의 속도로 상승하고 있어 영구동토가 녹기 시작했다. 영구동토층이 녹으면 진흙투성이가 되고, 그 위에 건설된 모든 것이 불안정하게 된다. 그렇게 되면 아스팔트가 뒤틀리고, 건물의 기초가 갈라지고, 송유관이 위태로워진다. 러시아는 이미 시베리아 영구동토층의 해빙에 대비해 석유와 가스관 건설에 연간 약 20억 달러를 지출하고 있는 것으로 추산된다.

2003년 미국 육군 공병대는 알래스카에 있는 200개 이상의 북미 원주민 마을 대부분이 위험에 처해 있다는 것을 발견했다. 먼 북쪽 외딴 마을들은 오직 '겨울 도로(winter roads, 얼어붙은 도로. 히스토리 채널 TV 시리즈인 아이스 로드 트럭 운전사로 유명해졌다)' 또는 철도 노선을 통해서만 접근할 수 있다. 마을 사람들은 식량, 연료, 건축 자재와 같은 기본 필수품을 비축하기 위해 이 도로들을 이용한다. 북극이 따뜻해지면서 '겨울 도로' 시즌이 점점 짧아지고, 많은 지역사회가 고립되며, 주요 공급망과 도로가 차단된다. 캐나다에서는 '겨울 도로'를 사계절 내내 사용할 수 있는 도로로 대체하는 데 km당 37만 3,000캐나다 달러(마일당 60만 미국 달러)가

들어간다.

테리 채핀은 50년 넘게 알래스카에서 지구온난화의 영향을 추적해온 생태학자다. 그는 많은 알래스카 사람들처럼 회색 수염이 무성하고 격자무늬 셔츠, 양털, 청바지를 선호하는 사람이다. 미국 생태사회학회 전 회장이기도 한 그는 '지구의 수탁자 선관 의무earth stewardship'라는 개념을 만들었다. 그리고 대부분의 과학자처럼 그는 미래를 걱정하고 모든 사람들이 그 이유를 이해하기 원한다. 그래서 2019년 그는 나를 알래스카로 초대해서 지역사회와 종교 그룹들에 내가 아는 것을 공유해주기를 원했다. 그는 또 그와 동료들이 같이 보고 있는 것을 나에게도 보여주고 싶어 했다.

메탄 폭탄 추적

나는 페어뱅스에 도착해 일단의 고교생들과 같이 깔끔한 승합차에 올라탔다. 테리가 운전대를 잡고 우리는 롤러코스터 같은 도로를 달려 미 육군 공병대의 영구동토층 터널 속 연구 시설로 향했다. 그 지하 터널에서 일하는 과학자 크리스 힘스트러는 쾌활한 표정으로 우리에게 안전모를 건네주었고, 완전히 새로운 세상으로 들어가는 문을 열기 전에 몸에 재킷을 착용하라고 지시했다. 그곳은 어둠 속으로 깊이 뻗어 있는 동토의 터널이었다. 터널 속으로는 얼음 광맥이 보였다. 어떤 곳은 얼음 광맥이 손가락 몇 개 굵기 정도였고, 터널 벽과 머리 위로 얼음 광맥이 뻗어 있기도 했다. 영구동토층이 녹으면 그 거대한 얼음 광맥도 녹는다. 그러면서 지하에 거대한 구멍들이 남는다. 이것들이 제때 발견되지 않으면 도로가 갑자기 꺼지게 된다. 여러 곳에서 도로 밑의 영구동토층이 녹았고, 다시 얼기를 반복했다. 그래서 페어뱅스 근처 도로들이 내가 이제껏 본 것 중에 가장 울퉁불퉁했던 것이다. 이런 도로를 고치기 위해 많은 노동자가 우리가 묵은 호텔에 묵고 있었다. 그런데 그들의 노동은 종종 무의미한 일이 되곤 했다. 그들이 보수를 해둔 도로 아래쪽이 다시 녹으면 더 큰 틈새가 생기기 때문이었다.

영구동토층의 기울어진 터널에 들어섰을 때 나는 그 모든 경이로운 것들을 이해하기 어려웠다. 나는 학생들과 터널 속 금속 통로를 오갈 때 "시간여행을 하는 것 같다"고 생각했다. 터널의 입구는 수천 년 전에 생성된 영구동토층을 파고들어간 곳이지만, 그 끝에는 4만 년 전의 흔적이 있었다.

나는 걸어가면서 벽을 구성하고 있는 거칠게 깎인 얼음과 흙 속에서 1,000년 전 툰드라를 거닐었을 동물의 뼈가 있는 것을 발견했다. 나는 크리스에게 그게 무엇인지 물었다. 그는 무심코 "오, 아마 매머드의 다리뼈일 겁니다"라고 답했다. 지붕에 매달린 식물의 뿌리는 수천 년은 된 것이었다. 그동안 인간의 손길이 닿지 않았던 것으로 여전히 온전해 보였다. 크리스는 얼어붙은 흙으로 덮인 그 뿌리들을 만지며 "버드나무"라고 말했다. 그는 그 아래 우리의 눈높이에서 터널 안으로 튀어나온 얼음 선반을 따라 손을 뻗어 완벽하게 보존된 나뭇잎 몇 개를 부드럽게 들어올렸다. 그는 그것들이 그 며칠 사이에 녹아 떨어진 거라고 말했다. 그는 그것들을 내 손에 쥐어주었다. 그 나뭇잎들은 여전히 녹색으로 물들어 있었고, 잎맥을 알아볼 수 있었다. "이것도 버드나무 잎이에요"라고 테리가 말했다. 크리스는 "이 정도 깊이에서 발견된 잎이니까 아마 2만~3만 년은 족히 됐을 겁니다"라고 덧붙였다.

터널 전체에서 매우 오래된 치즈 냄새가 났다. 나는 떠나면서 그 이유를 물었다. 크리스는 "그건 아마도 수천 년 된 유기물의 해동 냄새일 겁니다"라고 말했다. 영구동토층에서 발견된 식물과 동물, 배설물이 우리에게 중요한 이유가 있다. 그렇게 오래된 유기물들이 녹고 분해되기 시작하면서 메탄이 생성된다. 메탄은 이산화탄소보다 열을 붙잡는 힘이 35배나 많다. 과학자들은 메탄이 북극 지하에서 점점 더 빠르게 녹으면서 대기 중으로 배출되고 있는 것을 측정하고 있다.

터널을 나와 테리는 우리를 승합차에 태우고 페어뱅스 외곽 호수에 있는 케이티 월터 앤서니의 연구 지역으로 데려갔다. 케이티는 생화학자로 영구동토층이 녹으면서 어느 정도의 메탄이 새어나오는지를 파악하려 하고 있었다. 그녀는 원래 시베리아에서 일하면서 모은 쓰레기로 메탄을 모으는 시스템을 만들었다. 2ℓ짜리 빈 탄산음료 병으로 들어갈 수 있는 구멍이 뚫린 두꺼운 방수포, 열거나 닫을 수 있는 병 끝의 꼭지, 그리고 이 모든 것을 탄성밴드와 막대기로 고정해두었다. 학생이 막대기로 호수 바닥의 진흙을 휘젓는 동안 그녀는 물에 방수포를 담갔다. 그러자 호수 아래의 녹은 지반에서 메탄이 올라왔다. 메탄이 솟으면서 물에서 거품이 나왔고, 메탄은 방수포에 갇혀 빈 탄산음료 병 안으로 흘러들어갔다. 병의 3분의 2가 메탄으로 차면 그녀는 꼭지를 열고 불을 붙였다. 쾅!

매년 그 수치는 증가하는 듯하다. 만약 인간이 배출하는 온실가스가 21세기 말까지 제어되지 않으면 케이티와 같은 과학자들은 대부분의 지구 표면 영구동토층이 녹을 수 있다고 전망했다. 그렇게 되면 인간이 유발한 온난화의 직접적 영향을 증폭시키는 훨씬 더 많은, 열을 가두는 가스heat-trapping gases를 대기로 방출할 것이다. 케이티가 말했듯 이런 온실가스 방출은 인류의 감축 노력에 역풍으로 다가올 것이다. 그것은 북극에 사는 사람들뿐 아니라 인류 모두에게 큰 영향을 미칠 것이다.

솔라스탤지어 소개

주변 환경이 달갑지 않은 방식으로 변화하면서 생기는 정신적, 실존적 고통을 뜻하는 말이 있다. 솔라스탤지어solastalgia다. 나는 알래스카를 여행하면서 말 그대로 자신의 집이 눈앞에서 바뀌는 것을 보았던 사람들에게서 그 말을 듣고 또 들었다.

나는 페어뱅크스에서 나와 앵커리지로 떠났다. 공항에서 걸어나올 때 나는 엘리베이터 아래에서 어떤 사람이 큰 환영 팻말을 들고 펄쩍펄쩍 뛰어오르는 것을 보았다. 그는 내 페이스북에 기후 과학 문제로 싸움을 걸었던 사람들에게 수년 동안 인내심 있고 친절하게 설명을 해주던 스콧이었다.

그는 알래스카에서 평생을 살아온 엔지니어다. 그는 순록 생태학자인 팀 풀먼과 나를 태우고 바이런 빙하까지 올라가면서 부모와 함께 빙하를 하이킹하며 자란 이야기를 해주었다. 이제는 빙하가 녹기 시작하면서 전망대가 빙하 가장자리에서 제법 떨어져 있다. 눈을 뜨고 있을 수 없는 폭풍우 너머로 빙하를 조금이라도 보기 위해 우리는 미끄러운 검은 바위와 절벽을 기어올랐다. 바위와 절벽은 빙하가 산 정상 쪽으로 더욱 빠르게 물러나면서 드러난 것이다. 계곡에도 만년설과 빙하가 사라지고 있다. 스콧은 마치 친구를 잃어버린 것 같은 느낌이 든다고 말했다. 정말로 그가 사랑하는 것이 사라지고 있는 것이다.

며칠 뒤 해안 도시 주노를 방문했다. 린다는 자기가 사는 지역사회에서 기후 문제 해결을 위한 강력한 옹호자가 된 은퇴자다. 그녀는 나를 그 도시에서 가장 높은 곳으로 데려갔다. 그녀는 운하를 가로질러 먼 산의 한 지점을 가리켰다. 그녀는 "저 산들이 통가스 봉우리예요"라며 눈물을 글썽였다.

"여기 주노에서 40년을 살았어요. 그 40년 동안 매일 저 물 너머를 바라볼 때마다 눈에 덮인 봉우리를 볼 수 있었어요. 그런데 3년 전 그 눈이 모두 녹고 말았어요. 그동안 누구도 보지 못했던 땅, 고대부터 살아온 아메리카 인디언 틀링깃 사람들조차 보지 못했던 땅이 드러났어요."

통가스산맥은 지구상에 남아 있는 몇 안 되는 오래된 온대 우림의 본거지이다. 이곳은 이미 벌목으로 위협을 받고 있었고, 이제 여름 산의 만년설이 사라져 물 공급이 위협받게 됐다.

봐야 믿을 수 있다고 하는 이유

기후변화는 미래의 문제가 아니다. 그것은 지금 여기, 우리 모두의 문제다. 우리의 눈으로 그 영향을 직접 목격하고 우리가 무엇을 보고 있는지 이해할 수 있을 때 그 경험으로 우리는 마음속에 쌓아올린 정서적이고 정치적인 틀을 깨뜨릴 수 있다.

앵커리지에서의 마지막 강연은 지역 복음주의 교회에서 열렸다. 그곳에는 다른 텍사스 사람들도 있었다. 사람들이 확신하지 못하는 문제의 진상을 파헤치는 텔레비전 쇼 '확인하라'의 진행자인 데이비드 셰히터와 그의 촬영 제작진, 그리고 댈러스에서 온 지붕 수리자 저스틴이었다. 그 쇼의 핵심은 무시 그룹 사람은 아니더라도 기후변화에 대해 매우 회의적인 사람인데 그의 생각이 바뀔 수 있는지를 확인하려는 거였다.

그 한 달 전 데이비드는 저스틴을 데리고 텍사스 일대를 돌아보는 자동차 여행을 했다. 그들은 내 동료이자 텍사스 A&M대학의 기후 모델링 및 정책 전문가인 앤디 데슬러, 오스틴에 있는 텍사스대학에서 동굴 종유석과 석순 데이터로 과거 기후를 연구하는 제이 배너와 함께 내 옆에 앉았다. 저스틴과 데이비드는 기후에 전문성을 갖고 있지만 과학을 무시하고 기후변화의 영향을 경시하는 몇 안 되는 미국 과학자 중 한 명과 이야기를 나누었다. 텍사스주에는 그런 과학자들이 없기 때문에 저스틴과 데이비드는 화상으로 그들과 대화해야 했다.

과학자들과 대화하고 기후변화가 텍사스에 어떤 영향을 미치는지 알게 된 뒤 저스틴은 기후변화에 대해 의심스러워하던 태도를 바꿔 신중해졌다. 분명히 그가 생각했던 것보다 훨씬 많은 것이 있다는 것을 알게 된 것이다. 하지만 일생 동안 기후과학이라는 것이 진보주의의 날조라고 여겨온 생각을 극복하기는 어려웠다. 그래서 데이비드는 저스틴을 알래스카로 데리고 가서 영구동토층과 빙하가 줄어들고 있는 것을 눈으로 직접 볼 수 있도록 했다. 그들은 기후학자인 브라이언 브렛슈나이더와 함께 한 빙하로 올라갔다. 브라이언은 저스틴에게 그해에 깨졌던 놀라운 고온 기록들에 대해 모두 말했다. 그는 사상 최초로 알래스카의 해빙이 완전히 녹았던 것에 대해, 그리고 앵커리지 주변 숲을 초토화한 산불에 대해 설명했다.

그러고 나서 저스틴이 교회에서 행한 내 강연에 참석한 것이었다. 나는 거기서 기후변화가 어떻게 오늘날 살아 있는 사람들에게 영향을 미치고 있는지에 대해 주로 설명했다. 기독교인으로서 지구의 선량한 관리자가 되어 우리보다 불우한 사람들을 돌보는 것이 중요하다고 나는 말했다. 그것이 바로 기후변화가 우리에게 중요한 이유라면서. 내가 말하는 동안 저스틴이 지난 몇 주 동안 배운 모든 것을 연결하고 있다고 느꼈다. 바로 그때 카메라가 작동되었고, 나는 마침내 우리 모두가 몹시 알고 싶어 했던 질문을 그에게 하게 되었다. 그가 마음을 바꾸었을까?

"그럼요. 어떻게 그러지 않겠어요?"

그런데 그가 내게 물었다. "친구들에게는 기후변화에 대해 어떻게 말해야 할까요?"

그러면서 그는 마치 아노테 통 전 키리바시 대통령을 만나기라도 했던 것처럼 자신의 말에 감정을 담아 무의식적으로 이렇게 말했다.

"이 세계가 깨어나서 우리 모두가 키리바시와 같은 처지라는 걸 이해해야 합니다."

10장
낭비할 시간이 없다

"온난화의 모든 것이 중요하다. 모든 해가 중요하고, 모든 선택이 중요하다."
—세계기상기구 사무총장 페테리 탈라스와 유엔환경계획 사무처장 조이스 음수야,
「1.5℃ 지구온난화에 관한 IPCC 특별보고서」

"우리가 어디에서 끝날지는 알 필요가 없어요. 우리가 어떤 길로 가는지만
알면 됩니다."
—나의 동료 기후과학자 킴 캅

　　정말 위험한 수준의 기후변화를 막을 시간의 창이 빠르게 닫히
고 있다. 당신이 무엇을 들었든 기후변화의 영향으로부터 우리를
구해줄 마법의 숫자, 날짜, 문턱은 없다. 어느 정도의 지구 평균기
온이 변해야 위험한지 숫자로 표현하려고 하는 것은—그런 위험
에 도달하기 전에 얼마나 많은 온실가스를 대기 중으로 내뿜어야
하는지— 폐암이 걸리기 전에 얼마나 많은 담배를 피워야 하는지
숫자로 표현하려는 것과 비슷한 일이다.

담배를 많이 피울수록 위험은 높아진다는 것을 우리는 안다. 그러나 우리는 또한 건강이 완벽하게 좋은 상태나 그 모든 게 끝나버린 상태를 정하는 어떤 단일한 문턱이 있는 건 아니라는 것도 안다. 우리가 9,999개의 담배를 피울 때까지 아무런 문제가 없다가, 1만 개째 담배를 피우는 하룻밤 사이에 폐암이 생기는 게 아니지 않은가. 흡연과 온실가스 배출은 모든 과학이 말하듯 더 빨리 멈출수록 더 좋은 것이다.

기후과학자로서 나는 기후변화가 사람과 장소, 다른 생물들에게 어떤 영향을 미치는지에 대해 초점을 맞추고 연구한다. 그러기 위해서 우리는 미래에 기후가 얼마나 빨리, 어느 정도로 변할지를 계산해야 한다. 이런 질문은 새로운 것은 아니다. 최초로 이런 질문을 하고 답한 사람은 스웨덴 물리·화학자 스반테 아레니우스였다. 그의 어머니는 툰베리 집안의 딸이고, 스반테는 당신이 알고 있는 그 유명한 기후행동가 그레타 툰베리와 먼 친척이다.

아레니우스는 1903년 노벨화학상을 받았다. 그는 1890년대에 이온화설에 관한 자신의 원래 연구와는 상관없는 것에 대해 궁금해했기 때문에 호기심 많은 사람임이 틀림없다. 그는 석탄을 태우면 대기 중에 이산화탄소 수치를 높여 지구의 온도에 어떤 일이 일어날 것인지 묻고 있었다. 당시 그는 물리학과 화학을 이용해 이것을 계산하는 것이 가능해야 한다고 생각했다. 그래서 그는 소매를 걷어붙이고 연구를 계속했다. 1895년 그는 스웨덴 왕립과학원에 연구 결과를 발표했다. 이듬해 그는 그 내용을 요약해「공기 중의 탄산이 지상의 온도에 미치는 영향」이라는 제목의 논문을 제출했다. 그는 만약 인간이 이산화탄소 수준을 1890년 대에 비해 50%, 100%, 200% 증가시킨다면 계절과 위도에 따라 지구가 얼마나 따뜻해질 것인지 계산했다.

당시 과학자들이 이해한 대기물리학을 이용한 아레니우스는 북극이 지구의 다른 지역보다 얼마나 더 빨리 따뜻해질 것인지를 계산할 수 있었다. 그것은 내가 2015년 10월 스티브 앰스트럽, 북 극곰인터내셔널 팀과 함께 북극을 방문해서 보았던 것과 같은 내 용이었다. 북극곰들은 자신들 주변 세상이 변하는 것을 보고 있 는데, 그것은 우리 인간도 마찬가지다. 하지만 한 가지 큰 차이가 있다. 그런 변화의 원인이 바로 우리 인간에게 있다는 것이다.

아레니우스가 측정할 때 이산화탄소 농도는 산업혁명 이전의 280ppm(1ppm은 100만분의 1)보다 약 5%만 증가했다. 그는 이산 화탄소 수치가 두 배 또는 그 이상이 되려면 수백 년, 어쩌면 수 천 년이 걸릴 것이라고 생각했다. 그러나 산업혁명이 가속화하면 서 이산화탄소는 기하급수적으로 증가하기 시작했다. 1958년 또 다른 선구적 화학자 찰스 킬링이 하와이의 마우나로아 관측소에 서 이산화탄소를 측정하기 시작했을 때 대기 중 이산화탄소 농 도는 316ppm으로 약 13% 증가했다. 오늘날 이산화탄소 농도는 420ppm(2024년 7월 25일 현재 425.10ppm)을 넘는다. 산업화 시기 와 비교하면 50% 증가한 것이다. 만약 우리 인류가 가고 있는 궤 도를 근본적으로 바꾸지 않는다면 이산화탄소는 금세기 안에 세

배로 증가할 것이다. 오늘날 우리는 아레니우스가 몰랐던 한 가지를 알고 있다. 그것은 바로 궤도를 근본적으로 바꾸는 일이 얼마나 시급한 일인지 알고 있는 것이다.

어느 정도의 탄소가 지나치게 많은 걸까

우리가 탄소를 더 많이 배출할수록 기후변화는 더 빨라지고, 우리 모두에게 그만큼 더 큰 위험으로 다가온다. 우리가 위험에 대한 정확한 날짜나 수치를 제시할 수 없는 이유는 과학자들이 대기 중 이산화탄소 농도에 따라 어떤 영향이 미칠 것인지에 대해 잘 모르기 때문이 아니다. 그것은 사람마다 위험을 다르게 평가하고, 기후변화의 영향도 다르게 받기 때문이다.

그렇다면, 마법의 숫자는 뭘까? 가능한 한 낮은 수치여야 한다. 인간에 관한 한 완벽한 기온은 지난 수천 년 동안 인류가 겪어온 바로 그 기온이다. 인간이 배출하는 온실가스가 낮으면 낮을수록 해빙된 영구동토층의 메탄 배출과 같은 악순환을 벗어날 가능성이 높아진다.

페테리 탈라스 세계기상기구 사무총장과 조이스 음수야 유엔 환경계획 사무처장이 「1.5℃ 지구온난화에 관한 IPCC 특별보고서」 서문에 썼던 문구를 기억하자.

"온난화의 모든 것이 중요하다. 모든 해가 중요하고, 모든 선택이 중요하다."

우리가 파리협정의 가장 엄격한 목표, 즉 2030년까지 온실가스를 절반으로 줄이고, 2060년 이전에 탄소중립(인간이 배출하는 온실가스만큼 흡수하는 것)[10]을 달성하는 목표를 충족한다고 해도 지구는 이미 지난 150년 동안 1℃ 이상[11] 더워졌다. 이것만 해도 지구상의 어떤 지역 사람들에게는 이미 충분히 '위험한' 상황이다.

알래스카의 원주민들은 거의 20년 전에 자신의 집이 '임박한 위험'에 처해졌다는 것에 동의할 것이다. 어떤 사람들은 이미 자신들이 경험한 온난화 탓에 집을 버리고 이주해야 하는 상황이었다. 유럽에서 2003년의 폭염—기후변화 탓에 발생했을 가능성이 두 배나 더 높았던—으로 7만여 명이 죽었는데, 그 희생자 가족과 이야기한다면 그들은 이미 경험한 변화의 정도를 '위험하다'고 말할 것이다. 서부 캐나다와 남부 호주에서는 늘어나는 파괴적 산불로 집을 잃은 많은 사람들이 기후변화가 지금 당장 매우 위험하다는 데 동의할 것이다.

그러나 어떤 이들에게는 음식과 물, 우리의 안전에 대한 기후변화의 영향은 이제 막 관심의 대상이 될 뿐이다. 파리협정의 목표치인 1.5℃나 2℃ 이내에 도달하기 전까지는 변화가 우리 삶과 생계에 심각한 위협이 될 만큼 광범위하고 지속적이지는 않을 것

---

10 기후위기 대응을 위한 탄소중립 녹색성장 기본법에는 탄소중립을 이렇게 정의하고 있다. "대기 중에 배출, 방출 또는 누출되는 온실가스의 양에서 온실가스 흡수의 양을 상쇄한 순 배출량이 영(零)이 되는 상태를 말한다."
11 2023년 7월부터 1년간 산업화 이전보다 1.5℃ 이상 높아졌다.

으로 여긴다. 여전히 다른 사람들에게는, 영구동토층이나 해수면 상승, 산불 같은 것에 별로 신경 쓰지 않고 충분한 자원을 가지고 고위도 지역에 사는 사람들에게는 기온이 위험하다고 생각되는 수준—아마도 2.5℃나 3℃ 상승[12]—에 도달하기까지 훨씬 더 오랜 시간이 걸릴 수 있다.

여기에 문제가 있다. 온난화를 제한할 시간은 우리가 선택한 기온 제어 목표에 실제로 도달할 때를 말하는 것이 아니다. 그때가 되면 너무 늦다. 그것은 우리의 폐에 끔찍한 암이 생겼다는 진단을 받은 뒤에 담배를 끊는 것과 비슷하다. 마찬가지로 우리 인간은 무엇이 위험한지를 미리 판단하고 그것을 막기 위해 지금 행동해서 위험을 방지해야 한다. 그래서 기온 상승이 우리의 삶을 유지하는 시스템, 즉 물과 식량, 인프라, 건강에 미칠 피해를 정량화하는 것이 내 연구의 목표였고, 그것을 통해 우리가 현명한 결정을 내릴 수 있도록 하려는 것이다.

인간이 가장 큰 불확실성

우리가 변화를 가져올 선택지를 갖고 있다는 개념은 놀랍도록 새로운 것이다. 1990년대로 돌아가보면 거의 모든 지역과 부문

---

12 이 세계가 상호 연결된 특성과 기후 영향의 정도를 과소평가하는 과학자로서의 경향을 고려할 때, 나는 이 단계는 가능성이 낮다고 본다. 하지만 나는 과학자이기 때문에 최소한 가설적으로 가능하다고 말해야 한다.

별 기후 평가가 기후 영향을 본질적으로 불가피한 것으로 취급했다. 그 평가들은 그저 무슨 일이 일어날지 미리 내다보고 있었고, 그렇게 해서 사람들이 준비할 수 있도록 했다. 옛날 서부극에 보면 전형적 희생자가 철도 선로에 묶여 있고 증기기관차가 가까이 다가오는 장면이 있다. 이 장면이 비유하는 것은 기차는 속도를 줄일 수 없지만 당신이 다가오는 기차를 볼 수라도 있다면 영향을 최소화하도록 준비할 수 있다는 것이다.

이런 시각이 도움 되지 않는 건 아니라고 말할지도 모른다. 하지만 틀렸다. 왜냐고? 만약 재난이 불가피한 것이 아니고 우리가 재난에 맞서 무언가 할 수 있다면 우리의 선택이 가져올 변화를 이해하는 것이 매우 중요해진다. 이 간단한 개념이 바로 내가 하는 모든 일의 핵심이고, 이 책에서 말하고자 하는 모든 것이다.

우리의 선택은 무엇인가? 오바마 대통령의 과학고문이었던 존 홀드런이 2008년 미국 국립과학아카데미 연설에서 선언했듯이 우리는 세 가지의 선택지를 갖고 있다. **첫째, 우리는 기후변화를 일으키는, 열을 가두는 가스의 배출을 줄일 수 있다. 둘째, 우리는 회복력을 구축하고 피할 수 없는 기후변화에 적응할 준비를 할 수 있다. 셋째, 그렇게 하지 않으면 고통받을 수 있다.** 홀드런은 "우리는 위 세 가지를 각각 할 것이다. 문제는 그 세 가지를 어떻게 섞느냐. 온실가스를 더 많이 줄일수록 적응 노력이 덜 필요할 것이다. 그리고 고통도 적어질 것이다"라고 말했다.

증기기관차 비유를 수정하자면 우리 인류는 기관차 기관사가 선발판 위에서 연료를 통제하는 조절판에 손을 얹고 있다. 기차는 내리막 다리를 향하고 있다. 우리는 충돌을 피하기 위해 보호 자세를 취할 수 있지만 피해를 최소화하기 위해 가속을 멈추고(온실가스 배출량 증가를 멈추고) 브레이크를 밟을 수도(배출량을 줄일 수도) 있다. 그렇게 하면 우리가 살아날 가능성은 훨씬 더 커질 것이다.

그래서 기후변화 영향이 어떻게 우리에게 영향을 미치는지에 대한 지역화된 정보가 사람들에게 왜 기후변화가 중요한 문제인지를 이해하게 하는 데 도움을 준다. 하지만 이 정보가 우리의 행동과 우리가 배출하는 탄소 배출량에 따른 영향에 어떻게 연결되는지를 이해하는 것이 필수적이다. 이 정보는 시간에 민감하다. 그것은 우리가 지금 해야 할 선택이 무엇인지 보여준다. 우리가 행동하지 않으면, 그 자체도 하나의 선택이다. 그리고 그것은 모두가 고통받고 사실상 피할 수 없는 최악의 시나리오를 만드는 것이다.

우리 인간이 기후 시스템에서 가장 큰 불확실성이다.

우리의 선택이 만드는 차이

2002년 참여 과학자 모임Union of Concerned Scientists[13]이 캘리포니아주의 새로운 지역 기후 평가를 돕도록 나를 초대했을 때 나는

---

13 1969년 미국에서 조직된 비영리 과학 옹호조직. 전문가와 일반 시민 20만 명이 회원으로 가입해 있다. 기후변화 문제 해결을 위한 연구와 행동에 적극 나서고 있다.

이전의 평가 방식과 같은 중기 시나리오를 그대로 사용할 수 없다는 것을 알았다. 우리는 인간의 선택이 어떤 중요한 영향을 미치는지를 보여주어야 했다. 그래서 우리는 매우 다른 두 가지 기후 미래를 비교하기로 정했다. 첫째, 만약 인류가 남은 세기 동안 화석연료에 계속 의존하고 온실가스 배출량을 계속 늘린다면 어떻게 될 것인가? 둘째, 만약 우리가 기후친화적 정책을 통해 청정에너지로의 전환을 가속화하고 탄소 배출량을 줄인다면 어떻게 될 것인가? 이 두 가지 다른 미래에 캘리포니아는 어떤 모습을 하고 있을까?

올스타 프로젝트 팀에는 우리 시대 가장 경험 많은 기후과학자인 스티브 슈나이더가 포함됐다. 그는 닉슨 정부 이래 미국 행정부의 고문으로 일해온 물리학자다. 수십 년 동안 그의 거침없는 기후과학 옹호는 우리 과학자들이 기후변화가 불러올 위험에 대해 목소리를 내도록 격려했다. 캘리포니아에서 살고 있는 그는 다른 누구보다 더 우리가 가진 위의 질문에 대한 답을 알고 싶어 했다. 그 두 가지 시나리오는 먼저 지구의 기후 시스템이 각각의 가능한 미래에 어떻게 반응할지를 보기 위해 물리학, 화학, 지구생물학을 포함하는 복잡한 세계 기후 모델에 적용됐다. 그러나 세계 기후 모델과 최고의 연구자들만으로는 충분하지 않았다. 세계 기후 모델의 결과는 악명이 높을 정도로 거칠고, 기후변화가 캘리포니아의 다양한 지형에 미치는 영향을 충분히 그리지 못할 것이었다. 나는 세계 기후 모델 결과를 고해상도의 미세한 격자

정보로 좁히는 방법을 찾아야 했다. 나는 캘리포니아의 산타클라라대학으로 옮긴 수문학자 에드 마우러에게 전화를 걸었다. 그는 "확신할 수는 없는데요. 그래도 매우 중요해 보입니다. 우리가 무엇을 할 수 있는지 봅시다"라고 말했다.

나는 세계 기후 모델에서 기온과 강우량 예측치를 수집했다. 에드는 역사적 관측치를 모았다. 우리는 함께 편향을 수정하고 정보를 좁혀나갔다. 그리고 그 데이터를 캘리포니아의 물, 산불 위험, 건강, 와인 산업, 대기의 질 등에 미치는 기후 영향을 연구하는 30여 명의 연구원들에게 분배했다. 처음엔 모든 연구원의 분석이 같은 기후 예측치를 기반으로 했고, 모두가 고탄소와 저탄소 미래 사이의 차이를 정량화했다. 그리고 그 결과가 나오기 시작했을 때 연구원들은 내가 예상했던 것보다 더 큰 충격을 받았다.

온실가스 배출량이 많은 미래와 적은 미래의 차이를 보니 바로 우리 문명의 생존이 달려 있는 문제였다. 저배출 시나리오에서는 비록 상당히 많은 적응 비용이 든다고 해도 농업, 물, 경제 시스템은 지속될 수 있었다. 하지만 고배출 시나리오에서는 우리가 알고 있는 이런 시스템 중 많은 것들이 끝나는 것으로 예측됐다. 예컨대 새크라멘토시는 금세기가 가기 전에 멕시코 쪽 투싼 같은 기후를 경험할 수 있고, 캘리포니아의 겨울 적설량(물 공급량의 절반에 해당한다)의 90%가 사라질 수 있다는 거였다.

미국 국립과학원 회보에 게재된 우리의 연구 결과는 큰 반향을

3부 위험 증폭기

일으켰다. 1년 뒤 캘리포니아 주지사 아널드 슈워제네거는 미국 역사상 온실가스 배출 목표를 의무화하는 첫 번째 법에 서명했다. 서명식에서 그의 뒤에 우리 연구의 캘리포니아 지역 저자들이 서 있었다. 행정명령 S-3-05로 불리는 이 법은 캘리포니아가 그런 조치를 취하는 이유에 대한 근거로, 고배출 시나리오에서 우리가 발견한 그 기후 영향이 발생할 것으로 예상된다고 적시했다. 슈워제네거는 "저는 논쟁은 끝났다고 봅니다. 우리는 과학을 알고 있습니다. 우리는 위험을 목격하고 있습니다. 그리고 조치를 취해야 할 때는 바로 지금이라는 것을 우리는 알고 있습니다"라고 말했다.

우리의 메시지는 수신되었다. 크고 명확하게. 우리에게는 선택지가 있고, 바로 지금이 행동해야 할 때다.

11장
플래닛 B는 없다

"여러분은 왜 우리의 지구를 위해 싸우나요? 저에게는 지구를 위해 싸우는 것이 생명을 구하고, 우리 아이들의 미래를 보호하고, 사회적·인종적 정의를 위해 싸우고, 전 세계 사람들의 건강과 인권을 지원하는 것입니다."
―고럽 바수, 케임브리지건강연합

"플래닛 B는 없다."[14]
―기후행동가의 플래카드 문구

몇 년 전 나는 있을 것 같지 않은 행사에 초대를 받았는데, 그것이 가짜라고 생각하고 이메일을 거의 지울 뻔했다. 카나리아제도에서 열린다는 그 행사는 그룹 퀸의 기타리스트 브라이언 메이와 그의 전 박사과정 지도교수가 주최하고, 전년에는 혁신적 음악가

---

14 플래닛 B(제2의 행성)는 제2안을 뜻하는 플랜 B를 떠올린다. 지구에 파국적 기후위기가 닥친다고 인류가 이주할 수 있는 또 다른 행성이 있는 것은 아니므로 위기를 막아야 한다는 절박한 구호로 읽힌다.

브라이언 이노가 게스트로 출연했다는 거였다. 아니 (그렇게 대단한 사람들이 나오는 축제라니) 그게 진짜일 수 있을까? 다행히도 나는 그 이메일을 삭제하기 전에 다시 찾아보기로 했다. 나는 그 스타무스Starmus 행사가 유명한 과학 커뮤니케이션 예술축제였다는 것을 알게 되었고, 주최 측은 내가 그 축제에서 강연할 수 있게 해주었다. 결국 나는 수락했는데, 놀랍게도 영국 천체물리학자 스티븐 호킹[15]의 마지막 강연 중 하나인 그의 강연에서 맨 앞자리에 앉게 되었다. 나는 그 노벨상 수상자의 1988년 베스트셀러 『시간의 역사』를 천체물리학 학부생 때 읽었다. 우주에 대한 원대한 그의 비전은 양자 확률과 비선형 유체 역학을 이해하는 데 필요한 끝없는, 종종 지루한 방정식에 의미와 생기를 주입했다. 그래서 나는 그가 강연하는 것을 직접 보는 것이 나의 버킷 리스트 중에 하나였다.

호킹의 강연은 그의 사후 출간된 책에서처럼 인류 종족의 미래에 초점을 맞추었다. 그는 기후변화가 이 세계가 직면한 가장 큰 위협 가운데 하나라고 말하면서 파국적인 영향을 피하기 위해 긴급히 필요한 것들을 특히 반복해서 강조했다. "가까이에서 기다리고 있는 신세계도, 유토피아도 없습니다"라고 그의 컴퓨터 음성합성기 목소리가 말했다. 그 음성은 높낮이가 없어서 더욱 불길하게 느껴졌다. 나는 동의했지만 호킹 박사가 인간이 기후변화

---

15 스티븐 호킹은 운동신경세포와 근육이 서서히 약화되는 불치병인 운동뉴런증에 걸려 2018년 76세의 나이로 삶을 마감했다.

에서 살아남으려면 새로운 행성에 거주해야 할 것이라고 결론을 내릴 때 놀라서 턱이 벌어졌다. 기후과학자로서 나는, 기후변화의 속도가 워낙 빨라서 인류가 화성을 사람들이 살 수 있도록 만드는 능력을 넘어서고 있다는 것을 안다. 제어되지 않는다면 기후변화는 '문명을 살리기 위해' 필요한 정도의 사람이 다른 행성으로 수송되기 훨씬 전에 우리 문명을 압도할 것이다. 심지어 수백 명 혹은 수천 명이 화성으로 이주하는 데 성공한다 해도, 이미 기후변화의 영향을 크게 받고 있는 가장 가난한 이들이나 취약한 사람들이 가지는 못할 것이다. 블랙코미디 영화 '킹스맨'의 실제 버전처럼 그들 스스로 우주선을 사서 좋아하는 사람들을 실어 나를 여유가 있는 제프 베조스 아마존 회장이나 일론 머스크 테슬라 회장 정도나 가능할 것이다. 이틀 뒤 나는 무대 뒤에서 내 강연 순서를 기다리고 있었다. 내 바로 앞의 강연자는 영국의 왕립 천문학자 마틴 리스여서 그와 몇 마디 말을 주고받을 수 있었다. 나는 학생 때 그의 우주 관련 글들을 좋아했다. 행사 요원들이 그와 나의 똑같은 노트북을 구별하기 위해 색상이 다른 테이프를 붙였을 때 나는 호킹의 강연을 듣고 머릿속에 맴돌던 질문을 그에게 던졌다.

"지구에서 기후변화를 피하기 위해 화성으로 이주해야 할지도 모른다는 말에 대해 동의하시나요?"

그는 "오, 그럴리가요"라며 단호하게 말했다. "스티븐과 저는 오랜 친구입니다. 하지만 기후변화에 대응하는 일은 화성으로 이주하는 것에 비하면 식은 죽 먹기입니다."

그의 말은 내가 들은 가장 멋진 '마이크 떨어뜨리기'[16]였다.

기후 해결책은 건강 해결책

우리가 적절한 시기에 사용할 수 있는 대체 행성은 없다. 우리가 싫어하든 좋아하든 지구는 우리의 세상이다. 그렇기 때문에 우리의 선택이라는 것은 최악의 상황을 피하는 것만이 아니라 우리의 행성을 더 살기 좋은 곳으로 만드는 것이기도 하다. 무행동의 위험과 행동의 보상 사이의 대조가 건강에 관해서만큼 명확한 곳도 없다.

달리기 선수인 에드 메이백은 조지메이슨대학의 기후소통센터를 이끄는 대중 건강 연구가이기도 하다. 그의 연구는 우리의 건강이 지구의 건강에 달려 있다는 것을 반복해서 확인해주고 있다. 음식과 생활 방식에 대한 똑똑한 개인들의 선택이 단기적, 장기적 건강에 영향을 미치듯 똑똑한 사회의 선택이 기후변화의 혹독함과 우리 건강에 대한 영향을 줄일 수 있다.

2018년 에드가 쓴 한 기사는 "미국인들은 지구온난화를 먼 위험이라고 보는 경향이 있다"라는 글로 시작한다. 그러나 그는 사람들에게 기후변화가 건강에 어떤 영향을 주는지에 대한 정보를

---

16 공연이나 연설을 마치는 순간에 잘 마쳤다는 의미로 마이크를 바닥으로 떨어뜨리는 행동.

주는 것이 그들을 더 참여적이게 하고 기후행동을 더 적극적으로 지지할 수 있게 한다는 것을 확인했다. 그렇다면 어떤 정보를 말하는가? 기후변화가 어떻게 우리에게 직접적으로 폭염과 더 강력해진 태풍과 홍수를 통해, 그리고 간접적으로는 대기오염·질병·감염을 통해 영향을 미치는지에 대한 정보를 말한다. 그런 것들은 음식의 품질, 가정의 안전, 심지어 정신적 건강에까지 영향을 미친다.

그렇다면 어떤 행동을 취해야 하는가? 첫째는 완화mitigation다. 대기오염과 열을 가두는 온실가스를 감축하고, 기후변화를 완화해야 한다. 둘째는 적응adaptation이다. 우리가 더 이상 피할 수 없는 기후변화 영향을 견딜 준비를 해야 한다. 에드는 내게 이렇게 말했다.

"기후 해결책이 가져오는 건강상 이점은 깊고, 거의 즉각적이고 지역적으로 다가옵니다. 그래서 기후변화가 먼 것으로 인식되는 심리적 문제를 해결하는 데 도움이 됩니다. 기후 해결책은 건강 해결책입니다. 그것도 미래에 생기는 해결책이 아니라 바로 지금, 여기의 해결책입니다. 기후 해결책은 즉시 그 비용을 지불하기 때문에 미래에는 본질적으로 무료입니다."

도시 폭염과 대기오염 해소하기

기후변화와 건강을 생각할 때 우리는 가장 분명한 연관성, 즉 더 강하고 빈번해진 폭염을 생각하게 된다. 사실 폭염이 가장 큰 문제이긴 하다. 앞서 언급한 것처럼 2003년 7, 8월 유럽에서 가장 더운 여름이었던 당시 유럽 전역에서 7만여 명이 폭염으로 죽었다. 당시에도 기후변화는 이미 폭염 발생 위험을 두 배로 높였다. **수은주가 치솟으면 사람들의 분노감도 그만큼 끓어오른다.** 심리학자 크레이그 앤더슨은 1980년대 이래 이런 현상을 연구해왔다. 그는 2001년 「폭염과 폭력」이라는 논문에서 "고온은 적대감을 직접적으로, 공격적 사고를 간접적으로 증가시킴으로써 공격성을 증가시킨다"라고 썼다. 그래서 **더운 도시에서는 추운 도시보다 공격적 범죄 비율이 더 높고, 폭력 범죄는 여름철에 급증하는 경향이 있다.**

'참여 과학자 모임'의 보고서에 따르면 만약 온실가스 배출량이 지속적으로 제어되지 않으면 21세기 중반까지 미국은 열지수가 38℃ 이상인 날이 현재보다 두 배, 열지수가 41℃ 이상인 날이 네 배가 될 것이라고 한다. 저자들은 "열 흡수 가스의 배출량을 줄이지 못하면 위험한 폭염이 급증하게 될 것"이라고 덧붙였다. 이 폭염은 도시의 콘크리트, 아스팔트, 건물이 만들어내는 도시 열섬 효과 때문에 도시에서 더 심할 것이다. 나무가 적은 도시의 가난한 지역에서는 이런 현상이 더욱 심할 것이다. 나무는 수증기를 방출하고 그늘을 제공하기 때문에 지역 환경을 냉각하는 효과가 있다. 화석연료로 가동되는 에어컨을 더 많이 사용할수록 온실가스 배출량은 더 늘어나고 지구는 더 뜨거워질 것이다. 이것이 잔인한 되먹임 회로다.

화석연료 연소는 열 흡수 가스를 배출할 뿐 아니라 대기도 오염시키고 있다. 대기오염으로 연간 900만 명이 조기 사망에 이르고 있다. 2021년 봄까지 코로나19로 숨진 사람이 300만 명인 것을 고려해보면 이 수치가 얼마나 끔찍한지 알 것이다. 그래서 세계보건기구WHO는 대기오염을 인류가 직면한 '단일 요소로는 최대의 환경적 건강 위험'이라고 부르고 있는데, 기후변화가 이 상황을 더 악화시키고 있다.

온도가 높아지면 자동차 배기관과 산업체 배출로 형성되는 지상의 오존 위험성이 높아진다. 오존과 미세먼지, 그리고 오염물질들이 깊게 숨을 쉬지 못하게 하고 기침을 유발하며 우리의 폐를 손상시켜서 감염에 취약하게 만든다. 천식, 폐기종, 기관지염 같은 폐질환을 앓고 있는 사람들은 특히 위험하지만 오존 수치가 높은 날은 건강한 사람도 위해를 받을 수 있다. 대기오염은 사람들의 폐를 감염에 취약하게 만들어 코로나바이러스도 악화시킨다.

네덜란드에서 연구자들은 미세먼지 노출이 20%만 높아져도 코로나19 감염 위험이 두 배로 높아진다는 사실을 발견했다. 미국의 연구에 따르면 오염된 지역에 사는 사람들이 바이러스로 죽을 가능성이 훨씬 크다. 중국, 이탈리아, 유럽 등지에서의 분석도 비슷한 결과가 나왔다. 그뿐 아니라 이미 가난하거나 혜택받지 못한 사람들은 팬데믹 이전에 더 많은 대기오염에 노출돼 취약성이 더 악화돼 있었다. 일리노이주 시카고의 아프리카계 미국인은 도시 전체 인구의 3분의1 미만이지만 코로나19 사망자의 3분의 2를 차지했다. 하버드 연구원들은 대기오염이 그런 격차를 일부 설명할 수 있다고 믿었다. 그리고 대기오염이 우리의 뇌에 어떻게 해를 끼치는지에 대한 새로운 연구 결과도 마찬가지로 끔찍하다. 이것은 많은 노년층이 경험하는 치매와 다른 신경퇴행성 질환의 위험성을 높일 수 있다. 이것은 또 아이들이 태어나기 전 새로 발달하는 뇌와 신경계에 영향을 미쳐 인지 발달을 지연시키거나 손상시키고 자폐증의 위험을 높일 수 있다.

여기서 당신은 스스로 원초적 생각을 해볼 수 있을 것이다. 어떻게 하면 그런 끔찍하고 만연하면서도 눈에 보이지 않는 피해를 예방할 수 있을까? 에드는 그에 대한 답을 갖고 있다. 바로 오늘 도움이 되는 해결책을 실행하는 것이다. 그리고 내일도 실행하는 것이다. 예컨대 도심에서 폭염과 대기오염을 악화시키는 바로 그 요인인 도시 열섬 효과를 해결하기 위해 노력하면 기후 영향을 줄이고 그런 상황을 견뎌나갈 수 있도록 더 잘 준비하게 된다.

시카고의 예를 들어보자. 이 도시는 고유한 대기오염 때문에 미국 환경보호청EPA이 '심각한 오존 한도 초과 지역'으로 분류한 곳이다. 이곳은 또 1995년과 1999년에 수백 명의 사망자를 낸 치명적인 폭염을 경험했다. 2008년에는 시장이 시카고를 위한 기후행동계획을 발표했다. 그 계획에서 시카고시 당국은 가장 취약한 사람들과 이웃을 확인했고, 나와 다른 기후과학자들은 이런 위험이

고탄소와 저탄소 미래 사회에서 어떻게 변화할 가능성이 있는지 측정했다. 예컨대 시청에서는 여름에 온도 변화에 따라 직원을 배치하게 되는데, 더위가 기승을 부리면 도시의 사우스사이드 지역에서 보건 비상, 폭력, 범죄가 눈에 띄게 증가했다. 그리고 시청 직원들이 오늘 당장 할 수 있는 주요한 일들을 확인했다. 그것은 사람들의 삶을 더 좋게 만들고, 탄소 배출을 줄이며, 도시가 저탄소 미래를 달성하기 위해 제 역할을 할 수 있도록 하는 것들이다. 그들은 상습 무더위 지역을 확인해 나무, 옥상에 식물을 심은 '녹색 지붕', 반사 표면 같은 것들이 가장 더운 날에도 온도를 낮출 수 있도록 했다. 이것이 오존 오염을 발생시키는 반응을 늦추고, 에너지 사용량과 탄소 배출을 동시에 줄일 수 있도록 했다.

그래서 도시가 어떻게 바뀌었을까. 2019년 현재 시카고에는 도시 전역에 수백 개의 녹색 지붕이 들어섰는데, 대표적으로 시청 청사의 넓은 옥상에는 150여 종의 식물이 자라고 있다. 시 당국은 대기오염과 탄소 배출의 주요인이었던 석탄화력발전소를 폐쇄했다. 이곳은 또 미국 최대 전기버스단을 만드는 중이고, 사람들이 자전거를 타고 이동하는 횟수를 연간 4,500만 회 이상으로 늘렸다. 6,000개의 녹색 지붕과 100만 그루의 나무 식재라는 목표를 달성하려면 아직 갈 길이 멀지만, 시카고는 올바른 방향으로 가고 있는 것이다.

폭염만 문제가 되는 것은 아니다. 더욱 빈번하고 강도 높은 폭우가 도시의 대중교통 시스템을 마비시켰다. 시카고강으로 생활

하수가 흘러들어 미시간호 주변이 폐쇄되기도 했다. 2014년 홍수가 너무 심하자 보험회사 파머스인슈어런스는 "시 당국은 기후변화가 더 많은 강우량과 더 큰 강우 강도와 지속 시간을 초래할 것이라는 점을 알았거나 알았어야 했다"라며 해당 카운티와 시카고 수도국을 고소하기도 했다. 그 결과로 시카고는 폭우를 견딜 수 있도록 두 개의 새 저수지를 건설했다. 그리고 가장 중요한 것은 그들이 행한 모든 것은 비용을 줄이고, 사람들이 마시는 공기를 깨끗하게 했으며, 사람이 살기 더 안전한 도시로 만들고, 탄소 배출을 줄이는 데 기여했다. 그야말로 모두의 승리였다.

질병 퇴치하기

따뜻한 공기는 수증기를 더 함유하고, 태풍이 더 많은 수분을 빨아들이게 한다. 이것이 폭우가 내릴 위험성을 높이며 더 큰 홍수를 초래한다. 홍수 때는 큰물이 모든 것을 휩쓸어 거리와 가정의 물 공급까지 차질을 빚게 한다. 물론 시카고만 그런 것은 아니다. 개발도상국에서는 훨씬 더 심한 피해를 초래한다. 홍수가 덮치면 하수와 오염된 식수 때문에 콜레라와 장티푸스 같은 치명적 수인성 질병이 발생할 수 있다. 매년 전 세계 300만 명 이상이 박테리아, 바이러스, 기생충이 원인이 되는 수인성 질병으로 사망하고 있다. WHO에 따르면 매년 설사로 200만 명이 죽는데, 이 가운데 4분의 1이 5세 이하 어린이들이다. 허리케인, 태풍, 사이클론은 점점 더 커지고 강해져 훨씬 더 많은 비를 뿌린다. 2017년 허리케인 하비는 멕시코만의 기록적 고온 현상 때문에 열대성 저기압에서 불과 48시간 만에 4등급 폭풍으로 세졌다. 기후변화가 없었다면 자연적으로 발생했을 강우량보다 40% 더 많은 강우량과 네 배나 많은 경제적 피해가 발생했다. 이 폭풍 때문에 68명의 사망자가 발생했고, 텍사스 남동부에 있는 수십 개의 폐수 처리 공장에서 3,000만 갤런이 넘는 하수가 거리와 수로로 흘러들었다. 피부 감염에서 설사병에 이르기까지 수많은 병이 생겼고, 악몽과도 같은 곰팡이들이 가정을 덮쳤다. 그 전해인 2016년에는 허리케인 매튜가 노스캐롤라이나주 프린스빌을 포함한 미국 남동부 지역을 강타해 43명의 사망자와 수십억 달러의 피해를 냈다. 그러나 같은 허리케인이 이미 인프라 부족으로 고통받고 있던 가난한 아이티를 강타했을 때 그것은 훨씬 더 파괴적이었다. 허리케인과 관련된 홍수 때문에 우물과 식수가 오염돼 콜레라 환자가 급증했다. 일부 지역의 작물은 완전히 못 쓰게 됐고, 20만 가구 이상이 인도주의적 위기를 겪었다. WHO는 100만 회분 이상의 항콜레라 백신을 아이티에 보냈지만, 이미 많은 사람들이 백신을 맞지 못하고 죽었다.

많은 사람이 여전히 수도꼭지를 틀기만 하면 깨끗한 물이 나오는 것이 당연한 것으로 여긴다. 전 세계 22억 명은 안전한 식수가 부족하고, 45억 명은 배설물이 지역 환경을 오염시키는 것을 막는 안전한 위생시설을 갖추지 못한 곳에서 살아가고 있다. 깨끗한 물과 모두를 위한 위생시설을 갖추는 것은 유엔의 지속가능 발전목표SDGs 가운데 하나다. 이 목표는 '물이 기후변화에 맞서 싸우는 데 도움이 될 수 있다'라는 것을 상기시키고, '모든 사람은 맡아야 할 역할이 있다. 지속 가능하고, 저렴하며, 확장 가능한 (지금 이용 가능한) 해결책이 있다'는 것을 알게 한다.

새너지Sanergy는 케냐의 도시 빈민가와 학교에 화장실을 짓는 단체다. 이들은 조심스럽고 안전하게 배설물을 수거해 비료를 만들어 농작물 수확량을 늘리게 한다. 이는 강력한 열 흡수 가스인 아산화질소가 잔뜩 들어가 있는 상업 비료를 대체할 수 있어 온실가스도 줄이는 효과가 있다. 어떤 회사는 쓰레기를 연료로 바꾸기도 한다. 인도에서 가장 큰 비영리 단체인 술라브 인터내셔널은 공중 화장실의 배설물에서 재생 가능한 천연가스 또는 바이오가스를 뽑아내는 200개 공장을 지었다. 이 가스로 전기도 생산한다. 콜로라도의 그랑 정션도 같은 방식으로 바이오가스를 생산해 쓰레기 트럭과 청소차, 버스에 공급하고 있다.

바이오가스뿐 아니다. 2017년 허리케인 마리아는 푸에르토리코를 강타했다. 당시 수천 명의 사망자가 발생했고, 이 지역 전신주와 송전선 80% 이상이 파괴됐다. 이 폭풍은 미국 역사상 가장 긴 정전 사태를 일으켰다. 어떤 곳에는 11개월째 전력이 공급되지 못했다. 많은 병원과 고령자 거주지에서 사망 비율을 높인 사건이었다. 2020년 푸에르토리코 에너지국은 궁극적으로 섬을 100% 청정에너지로 전환할 수 있는 태양광과 배터리 시설을 착공하라는 첫 행정명령을 내렸다. 이는 탄소 배출량을 삭감하고, 전기요금[17]을 절감하며, 전력망을 기후변화로 더 강력해진 허리케인의 영향을 견딜 수 있고 더 탄력적으로 만드는 것이었다. 다시 한번 모두의 승리가 된 것이다.

난민 위기 예방하기

그리고 기후변화는 기존의 갈등과 난민 위기를 악화시키고 심지어 새로운 위기를 촉발할 가능성이 있다. 인간의 건강과 복지에도 치명적 악영향을 미칠 수 있다. 음식과 물, 건강관리를 이용할 수 없을 때 가족을 먹여 살리고 감염에 대처하는 것과 같이 우리가 당연히 여기는 것들이 생명을 위협하는 상황이 될 수 있다.

2018년 채택된 난민에 관한 유엔 글로벌 콤팩트는 "기후, 환경오염과 자연 재난은 난민 발생의 동인과 점점 더 상호작용이 되고 있다"라고 분명히 명시하고 있다. 기후변화가 이런 사건들의 대부분을 야기하는 것은 아니다. 오히려 기후변화는 이미 자원부족, 시민적 혹은 정치적 갈등과 불안정, 빈곤, 기아로 가득 찬 불안정한 상황에서 그것을 더 악화시키는 것이다. 세계적 구호단체 옥스팜 보고서에 따르면 기후 때문에 발생하는 재해는 이미 매년 약 2,000만 명의 삶을 뿌리 뽑고 있다. 그들 중 대다수는 아

---

17 허리케인 마리아가 닥치기 전에 푸에르토리코 사람들은 미국 평균 가정이 내는 전기요금의 두 배를 내고 있었다.

시아에 살고 있다. 사회적, 경제적, 정치적, 문화적 스트레스 때문에 기후변화 영향은 재해 직전에 있는 국가들에 최후의 결정타가 되는 것이다.

많은 나라들이 난민들에게 국경을 개방했지만 더 나은 해결책은 그들이 애초 이주를 할 필요가 없게 하는 것이다. 빈곤을 완화하기 위해 고안된 프로그램들은 기후 영향에 대한 사람들의 회복력을 높일 수 있다. 생계형 농업은 종종 열대우림을 개간하고 태우게 된다. 이것들을 태울 때 엄청난(㎢당 1만 2,000~3만 5,000톤) 양의 탄소가 대기 중으로 방출된다. 그래서 연구원들이 인도네시아의 한 빈곤 완화 프로그램이 동시에 산림 전용轉用을 30% 줄인다는 것을 우연히 발견한 것은 매우 좋은 소식이었다. 네팔, 중국, 인도에서의 다른 프로그램들은 지역사회가 자신들의 숲을 관리할 수 있도록 하고 있다. 이 덕분에 공동체가 음식과 연료를 위해 의존하고 있는 자원을 보호하면서 가난과 산림 파괴를 줄이게 된다. 그리고 손상되지 않은 숲은 동물들에게 안전한 서식지를 제공하고, 이는 코로나19와 같은 바이러스가 동물에서 인간으로 이동하는 동물원성 감염병의 위험을 줄여준다. 이 또한 모두의 승리다.

정신 건강 유지하기

마지막으로 기후변화는 육체적으로만 우리에게 영향을 미치는 것은 아니다. 이는 또한 우리의 정신 건강에도 영향을 미친다. 옥스퍼드 사전은 '환경염려eco-anxiety'를 "인간의 활동과 기후변화로 초래된, 환경에 가해지는 현재와 미래의 위해를 극단적으로 걱정하는 것"이라고 정의하고 있다. 더욱이 이 사전은 "그것이 현재 기후과학 보고서에 대한 이성적 반응"이기 때문에 정신질환으로 간주되지 않는다고 덧붙였다. 나는 이해한다. 같은 이유로 나는 종말론적인 기후 시나리오를 기반으로 한 기후소설[18]을 읽지 않는다. 현실은 충분히 나쁘다. 나는 그보다 더한 것이 필요하지 않다.

많은 젊은이들이 기후변화와 관련된 불안, 공황, 두려움의 감정이 증가하고 있다고 보고되면서 2019년 '환경염려'라는 단어는 4,000%나 사용량이 늘었다. 심리학자 브릿 레이의 설명이다.

"만약 여러분들이 암울한 기후 연구 결과를 들어보셨다면 아마도 공포, 운명론 또는 절망감을 느꼈을 겁니다. 만약 여러분이 기후 재난의 영향을 받았다면 이런 감정들은 훨씬 더 깊이 파고들어 충격, 외상후증후군, 긴장된 관계, 약물 남용, 그리고 개인의 정체성과 통제력 상실로 이어질 수 있습니다."

그러나 나는 학생들과 청년들에게 이야기할 때, 그런 절망에 대해 연구하는 심리학자의 말을 들을 때 공통 주제가 떠오른다. 즉, 그런 감정을 인정하는 것이 행동의 첫 단계다. 사람들은 심리

18 cli-fi, climate fiction

학자 르네 러츠먼에게 묻는다. "저는 무슨 일이 일어나고 있는지에 대해 매우 깊이 관심을 갖지만, 제 행동은 무의미하다고 느낍니다. 그리고 어디에서부터 시작해야 할지 모르겠습니다." 다시 말하지만 당신이 누구이고 무엇을 느끼는지를 받아들이는 것이 첫 단계다.

그다음은 다른 사람들과 연결하고, 서로를 지지하며, 당신의 목소리를 함께 높이는 것이다. 많은 젊은이들이 그레타 툰베리[19]의 '미래를 위한 금요일Fridays for Future'이라고 불리는 기후 캠페인부터 기후 정의 행동가인 제이미 마골린[20]이 설립한 청소년 환경운동 단체 '제로 아워Zero Hour'까지 찾고, 참여하며, 심지어 옹호 캠페인을 이끌도록 하는 것은 불안 때문이라고 말한다. 다시 말하지만 기후변화 영향과 해결책은 함께 진행된다.

기후변화는 우리의 핵심

기후변화는 뉴스의 헤드라인을 채우는 모든 문제들을 건드린다. 공중보건 문제, 식량 안보, 인도주의적 위기, 자원 부족, 경제, 그리고 우리 도시와 사회기반시설에 미치는 재난의 영향이 그런

---

19 2018년 10대 학생이었던 그레타 툰베리는 금요일마다 '기후를 위한 결석 시위'를 통해 세계 기후운동에 불을 지폈다.
20 콜롬비아계 미국인으로 국제 청소년 기후 정의 조직인 '제로 아워'를 공동 설립했고, 세계 25개 이상 도시에서 펼쳐진 청소년 기후행진을 이끌었다. 2019년 BBC 선정 가장 영향력 있는 여성 100인에 선정됐다.

문제들이다. 나는 기후변화가 우리의 건강에 어떤 영향을 미치는지, 그리고 오늘날 사람들의 삶을 더 좋게 하고 내일의 기후변화를 개선할 수 있는 영적이고 긍정적인 해결책이 얼마나 많은지에 대해 매우 기본적인 내용만 설명했다. 하지만 한 가지 더 중요한 점을 말해야 한다.

이 모든 영향의 공통점은 무엇인가? 기후변화의 영향은 우리 모두에게 미치기는 하지만 가장 취약하고 가장 소외되고 가장 무력한 사람들이 먼저 상처를 입고 최악의 피해를 보는 경향이 있다. 이것은 뉴델리의 폭염이든, 시카고의 사우스사이드든, 상하이나 로스앤젤레스 대기오염이든, 런던이나 방글라데시의 홍수이든 실제로 마찬가지다. 가장 위기에 처한 사람들은 이미 가장 큰 손실을 입은 사람들이다. 그리고 이들이 코로나19 팬데믹과 그 경제적 영향으로 가장 큰 피해를 본 사람들과 같은 사람들이라는 것은 우연이 아니다.

의학저널 랜싯의 연례보고서인 「2020년 랜싯 카운트다운」은 기후변화와 공중보건 사이의 연관성을 추적해 발표했는데, "우리는 한 번에 하나의 위기와만 씨름할 여유가 없다. 코로나19, 기후변화, 그리고 체계적 인종차별은 집중된 위기여서 동시에 대처해야 한다"라고 결론지었다.

그러나 좋은 소식도 있다. 에드 메이백과 그의 동료는 연구를 통해 기후변화의 건강 위험에 대한 사람들의 인식이 매우 높아진 것을 발견했다. 2014년에만 해도 미국인 가운데 30%만이 기후변화가 건강에 영향을 미친다고 답했다. 그런데 2020년에는 응답자 50% 이상이 극단적 폭염, 더 강력한 폭풍과 허리케인으로 겪는 피해, 더욱 위험해진 산불의 영향뿐 아니라 대기오염과 알러지, 산불 연기, 꽃가루 등이 폐에 미치는 영향이 커지고 있다는 데 동의했다.

핵심은 이것이다. 기후변화는 하나의 과학 문제만은 아니라는 것이다. 또 단지 환경 문제만도 아니다. 이것은 건강 문제이고, 음식 문제이며, 물 문제이고, 경제적 문제이다. 굶주림의 문제이고, 가난의 문제이며, 정의의 문제이다. 기후변화는 인간의 문제다.

이런 생각의 흐름을 따라가며 우리는 단순하면서도 잠재적으로 혁명적인 깨달음에 도달한다. 변화하는 기후에 대해 관심을 갖기 위해 새로운 가치를 채택해야 할 필요가 없다는 점이다. 산림 전용과 만년설의 해빙에 대해 사람들이 관심 갖도록 영감을 주어야 한다는 부담은 사라졌다. 사람들에게 나무를 껴안는 법, 북극곰을 존중하는 법(껴안는 것은 비추), 혹은 재활용 실천하기 같은 것을 가르칠 필요도 없다. 그리고 당파적 분열에는 안녕을 고한다. 1984년 로널드 레이건 전 대통령이 한 말이 떠오른다.

"우리의 환경을 보호하는 것은 당파적 도전 문제가 아닙니다. 이건 상식입니다. 우리의 신체적 건강, 사회적 행복, 그리고 경제적 안녕은 우리가 오직 자연 자원에 대해 사려 깊고 효율적인 관리자로서 협력함으로써 유지될 것입니다."

우리 인간은 기후변화의 원인이지만, 그 말은 곧 우리의 미래가 우리 손에 달려 있다는 걸 의미한다. 이것이 바로 스티브 앰스트럽과 그의 북극곰 과학자 팀이 지구온난화로 초래된 위험에 대해 사람들에게 말하고자 하는 이유이고, 기후변화에 대해서 우리가 할 수 있는 것이다. 또 2010년에 죽은 기후과학자 스티브 슈나이더가 우리 모두 '집'이라고 부르는 이 지구를 위해 그토록 맹렬하게 싸웠던 이유다.[21] 그리고 나 스스로 기후변화의 위험성에 대해 소통하는 데 초점을 맞추고 있는 이유이기도 하다.

우리는 도전과 희망을 동시에 마주하고 있다. 비록 어떤 기후변화 영향은 이미 우리 곁에 와 있지만, 미래는 아직 오지 않았다. 북극곰을 구할 가능성은 여전히 있다. 그리고 우리 자신도 구할수 있다. 전 유엔 기후변화협약UNFCCC 사무총장인 크리스티아나피게레스는 "전체 이야기는 아직 다 쓰지 않았다. 우리는 여전히펜을 쥐고 있다"라고 말했다.

그러니 우리가 그다음을 어떻게 할 것인지에 대해 이야기해보자.

---

21 그는 비망록 제목을 『접촉 스포츠로서의 과학: 지구 기후를 구하기 위한 싸움의 내부』라고 적절하게 붙였다. 접촉 스포츠는 선수들이 서로 신체적인 접촉을 하는 스포츠를 말한다. 기후위기를 구하기 위해 사람뿐 아니라 많은 문제와 벽과 접촉하며 싸운다는의미가 담겨 있다.

4부

우리가
바로잡을 수 있다

Saving us

12장
가장 중요한 범인 지문 채취하기

"기후변화 부정론은… 두려움이나 죄책감, 수치심의 접근을 저지하는 역할
을 한다. 그러니 주차장에서 대기하는, 이산화탄소를 내뿜는 인간의 정체
성 표지인 자동차를 필수로 여기는 감정은 말할 것도 없다."
—앨러스테어 매킨토시, 『폭풍의 탑승자들』

"나는 환경보호청이 나의 화목난로를 빼앗기 위해 이 모든 것을 꾸며내고
있다는 것을 알고 있습니다."
—어느 대학 강사가 내게 한 말

미국 전역, 특히 텍사스주에서는 정부가 국민 생활을 침해하는
것에 대한 공포가 만연해 있다. 내가 사는 곳에서는 경선이 있을
때 공화당 후보가 있고, 그 후보가 정부의 앞잡이일 뿐이라는 가
정하에서 선거운동을 하는 보수적 공화당 후보가 있다. 코로나19
로 봉쇄정책이 시행됐을 때 텍사스의 한 미용사가 주정부와 카운
티 당국의 명령에 저항하는 의미로 미용실을 개장해 전국적 뉴스
에 나온 적이 있었다. 카운티 판사가 그녀를 감옥에 넣었을 때 주

지사가 봉쇄 명령을 수정해 그녀를 풀어주었다. 주정부가 지방 조례를 반복해서 부결시킨 지 한참 지나서야 전국적으로 마스크 착용 명령이 내려졌다. 이처럼 어떤 형태의 것이든 규제에 대한 두려움은 기후변화 대응에도 큰 걸림돌이 되고 있다.

몇 년 전 텍사스 남부에서 물 관리자들에게 강연했을 때 과학이 과부화되는 것을 피하고, 심리적 거리를 줄이며, 긴급한 의사소통을 하는 데 배운 모든 것을 실행에 옮겼다. 핵심 데이터를 무시하면서 말을 시작했다는 뜻은 아니다. 나는 우리가 공유하고 있는 가치에 대한 이야기로 시작했다. 즉, 물에 대한 이야기를 끄집어냈는데, 텍사스에는 물이 너무 많거나 너무 부족한 경우가 있다.[1]

그들은 근년에 극심한 가뭄과 수차례의 홍수와 같은 도전적 상황에 대처해야 했다. 나는 조심스럽게 물과 기후의 문제를 연결했고, 그다음 관련 정보를 명확하고 적절하게 전달하기 위해 노력했다. 하지만 나는 우리가 대기 중으로 더 많은 탄소를 배출할수록 심각하고 심지어 잠재적으로 위험한 결과가 초래된다는 말을 결론적으로 하지 않을 수 없었다. 실제로 그런 결과는 점점 더 대비하고 적응하기 어려워진다.

강연 마지막에 한 연장자가 손을 들었다. 그는 목청을 가다듬더니 합리적이고 진심으로 염려하는 목소리로 한마디를 던졌다.

---

1 텍사스주에서 유행하는 농담으로 1년에 비가 50cm 오는데, 모두 하루에 온다는 말이다.

"교수님이 한 얘기는 모두 설득력이 있습니다. 그런데 나는 정부가 우리 집 자동 온도조절장치에 대해 (일정 온도에 맞추라며) 이래라저래라 하는 것은 원치 않습니다."[2]

그는 기후과학을 받아들이는 것 같았고, 심지어 그 영향에 대해서도 걱정하는 것 같았다. 그러나 해결책이라고 생각한 것에 대해 거부반응을 보였던 것이다.

우리는 우리가 문제라고는 생각지 않는다

그 남성처럼 느끼는 사람은 그뿐 아니다. 캐나다 내 고향 사람들은 기후 공약을 진지하게 생각하는 것으로 유명하다. 파리협정의 1.5℃ 목표를 지지하고, 탄소가격제를 실행하고 있으며, 지난 선거에서 모든 주요 정당이 기후 관련 정책을 만들었다.[3]

나는 노령인구에서부터 사회기반시설에 이르기까지 다양한 정책 포트폴리오를 가진 장관들과 이야기를 나누었다. 그들은 모두 기후변화가 자신들의 책임과 선거권자들에게 어떤 영향을 미칠지에 대해 걱정했다. 그러나 캐나다 친구로부터 매번 듣는 첫

---

2 그는 1970년대 석유 위기 때 사람들에게 "스웨터를 착용하세요"라고 충고한 것으로 유명한 지미 카터 당시 대통령을 언급한 것인지도 모른다. 카터의 그 말은 자신들의 자동 온도조절장치에 대해 뭐라고 하는 것을 원치 않았던 보수주의자들에 의해 웃음거리가 되고 말았다.
3 그들의 계획은 품질 면에서 차이가 있었다. 나는 앨버타대학 경제학자 앤드루 리치와 함께 목표와 실행가능성에 대해 점수를 매겼다. 녹색당의 목표는 A+였고, 보수당 정책의 실현가능성은 F로 나왔다.

4부 우리가 바로잡을 수 있다

째 반대 의견은 다음과 같다.

"캐나다는 세계 탄소 배출량의 2%밖에 배출하지 않아. 우리가 왜 그걸 고쳐야 해? 기후변화는 어쨌든 중요한 영향을 미치지 않을 것이고, 우리의 천연자원 기반 경제에 해를 끼칠 뿐이야."[4]

탄소가격제를 실시한 자유당 정부도 이런 의견에 부분적으로 동의하고 있다. 자유당 정부는 앨버타주의 역청사암에서 나온 기름을 서부 해안의 항구로 운반하기 위해 논란이 많은 송유관 공사에 자금을 지원했다. 그것은 그들 처지에서 보면 에너지 노동자들을 위한 정의로운 전환[5]과 녹색전환[6]을 가속화하기 위한 자금을 제공하는 동시에 앨버타주의 경제를 활성화하고 산업을 안정시키려는 것이다.

2000년으로 돌아가보면 오레곤주의 사회학자 카리 노가드는 사람들이 기후행동을 왜, 어떻게 거부하는지를 연구하기 시작했다. 그녀는 텍사스주나 앨버타주로 가지는 않았고, 비슷하게 기후 친화적인 평판을 갖고 있는 노르웨이로 갔다. 노르웨이는 전기차 사용 부문에서 세계를 이끌고 있다. 도로의 차 가운데 10% 이상이 전기차이거나 플러그인 하이브리드인데, 이 수치는 해마

---

4   이 말을 신경 쓸 필요는 없다. 미국인, 호주인, 사우디아라비아인, 캐나다인은 세계에서 1인당 탄소 배출량이 가장 많은 사람들 중에 하나다. 그리고 캐나다는 1750년 이후 축적된 탄소 배출량으로는 세계 상위 10개국 가운데 9위를 기록했다.
5   탄소중립 사회로 전환하는 과정에서 피해를 볼 수 있는 지역이나 산업의 노동자, 농민, 중소상인 등을 위해 지원하고 취약계층의 피해를 최소화하는 정책.
6   화석연료에 기반한 경제에서 생태적으로 지속 가능한 경제로 전환하는 것.

다 높아지고 있다. 2020년 노르웨이에서 팔린 자동차의 절반 이상이 탄소 배출이 없는 자동차들이었다. 오일과 가스 자원 덕분에 국부펀드는 현재 약 1조 2,000억 달러로 세계 최대 펀드가 됐다. 2019년 노르웨이 의회는 기후변화에 대한 조치를 취하지 않는 석탄·석유·가스 회사에 대해 130억 달러 규모의 투자를 철회하기로 결정했다.

카리가 '비그더비Bygdaby'라고 이름 붙인 그 지역은 그해 겨울이 유난히 따뜻했다. 사람들이 일상적으로 하던 크로스컨트리 스키나 얼음낚시를 할 수 없었다. 노르웨이 언론들은 매우 분명하게 따뜻한 겨울은 인간이 초래한 기후변화 때문이라고 보도했다. 카리는 그곳에서 수십 명의 노르웨이 사람들을 인터뷰했다. 그녀는 자신의 책『거부하는 삶: 기후변화, 감정, 일상생활』에서 그 사람들이 기후변화 이슈에 대해 많이 알고 있고, 정보나 팩트의 부족은 문제가 되지 않는다는 것을 알았다. 그러나 그녀를 놀라게 한 것은 그들이 해결책에 동참하기보다는 기후변화에 대해 생각하거나 말하는 것을 피했다는 것이다. 그녀가 그 이유를 물었을 때 그들은 캐나다의 내 동료들이 한 말과 비슷하게 답했다. "노르웨이는 매우 작은 나라예요. 우리가 행동하는 것이 얼마나 중요한 영향을 미칠까요?" 그들은 해결책이 부담스럽고, 개인적으로 해로우며, 별로 성취할 게 없다고 생각했다. 그래서 비정상적으로 따뜻한 겨울에도 해결책에 대한 두려움이 기후변화 영향에 대한 두려움보다 컸다.

우리는 치료법이 질병보다 더 나쁘다고 생각한다

우리의 집단 위험 측정기는 균형이 맞지 않아 때로는 잘못된 방향으로 기울어지기도 한다. 심지어 기후변화가 일어나고 있다는 데 동의하는 사람들조차도 그 영향은 여전히 멀고 먼 것으로 본다. 하지만 이는 문제의 절반에 불과하다. 다른 절반은 사람들이 잠재적 기후 해결책으로 받는 위험을 임박한 것으로 본다는 것이다. 그들은 기후변화를 해결하려는 정부와 사회의 시도가 그들의 삶의 질을 떨어뜨리고, 경제를 짓누르며, 그들의 인격권을 손상시킬 것이라고 믿는다.

기후변화에 대한 거부반응의 많은 부분은 실제로 사람들이 불쾌하거나 달갑지 않은 해결책으로 인식하는 것에 대한 거부이다. 그런 거부 개념은 해결책 회피solution aversion라고 알려져 있다. 이 반직관적인 용어는 사회과학자 트로이 캠벨과 애런 케이가 기후변화에 처음 적용했다. 이들은 다른 사람들과 마찬가지로 미국에서 공화당원과 민주당원 사이에 존재하는 기후변화에 대한 가장 큰 의견 차이는 정치적 소속감에 의해 동기가 부여됐다고 지적했다. 사람들의 반응을 실험해서 그들은 '이 동기의 원천[예컨대 더 보수적 유권자의 부정적 태도]은 문제에 대한 반감 그 자체가 아니라 문제와 관련된 해결책에 대한 반감'이라는 것을 발견했다. 다시 말해서 공화당원들은 (그들은 그렇게 생각할지도 모르지만) 기후과학에 어떤 문제의식을 갖고 있는 것이 아니고 기후 해결책에 대해 문제의식을 갖고 있었다.

지역 대학에서의 강연이 끝난 뒤에 한 인솔자가 나를 주차장까지 따라와서 말했다. 나는 다른 미팅에 가야 하는 상황이어서 걸음을 멈출 수가 없었다. 그도 멈추지 않고 나를 따라왔다. 내가 차키를 가방에서 꺼내자 그는 과학적으로 그럴듯해 보이는 반대 의견을 계속 피력했다. 내가 태양이 기후에 미치는 영향에 대해서는 말하지 않았다는 거였다. 모든 사람이 그것이 기후변화의 주요 원인이라는 것을 알고 있었는데, 왜 내가 거기에 대해 솔직하게 말하지 않느냐는 거였다.

나는 강연에서 태양에너지가 지난 40년 동안 감소해왔고, 그래서 태양이 지구온난화의 원인일 수 없다는 것을 분명히 말했다. 나는 또 "우주광선이 원인이라고 말할 수도 없어요. 왜냐하면 그것도 기후와는 반대 방향으로 향하고 있으니까요"라고 말했다. 그러자 그는 숨조차 쉬지 않고 "그렇지 않아요. 나는 환경보호청이 내 화목난로를 빼앗아가기 위해 이 모든 걸 꾸며내고 있다는 것을 알고 있소"라고 되받아쳤다.

태양에너지와 우주 광선의 변화가 화목난로와 무슨 관계가 있는 걸까? 사실 거의 아무런 관계도 없다. 그러나 그의 뇌에서는 모든 것이 관련돼 있다고 판단한 것이다. 은유적으로 말하면 우리가 기후 해결책의 결과로 잃을 수도 있는 것에 대한 두려움을 등록하는 뇌 속의 회로는 기후변화가 현실이 아니라고 말하는 회로와 직접 연결되게 된다. 왜 그럴까? "그건 현실이 아니에요"라고 말하는 것은 우리의 방어기제다. 기후변화가 현실이고 해롭지만 그것을 해결하기 위해 당신이 아무것도 하지 않는다는 것을 인정하는 것은 당신을 '나쁜 사람'으로 만드는 것인데, 누가 그것을 원하겠는가? 앞서 말했듯 우리 대부분은 우리가 좋은 사람이라고 믿고 싶어 한다.

그래서 그 대신 누군가가 "기후는 늘 변해왔어요" 혹은 "태양에 문제가 있고, 인간은 그것과 아무런 관련이 없어요"라고 말하거나, 혹은 내가 개인적으로 좋아하는 말인데, "기후과학자들은 단지 그들을 부자로 만들어주기 때문에 이런 말을 해요" 같은 말을 할 수도 있을 것이다. 이 마지막 말(기후과학자들을 부자로 만든다는)과 관련해 그들은 스스로를 나쁜 사람이라고 명명되기는 거부하면서 과학자들에게는 그런 말을 확실하게 퍼붓게 되는 것이다. 우리 과학자들은 개인적 이익이나 추구하고 모든 사람을 이유도 없이 경고하는 진짜 악당들이닷!

기후 해결책을 해롭다고 생각하면 우리는 과학적으로 그럴듯해 보이는 연막을 쳐서 반대 의견을 흐리게 하는 경우가 너무 많다. 현실에서는 그런 것들은 과학과는 아무 상관이 없고, 모든 것은 이데올로기와 정체성과 관련돼 있다. 그것이 우리가 믿는 것이 진실이라는 것을 스스로 증명하도록 강요하는 우리의 (종종 무의식적인) 방어기제다. 그것은 차례로 우리를 위의 그 사람처럼 '좋은 사람'으로 만들고, 그 '이해타산적인 (것으로 보이는)' 과학자들, '부패한 (것으로 보이는)' 좌파 정치인들, 그리고 '탐욕스러운

(것으로 보이는)' 녹색 에너지 거물들을 나쁜 사람으로 만든다.

이런 방어기제는 우리가 믿는 것과 우리 자신에 대해 정당하다고 느끼려는 가장 기본적인 인간 욕구에서 생겨난다. 그리고 이것은 사람들이 만나본 적도 없는 기후과학자들을 기꺼이 공격하기 위해 나서는 이유를 설명해준다. 다시 말하지만 이것은 해로운 제로섬 게임이다. 만약 그것이 다른 사람의 잘못이라는 것을 당신이 확신할 수 있다면, 그들의 희생으로 당신이 그것에 대해 다소 괜찮게 느끼게 하리라고 당신은 상상할 것이다. 단기적으로는 그럴 수 있지만, 그 효과는 그리 오래가지 못한다. 그래서 많은 무시 그룹 사람들이 그렇게 전투적일 수 있는 것이다. 그들은 끊임없이 확증 사례를 찾아다닌다. 비뚤어진 논쟁이 그것을 제공한다.

가장 중요한 범인 지문 채취하기

기후변화에 대한 책임을 공유하는 문제와 관련해 우리 모두가 어느 정도 문제의 일부라는 것은 사실이다. 탄소 배출은 갑자기 마술처럼 나타난 것이 아니며, 부유한 나라에 사는 사람들은 공정한 몫보다 훨씬 더 많이 배출한다. 그러나 동시에 기후변화는 개인의 행동만으로는 해결될 수 없다. 단체 행동이 필요하며, 그것은 시스템을 바꾸는 것을 의미한다. 개인적 죄책감을 너무 걱정하거나 다루기를 거부하는 것에 의존하는 것은 비생산적이다. 두 가지 접근법 모두 변화를 일으킬 힘이 거의 없는 사람들을 단념시키고, 변화를 일으키는 사람들을 무시하게 된다.

이런 해결책에 대한 회피 현상은 자연 발생적으로도 일어난다. 노년의 물 관리인이 자신의 자동 온도조절장치에 대해 정부가 이래라저래라 하는 것은 민감하게 원치 않는 것처럼. 하지만 그들의 부와 권력 때문에 과도하게 영향력이 있는 사람들과 산업이 의도적으로 조작한 것이 많다는 증거도 있다. 그들은 이른바 해결책이라는 것이 자신들의 수익과 장기 생존 가능성에 심각한 영향을 미칠 수 있어 두려워할 만한 충분한 이유가 있는 것이다.

더 큰 책임이 있고, 그래서 큰 변화에 영향을 미칠 능력이 있는 사람은 누구인가? 콜로라도주에 기반을 둔 기후책임연구소 [7]가 펴낸 탄소 배출 주요 기업 보고서 Carbon Majors Report에 따르면 1988년 이래 세계의 100대 화석연료 회사가 세계 온실가스 배출의 70%에 책임이 있다. 더 분명히 말한다면 그 가운데 8개 기업—1위부터 순서대로 보면 사우디 아람코, 셰브론[8], 엑손모빌, BP, 가즈프롬[9], 로열 더치 셸, 이란 국영 석유공사, 페멕스[10]—이 산업혁명 이후 화석연료와 시멘트 생산에서 나오는 전 세계 온실가스의 20%에 대한 책임이 있다. 그뿐 아니라 이들 8대 기업

---

7   Climate Accountability Institute
8   셰브론과 엑손모빌은 미국의 다국적기업, BP는 영국의 다국적기업, 로열더치셸은 영국과 네덜란드의 합작 다국적기업.
9   러시아 국영 에너지 대기업
10 PEMEX: Petroleos Mexicanos

은 세계에서 가장 돈이 많은 기업이기도 하다. **이들 기업은 기후 변화의 영향을 받는 모든 사람들의 희생으로 부자가 되었다. 그리고 이들 중 일부는 기후변화가 분명해도 같은 방식으로 사업을 지속하길 원한다.** 시민단체 '엑손모빌은 알았다Exxon Knew'의 홈페이지에는 매우 분명한 사실을 밝히고 있다.

"엑손모빌은 이미 반세기 전에 기후변화에 대해 알고 있었다. 그들은 대중을 속이고, 주주들을 현혹했으며, 기후변화를 되돌리는 데 한 세대[11]에 해당하는 시간을 인류에게서 빼앗았다."

홈페이지에 있는 내용은 엑손모빌의 내부자 메모, 이메일, 보고서 및 출판물을 편집한 것이다. 그중 일부는 내가 쓴 것이기도 하다. 나는 석사 논문에서 메탄과 이산화탄소 외의 온실가스를 줄이는 것이 세계 배출량 감축 목표에 어떻게 기여할 수 있는지를 조사했다. 그 연구 중 일부는 엑손모빌 과학자들이 지원하고 같이 쓴 부분도 있다. 그들은 그 모든 것을 알고 있었다. 그래서 나는 '엑손모빌은 알았다' 프로젝트가 인용한 1979년 엑손 석유국 리포트가 이 책의 요약본처럼 읽히는 게 그리 놀랍지 않았다. 그 보고서에는 이런 내용이 들어 있다.

"대기 중의 이산화탄소 농도는 산업혁명 이후 증가해왔다. 그 증가는 화석연료 연소 때문이다. [그리고] 현재의 추세는⋯ 2050년 이전에 극적인 환경 영향을 야기할 것이다."

---

11 약 30년

과학사학자 나오미 오레스케스는 담배와 화석연료를 파는 대기업들이 자사 제품이 초래하는 위험에 대해 정확히 어떤 것을 알았고 그에 대해 공개적으로 어떻게 말했는지를 연구하는 데 일생을 바쳤다. 그녀는 2010년 놀라운 책『의심스러운 상인들: 소수의 과학자들이 담배 연기와 지구온난화 같은 이슈를 어떻게 덮었나』[12]에서 공저자 에릭 콘웨이와 함께 흡연과 폐암의 연관성을 부인한 과학자들과 언론 담당자들의 이름을 열거했다. 그리고 엑손모빌과 셰브론 같은 기업들이 기후행동이 처음 나타났을 때 그것을 어떻게 받아들였는지를 보여주었다.

캐나다 홍보 전문가 짐 호건이 2009년에 발간한 책『기후 은폐: 지구온난화를 부정하기 위한 십자군』[13]에서 능숙하게 해부한, 믿을 만한 전략을 사용해 이들 회사와 이들이 고용한 저격범들은 1800년대 이후 우리가 이해해온 과학에 대한 대중의 담론에 의도적으로 의심의 씨앗을 뿌렸다. 저명한 신문의 전면 광고, 가짜 '풀뿌리' 캠페인, 전문가들을 매수하기 위한 검은돈이 후원되는 싱크 탱크, 기후과학자들을 겁주고 침묵하게 하려는 용도의 법률회사, 정치적 스펙트럼에서 모든 진영의 정치인들에 대한 후원이 그것이다. 그럼에도 여전히 이 회사들이 기후행동을 멈추기 위해 지출한 돈은, 누구도 화석연료를 사지 않을 때 그들이 잃게

---

12 Merchants of Doubt: How a Handful of Scientists Obscured the Truth on Issues from Tobacco Smoke to Global Warming
13 Climate Cover-up: The Crusade to Deny Global Warming

될 것의 극히 일부에 불과하다.

잘못된 정보의 힘

역정보 캠페인이 얼마나 효과적인지 보여주는 한 사례가 있다. 미국에서 예일대 기후 커뮤니케이션 프로그램은 그린 뉴딜[14]에 대한 사람들의 의견을 추적해왔다. 그린 뉴딜은 뉴욕주 민주당 하원의원 알렉산드리아 오카시오코르테스와 매사추세츠주 민주당 상원의원 에드워드 마키가 발의한 의회 결의안이다. 이 결의안은 불우한 지역사회, 기본 생계를 화석연료 산업에 의존하는 사람들을 위한 정의로운 전환just transition을 보장하면서 어떻게 하면 미국을 화석연료에서 재생에너지 국가로 전환시킬 것인가를 설계하고 있다.

이 결의안은 괜찮아 보였고, 2018년 12월 아이디어가 처음 제안되었을 때 정치권에서 광범위한 지지가 있었다. 보수 공화당원들의 57%, 중도 공화당원들의 75%가 이를 지지했다.[15] 그러나 당시 조작된 거부 움직임이 일었다. 정치인들과 전문가들은 이 결의를 미국을 파괴하려는 사회주의 음모로 그리기 시작했다. 단지 4개월 뒤인 2019년 4월 보수 공화당원의 지지가 32%로 떨

---

14 Green New Deal: 1930년대 대공황에서 벗어나기 위해 동원한 뉴딜 정책과 유사한 비상 대책이라는 의미이며 친환경 탈탄소 녹색성장에 방점을 두고 있다.
15 민주당원은 92%가 지지했다.

어졌다. 중도 공화당원은 64%를 지지했고, 심지어 중도 민주당원의 지지도 몇 % 하락했다. 그린 뉴딜의 내용이 바뀌었던 것일까? 아니다. 그럼 왜 그런 현상이 일어났나? 그것에 대한 부정적 메시지가 폭탄처럼 쏟아져나왔고, 사람들이 거기에 노출됐기 때문이었다.

때로는 사람들이 허수아비 때리기 논쟁을 벌였다. 누군가가 이상한 주장을 한 것처럼 꾸며서 그 주장과 그 사람을 모두 공격한 것이다. 이것은 기후행동을 방해함으로써 가장 많은 이득을 취하는 사람들이 자주 사용하는 방식이다. 그러나 어떤 사람이 스프레이로 칠한 광고판 사진을 보내왔는데, 거기에는 미국 상원의원이자 기후 옹호자인 버니 샌더스가 기후변화를 바로잡기 위해 모든 아이를 낙태시키고 싶어 한다고 적혀 있었다. 가도 너무 멀리 갔다. 나는 아무도 그것을 믿지 않을 것이라고 생각했다. 하지만 그런 일들이 지금도 일어나고 있는 것처럼 그때도 그들은 그렇게 할 수 있었고 그렇게 했다.

그 사진을 본 지 몇 달 뒤 나는 한 신학대학의 강연 초청을 받았다. 그 대학은 신학적인 의미에서뿐 아니라 정치적, 문화적으로 매우 보수적이어서 그들이 나를 초청한 것이 우선 충격적이었다. 동료 과학자인 에번이 그 초청장을 보냈는데, 그는 내가 수년 동안 여러 학회에서 만나왔던 이다. 그날 강연 한 주 전에 에번이 이메일을 보내왔다. 그는 "교수님의 학교 방문에 대해 뭐라고들 하는지 알려주고 싶어요"라고 적고, 다른 교수들과 행정직원들로부터 받은 이메일도 덧붙였다. 이메일을 읽어내려가다가 한 문구에 시선이 고정되었다. "이것은 거짓말의 아버지인 사탄의 일이다…. 기후변화에 대한 해결책을 제시하는 것은 도덕적으로 낙태와 같다." 한 행정직원은 에번에게 나의 초청 강연에 대한 홍보를 중단해야 했다고 말하며 가담했다. 강연 홍보가 너무 많은 사람을 화나게 하고 있었다. 그렇다. 그들은 속아 넘어간 것이었다.

의견 대립

나는 무슨 말을 해야 할지 다시 생각해봐야 했다. 많은 게 걸려 있었다. 나는 기후변화가 기독교인에게 왜 중요한지에 대해서만 말해야 하는 건 아니었다. 나는 또한 사람들에게 해를 가하기보다 도움 되는 해결책이 있다는 것을 보여주어야 했다. 그리고 해결책이 낙태와는 무관하고 우리의 가치관과 양립할 수 있다는 것도 보여주어야 했다. 나는 그린 뉴딜 정책이 공격받았던 것과는 반대되는 방식으로 해보고 싶었다. 부정적 의견을 먼저 보여주고 그다음에 바른 방향을 보여주고 싶었다. 그런데 어떻게?

나는 미치 헤스콕스를 생각하고 있었다. 그는 석탄회사 임원 출신으로 목사가 되어 복음주의 환경 네트워크를 이끌고 있다. 그는 펜실베이니아의 고향 집과 비슷한 지역에 사는 사람들을 도와주는 데 열정적이었다. 그곳은 석탄 산업이 지역 경제를 부양하지만 동시에 물과 공기가 오염된 곳이었다. 미치는 화석연료가 우리 건강에 파괴적인 영향을 주고 있는 것을 먼저 보아왔다. 그는 그런 환경이 특히 아이들, 임신부, 태아에 나쁜 영향을 미치고 있다는 것을 알았다. 11장에서도 얘기했듯 화석연료 사용으로 야기되는 폭염, 오염, 물, 음식, 재난, 안전에 대한 연쇄적 영향은 우리 건강에도 엄청난 영향을 미친다. 그래서 미치는 기후변화를 '친생명(혹은 낙태 반대)' 이슈라고 말한다. 만약 기독교인들이 진정으로 낙태에 대해 반대한다면 그들은 뒤에서 시간을 끌거나 다른 방향으로 갈 게 아니라 화석연료를 없앨 책임을 지고 솔선수범해야 한다는 것이다.

물론 (화석)에너지가 우리에게 가져다주는 혜택을 인정하는 것도 필요하고 마땅한 일이다. 내가 콜롬비아에서 선교사의 딸로 자란 경험은 그 대학과도 많은 관련이 있다는 것을 알았다. 가난한 나라에서 살아본 사람은 가난과 자원 부족이 사람들의 삶에 어떤 영향을 미치는지 안다. 그런데 그들도 화석연료 채굴이 가난과 자원 부족을 얼마나 직접적으로 가속화하는지 잘 모른다. 예컨대 콜롬비아에서는 라과히라주의 가난한 토착민 주거 지역에서의 석탄 채굴은, 정치학자 노엘 힐리의 표현에 따르면, "폭력, 유혈 사태, 그리고 환경 파괴로 고착화된 생산 체제와 관련이 있다"고 한다. 기후변화로 가뭄이 심해졌지만 채굴장에서 물을 과도하게 사용했고, 이 때문에 마을 전체에 물이 공급되지 못한 일도 있었다.

애팔래치아산맥의 시골에서 석유와 가스가 풍부한 나이저삼

각주까지 화석연료 채굴 때문에 임신부, 아기, 그리고 어린이들이 암에 걸리거나 선천적 장애아가 태어날 위험도 높아지고 있다. 나이지리아 어린이들을 돕고 있는 에멤 에도호는 "주민들은 경제적, 사회적으로 고통받는 환경에서 살고 있다. 이 지역 대부분은 석유·가스 회사들의 생산 활동 탓에 수년간 방치되고 박탈된 곳으로, 심각한 환경 악화가 진행되고 있다"고 말했다. 이런 환경적 위해는 돈으로 상쇄할 수 없다. 개발도상국에서 소득 불균형은 화석연료 채굴로 가속화하고 있다. 약탈형 정치가들이 그 수익으로 자신의 주머니를 채우려 하기 때문이다.

그리고 화석연료의 연소와 관련된 건강 문제가 있다. 화석연료가 심화시키는 대기오염은 전 세계적으로 매년 900만 명의 목숨을 앗아간다(또한 가난에 찌든 많은 여성들이 요리하다가 실내 화재에 노출돼 수백만 명이 사망하고 있다). 미국에서 연간 20만 명이 대기오염으로 사망하고 있다. 폐 질환, 천식, 다른 대기오염 관련 질환을 앓는 사람들은 누구일까? 더 나은 공기 질을 가진 더 깨끗한 동네에서 살 여유가 없는 사람들, 이미 아프거나 허약한 아이들이다.

이 모든 문제를 철저히 따져본 후에야 나는 기후변화로 화제를 돌렸고, 지구온난화가 전 세계에 야기하는 고통이 어떻게 차별적으로 나타나는지에 대해 설명했다. 스탠퍼드대학의 한 연구에 따르면 기후변화는 이미 세계에서 가장 부유한 나라와 가장 가난한 나라 사이의 경제적 격차를 25%나 증가시켰다. 또한 빈곤과 기아 감소에서 진전돼온 50년 이상의 성과가 무효화되었으며,

4부 우리가 바로잡을 수 있다

2030년까지 1억 2,000만 명을 빈곤의 나락으로 떨어뜨릴 것으로 전망됐다. 저개발국은 미래의 기후변화 영향을 받아 계속 고통받을 것이며, 가난한 40%의 국가들은 금세기 말까지 평균소득이 75%나 줄어들 것이라고 한다. 이런 이유들 하나하나만 봐도 이미 기후변화의 영향을 받고 있는 개도국은 화석연료보다 더 나은 선택을 해야 하는 게 분명하다. 이 모두를 종합해보면 결국 우리가 생명에 조금이라도 관심이 있다면 이미 기후변화를 걱정하고 있다는 것이다.

그래서 진정한 해결책들은 무엇인가? 가장 놀라운 해결책 중 하나는 여성과 소녀들을 교육하고 자율권을 부여하는 것이다. 교육은 유아 사망률을 줄이고, 평등을 확산시키며, 여성들이 몇 명의 아이를 낳을지 선택할 수 있는 자유를 줄 수 있다.[16] 케냐에서는 농업 기술과 농업 산업에 대해 교육받은 여성 농부들의 소득이 평균 35%나 늘어났다. 말리에서는 중등학교에 다니는 여성들이 평균 3명의 아이를 낳는 반면, 교육받지 않은 여성들은 평균 7명의 아이를 낳는다. 어머니가 추가로 교육받을 때마다 자녀가 5세 이전에 사망할 확률은 개도국에서 평균 7~9% 감소한다. 말라위에서는 5세 이전 사망률이 10% 늘고, 우간다에서는 17% 늘기도 했다. 전 세계를 통틀어 책을 읽을 수 있는 어머니에게서 태어난 아이들은 문맹 어머니에게서 태어난 아이들보다 어린 시절

---

16 가톨릭과 대조적으로 보수 프로테스탄트 신자들은 그 대학에서 내 강연을 들은 청중들처럼 일반적으로 산아 제한에 반대하지 않는다.

에 살아남을 가능성이 50%나 더 높다. 낙태가 아니라 교육, 자율권, 빈곤 퇴치가 기후변화를 해결하고 개도국에서 번영을 구축하는 긍정적 경로다.

기독교인으로서 우리는 어떤 도전에 대해서도 사랑으로 대응해야 한다며 나는 강연을 마무리지었다. 예수님은 "너희가 서로 사랑하면 이로써 모든 사람이 너희가 내 제자인 줄 알리라"[17]라고 말씀하셨다. 사도 바울은 이 말씀을 부연하며 신자들에게 "그리스도 예수 안에서는… 가장 중요한 것은, 사랑으로 역사하는 믿음입니다"[18]라고 가르쳤다. **사랑은 기후변화에 맞서 행동하는 것의 핵심이다. 사랑은 창조 그 자체뿐 아니라 약자와 궁핍한 사람들, 즉 기후변화의 영향을 가장 많이 받는 사람들을 돌보는 것이다. 그렇게 하는 것이 우리의 책임이다.** 그렇게 하는 것이 하나님이 우리의 생명을 만들었다고 믿는 기독교인인 것이다.

강연을 끝냈을 때 열정적인 학생들이 내게 몰려왔다. 그들 중 많은 이들이 "제가 공부하는 건 이건데요. 제가 알게 된 것들이 기후변화에 대처하는 데 도움이 되도록 하려면 어떻게 할 수 있을까요?"라고 물었다. 이전에 왜 한 번도 자신들이 배운 것을 기후변화에 연결해보려고 하지 않았는지에 대해 서로 이야기하기도 했다. 물론 왜 자신들이 기후변화에 관심이 없었는지 그 이유를 분명히 알게 됐다.

---

17 요한복음 13:35
18 갈라디아서 5:6

4부 우리가 바로잡을 수 있다

강연장을 빠져나올 때였다. 에번에게 이메일을 보내 홍보하지 말라고 했던 그 행정직원이 내 손을 잡고 강하게 흔들었다. 그는 나의 강연에 대해 고맙다고 말했다. 그다음 주 에번이 다시 그 행정직원에게서 받은 이메일을 나에게 전달했다. 그 직원은 내가 자신에게 기후변화 이슈에 대한 새로운 통찰을 주었고, 에번이 나를 초청한 것에 대해 진심으로 고맙다고 썼다. 그는 자신의 존재 가치가 기후변화에 대처하는 데 어떻게 연결되는지 이해했고, 자신의 마음을 바꾸었다. 이제까지 내가 들은 반응 중에 가장 고무적이었다. 기후변화 문제를 해결하려면 우리 모두가 참여해야 한다.

13장
탄소와 공유재산

> "우리는… 더 이상 일상생활을 통제하지 못한다고 느낍니다. 친구들과 친척들로 둘러싸인 더 작은 생활권으로 후퇴하게 되면서 공익에 대한 관심도 줄어들고 있습니다."
> —에릭 리우, 『당신은 생각보다 더 힘이 세다』

> "우리의 생활 방식을 유지하기 위해서 얼마나 많은 행성이 필요한지에 대해 알고 모두가 놀랐습니다."
> —중학교 체육 선생이 내 강의를 들은 뒤

인간의 숫자가 수십만 명, 혹은 수백만 명에 머물렀던 때로 돌아가보면 지구는 어떤 의도와 목적에서건 무한했다고 볼 수 있다. 대기는 어떤 오염도 흡수할 것이고, 물은 풍부하며, 바다는 물고기로 가득 차 있었을 것이다. 식량 재고가 바닥나거나 땅이 부족해지면 더 많이 발견하면 되었다.

시간이 지나도 지구 행성은 같은 크기였다. 그러나 인간은 기하급수적으로 늘어났다. 인간의 소비 습관은 특히 부유한 나라에서 더욱더 팽창했다. 오늘날 지구는 거의 모든 경작 가능한 땅이 사람들에게 나뉘어 있거나 멸종 위기 생태계와 생물종들의 서식지가 되어 있다. 지하수가 고갈되면서 세계 여러 지역에서 물 공급이 부족해지고 있다. 어류 남획으로 뉴펀들랜드의 대구에서 대서양 참다랑어에 이르기까지 많은 주요 식량 자원 생태계가 이미 붕괴되고 거의 사라졌다. 때때로 우리는 시계를 거꾸로 돌릴 수 있었다. 램프에 사용되는 고래 기름 수요가 많아지면서 고래가 거의 멸종 단계에 이르렀을 때 역설적이게도 화석연료와 전기가 고래를 구했다. 그러나 이런 이야기는 공유물에 대한 우리의 잘못된 관리를 보여주는 것과 비교하면 점점 그런 사례는 줄어들었다.

기후라는 공유 자원의 비극

지구만큼 큰 규모를 공유물로 상상하는 것은 어려울 수 있지만 이 단순한 비유는 오늘날 글로벌 자원 문제의 많은 과제를 설명한다. 이것은 중세 시대에 많은 영국 마을들이 소농들의 가축 방목을 위한 공유지 즉, 목초지를 갖고 있었다는 데서 비롯된 아이디어다. 개별 농부가 초지에서 최대한의 혜택을 가져갈 수 있는 가장 좋은 방법은 가능한 한 많은 동물을 방목하는 것이다. 그러나 모든 사람이 그렇게 한다면 땅에는 가축이 과도하게 방목될 것이고, 곧 풀이 바닥나고 말았을 것이다. 그 영국 농부들이 알아차린 것처럼 공유지는 공익에 따라 방목되어야 하고, 토지가 지속적으로 모든 사람을 위해 쓰일 수 있도록 상호 합의하에 각 농부가 방목하는 짐승 숫자를 제한해야 했다.

공유 자원으로서의 '공유지'의 기본 개념은 1833년 경제학자 윌리엄 포스터 로이드가 소개했다. 이 아이디어는 1968년 다른 경제학자 개릿 하딘이 '공유지의 비극Tragedy of the Commons'이라는 개념을 만들어내기 전까지는 그렇게 잘 알려진 개념이 아니었다. 그 의미는 수자원이나 토지자원 등 공유 자원의 이용을 개인의 자율에 맡길 경우 서로의 이익을 극대화하면서 자원이 남용되거나 고갈되는 현상을 말한다. 그가 말하는 요점은 지구 행성도 비슷하게 공유되는 공간이지만, 그것이 한계가 있다는 것을 인식하지 못했다는 것이다.

두 사람 모두 공유 자원을 관리하기 위한 최적의 전략에 대해 약간 과격하게 공격적인 결론을 끌어내기 위해 이 유용한 개념을 사용했다.[19] 그것이 틀렸다는 것을 증명하는 데는 50년이 더 걸렸고, 한 여성이 그 일을 해냈다. 2009년 경제학자 엘리너 오스트롬은 실제 공유 자원은 하향식 규제 없이도 효율적으로 관리될 수 있다는 것을 입증해 노벨경제학상을 받았다. 자원은 (지역 어업자원, 공유 방목지, 장작 수집 등) 잘 정의되어야 하고, 그 자원이 고갈될

---

19 이들이 제안한 해결책은 가난한 사람보다 부유한 사람들에게 공간을 우선적으로 주는 '번식 제한'과 '구명정 윤리' 개념을 포함하고 있다. 하딘은 또 비백인 이민과 다문화주의에 반대했고, 우생학적 견해를 드러냈다.

위험을 이해하고 있는 지역 공동체에 의해 관리되어야 한다.

그러나 지구와 인류의 탄소 배출의 경우 이런 조건을 충족하기가 어렵다. 공유 자원이 잘 정의되지 않고(이 경우 공유 자원은 본질적으로 이 지구 전체를 포함하기 때문에 잘 정의되지 않음) 자원을 잘못 관리함으로써 잃어야 하는 것이 무엇인지 이해하는 빈틈없는 공동체에 의해 관리되지 않을 때 (이 경우 공동체는 모든 사람을 포함하기 때문에 잘 관리되지 않음) 공유 자원의 지속 가능한 관리는 종종 공식적 규제가 필요하다.

우리가 행동할 동기가 부족한 이유

우리 행성의 대기, 민물, 바다, 육지 표면 같은 것들, 즉 그것이 없으면 우리가 존재할 수 없는 자원들은 보호되어야 할까? 당연히 우리 모두는 오스트롬의 연구 결과를 실증하듯 "그렇다"라고 답할 것이다. 그런데 환경보호, 오염 방지, 기후변화와 같은 단순한 이슈들은 어떻게 양극화되었을까?

인류 문명의 역사에서 소득이 가장 급격하게 늘어난 것은 화석연료 연소를 통해 인간과 동물의 노동을 대체했을 때였다는 것은 부인할 수 없다. 그러나 그것은 우리가 환경과 경제 중 하나를 선택해야 한다는 신화로 이어졌다. 지구가 제공하는 자원 없이 경제가 마치 외계에서 떠돌 수 있는 것처럼 말이다. 이러한 갈등은 독립전쟁 이후 정부, 규제, 세금에 대한 불신이 집단 심리에 깊이 새겨지고, 자유시장에 대한 존중이 종교 교리의 지위로 격상된 미국에서 더욱 분명하다. 화석연료 소비와 세계 공유 자원의 파괴로 비슷한 혜택을 입은 다른 나라에서도 미국의 많은 사람들처럼 정부를 깊이 믿지 않을지도 모른다.[20] 그러나 우리는 편안한 삶을 소중하게 생각하며, 정부의 개입이 그것을 위태롭게 할 수 있다고 우려한다. 우리는 마치 세계 공유 자원을 더 잘 관리하자고 주장하는 사람들이 우리가 알지도 못하고 서로 연결되지도 않은 사람들의 가상적 이익을 위해 우리를 차갑고 불편한 상태로 남겨두고 우리를 돕지 않을 것처럼 느낄지도 모른다. 우리는 해결책이 우리의 삶의 질이나 직업, 경제에 임박한 위협이 된다고 본다. 왜일까? 그것은 다시 말하지만, 우리 인간은 물건을 빼앗길까 봐 두려워할 경우 그 물건들을 더 가치 있게 여기는 경향이 있기 때문이다.

개인적으로는 공유지의 비극에서 설명하듯 우리는 행동할 동기를 인지하지 못한다. 내가 '인지'라고 말한 이유는 행동할 동기는 당연히 많이 있기 때문이다. 우리가 단지 그것을 보지 못하는 것이다. 「자연의 상실과 팬데믹의 부상」이라는 세계야생기금 WWF의 선지적 보고서가 있다. 이것은 2020년 3월 코로나바이러

---

20 사실 최근의 여론조사들은 미국인들의 정부 불신이 역사상 최고치를 경신하고 있으며, 많은 사람들이 정부보다 기업을 더 신뢰하는 것으로 나타났다. 하지만 기업은 분기별 수익에 대한 단기 관점을 갖고 있기 때문에 많은 기업들은 세계의 공유 자원을 관리할 좋은 장비를 갖추고 있지 않다고 볼 수 있다.

　　　　　　　　　　　　　4부 우리가 바로잡을 수 있다

스 팬데믹이 전 세계적으로 가속화할 때 발간되었다. 이것은 동물원성 감염증과 새로운 질병의 확산의 원인 중 하나로 서식지 생물 다양성 소실을 포함한 인류의 자연 남획을 지적한다. 일상의 대기, 물, 토양 오염이 전 세계 조기 사망자 6명 중 1명의 원인이라는 것을 아는 사람은 많지 않다. 재난이 닥칠 때 누가 침수된 빌딩 지붕에서 가족을 구조하고, 휩쓸려나간 다리를 재건하며, 농부들에게 작물 손실을 보상하고, 다른 재난 구호를 제공할까? 우리는 각자 세금과 보험료 인상뿐 아니라 허리케인이 물러간 뒤 시트록 석고보드를 사기 위한 비용, 가뭄에 소를 먹이기 위해 물을 트럭에 싣고 건초 더미를 구입하는 비용, 홍수 위험이 높은 지역의 평가절하된 부동산 비용을 지불한다. 그러나 우리는 환경에 대한 개인적 개발, 개인의 대기·물·토양 오염, 매년 바다에 쌓이는 수백만 톤의 플라스틱 쓰레기, 온실가스 배출에 대해 직접적 비용을 지불하지 않기 때문에 지구라는 공유 자원에 대한 우리의 영향을 줄여야 한다는 동기가 부족하다. 그렇다면 개념상 집단행동이 필요한 해결책에 대해 그렇게까지 적대적이고 이념적 반응을 보이는 것이 놀랍지 않은가? 우리가 위험을 명확하게, 가까이에서 볼 수 없다면 우리가 어떻게 행동을 취하겠는가?

사람들만의 문제가 아닌 이유

세계의 공유 자원을 관리하는 문제에 대해 이야기할 때마다 적어도 한 사람은 "음, 명백한 해결책이 있어요, 인구 조절"이라고 말하는 사람이 있다. 이 아이디어는 새로운 것이 아니다. 로이드가 말했듯 '번식'에 대한 강제 제한은 그와 하딘이 연구에서 끌어낸 객관적 결론 중의 하나였다. 그러나 베치 하트먼은 그녀의 고전 『번식 권리와 오류: 인구 조절의 국제 정치』에서 "높은 출산율은 종종 사람들이 위험에 처해 있다는 괴로운 신호다"라고 지적했다. 그녀는 높은 출산율에 책임이 있는 것은 가난과 가부장제이지 다른 것이 아니라고 주장한다. 여성의 지위가 향상될수록 출산율은 낮아진다.

그래서 출산율이 낮은 부유한 나라의 남성 이론가들이 삶의 안락의자에 기대어 그런 문제에 대해 의견을 내는 것은 고무적이지만, 인구증가율이 가장 높은 저소득 국가에서 여성의 삶의 현실은 매우 다르다. 그것은 여성에게 더 많은 선택권을 주는 이야기가 아니다. 통제를 강요하는 접근 방식은 글로벌 자원이 평등하지 않고 공정한 방식으로 사용되지 않는다는 사실을 무시하는 것이다. 하트먼의 말이다.

"부자들의 과소비는 가난한 사람들의 인구 증가보다 기후변화와 훨씬 더 관련이 있습니다. 출산율이 상대적으로 높은 나라들은 지구상에서 1인당 탄소 배출량이 가장 적은 국가들 중 하나입니다."

세계의 자원 사용과 분배의 불평등을 계량화하기 위해 스위스 지속가능성 전문가 매티스 웨커너겔과 캐나다 도시계획 연구가 윌

　　　　　　　　4부 우리가 바로잡을 수 있다

리엄 리스가 1998년 생태학적 발자국[21]이라는 측도를 개발했다. 이것으로 국가나 개인 모두 그 양을 계산할 수 있다. 생태학적 발자국은 '글로벌 헥타르(global hectares, 단위기호 gha)'로 측정된, 한 사람을 부양하는 데 필요한 자원을 정의한다. 이것들은 동등한 글로벌 생태적 역량의 단위이며, 대략 각 사람이 사용하는 모든 음식, 에너지, 기타 재료를 제공하는 데 필요한 평균적 토양의 양이다.

예컨대 캐나다와 미국 사람들의 평균 생태발자국은 약 8gha이다. 평균적인 호주 사람들은 7gha, 평균적인 영국 사람은 4gha이다. 나는 북미인치고는 꽤 검소한 편이지만, 글로벌 발자국 네트워크Global Footprint Network의 계산기에 따르면 5gha가 나왔다. 중국은 평균 3.7, 인도는 1.2, 파키스탄과 모잠비크 같은 나라 사람들은 1gha보다 적다. 세계의 모든 사람들이 평균적인 북미인처럼 산다면 우리는 그것을 지탱하기 위해 5개의 지구가 필요하다. 현 상태에서 우리는 이미 1인당 1.1gha이므로 적자 운영되고 있다고 말할 수 있으며, 자원을 대체할 수 있는 것보다 더 빨리 소모하고 있다. 이것이 바로 '지속 불가능한unsustainable'의 의미다.

탄소 배출량을 보면 그 모순은 더욱 극명하다. 평균적인 미국인은 해마다 16톤의 이산화탄소를 대기 중에 배출한다. 호주인들은 17톤, 캐나다인은 16톤을 배출한다. 이것은 세계 평균의 4배에 해당한다. 그것은 1년에 한 번씩 중형차를 몰고 지구 둘레

---

21 ecological footprint: 인간이 지구에서 살아가는 동안 필요한 의식주, 에너지, 시설 등의 생산과 폐기물 비용 등의 총량.

를 1.5바퀴 돌면서 배출되는 이산화탄소의 양이다. 영국에 사는 3명이 배출하는 양은 짐바브웨에서 24명, 예멘에서 40명이 배출하는 것과 같다. 세계적 구호단체 옥스팜에 따르면 전 세계의 가장 부유한 10%가 온실가스 배출의 50% 이상의 책임이 있다. 가장 부유한 1%의 사람들은 가장 가난한 50%의 사람들보다 두 배의 탄소를 배출한다. 그리고 이 분석은 개인에 초점을 맞추고 있지만 실제로 가장 큰 오염원은 거대 석유·가스 회사들이다. 이들은 사람들이 화석연료를 계속 연소하도록 장려하면서 이익을 확보한다. 그리고 세계에서 화석연료를 사용하는 단일 기관 중 가장 큰 곳은 어디일까? 바로 미군이다.

빵 없다 하니 케이크 먹으라는 발상[22]

앞 장에서 나는 1988년 이후 100대 기업이 온실가스 배출의 70%에 어떻게 책임이 있는지에 대해 이야기했다. 또 몇몇 기업이 탄소 없는 미래를 설계하기보다 과학을 의심하고 당혹스럽게 하는 것에 투자하기로 결정했다는 것도 언급했다. 따라서 이런 기업 중 하나가 책임을 전가하느라 생태발자국 개념을 인식하는 데 7년이 걸렸다는 이야기를 들어도 별로 놀랍지 않을 것이다.

---

22 LET THEM (STOP) EATING CAKE: 프랑스에서 농민에게 주식인 빵이 없다는 사실을 듣고 한 지체 높은 공주가 "그럼 케이크를 먹게 하세요"라고 말했다는 일화에서 온 말. 상황 파악이 제대로 돼 있지 않은 채 엉뚱한 대안을 제시하는 경우에 사용하는 말이다.

2005년에는 BPBritish Petroleum 광고 캠페인에서 생태발자국 가운데 개인의 탄소 부분이 추출돼 널리 알려졌다. 여기에는 다른 사람이 아니라 바로 당신의 탄소발자국을 측정하는 데 사용할 수 있는 도구가 포함돼 있었고, 그것은 매우 큰 호응을 얻었다. 이 개념은 매우 독특해서 나도 내가 믿는 것과 내 삶의 방식에 더 잘 연동하기 위해 그것을 사용해 직접 계산도 해보았다.

개인의 선택은 기껏해야 부자 나라에서도 40%를 제어할 수 있다. 만약 미국에서 기후변화에 경각심을 가진Alarmed 28%의 사람이 자신의 탄소발자국을 절반으로 줄일 의향이 있고 재정적으로 능력이 있다고 가정한다면 그것은 미국 탄소 배출량의 6%밖에 감소하지 않는 것을 의미한다. 기후변화에 대해 우려하는Concerned 사람들을 더하면 아마도 10%에 이를 수 있을 것이다. 따라서 BP의 캠페인이 극단적으로 냉혹한 것이라고만 볼 수는 없다. 즉, 대중에게 죄의식을 유발해서 세계에서 가장 부유한 기업들이 지구를 희생시키면서 수익을 계속 늘리는 동안 우리는 자신과 다른 사람들을 비난하기에 너무 바쁠 것이라고 볼 수는 없는 것이다.

고맙게도 관점들이 바뀌기 시작하고 있다. 몇 년 전 나는 예의 그 '묶음 여행'을 마치고 집으로 돌아오는 길에 런던 히드로 공항에서 비행기 탑승 수속을 하고 있었다. 나는 내 옆에서 탑승 수속을 하는 여자의 대화를 듣지 않을 수 없었다. 그녀는 자신이 BP에서 일하고 있는데 회의 때문에 런던에 머물렀다고 말했다. 그러자 공항 직원이 "BP가 뭐죠?"라고 물었다. 그 여행객은 "브리티시 페트롤륨British Petroleum의 약자입니다. 그런데 이제는 우리가 더 이상 석유 사업만 하는 건 아니기 때문에 이름을 바꾸었습니다"라고 말했다.

그리고 공항 보안 검색대 주변 벽은 BP의 광고로 채워져 있었다. 푸른 하늘 아래 햇볕이 내리쬐는 들판을 아이들이 뛰어다니는 이미지였는데, 태양광과 조류 기반의 에너지 시대를 알리기 위한 것이었다. BP는 2020년에는 2050년까지 탄소중립 목표를 발표한 첫 번째 석유·가스 메이저 회사가 되었다. 그들은 전체 비즈니스 모델을 바꾸겠다고 공개적으로 약속했다. 이것은 매우 중대한 변화다. 나는 그것이 실현되도록 내부와 외부에서 압력을 가해준 모든 사람에게 감사한다. 그러나 그들이 어떻게 탄소중립을 달성할지에 대해서는 아직 아무도 짐작하지 못하고 있다. 다만 다른 석유·가스 회사들은 지금도 소비자를 비난하고 수치스러워하는 전략을 계속 사용하고 있다.

예컨대 2019년 셸—가장 부유한 기업 3위이자 가장 많은 온실가스를 내뿜는 회사 6위—의 CEO는 런던에서 일단의 CEO들에게 제철이 아닐 때 딸기를 먹는 것과 너무 많은 옷을 사는 것은 문제라면서 이렇게 말했다.

"저는 세 명의 딸이 있는데, 다들 너무 패션에 민감하답니다. 그래서 저는 딸들에게 1년에 네 번 계절마다 새 옷을 갖는 것은 상당한 생태발자국을 만든다는 것을 지적합니다. 여러분들도 그것을 깨달았나요? 이게 다 기후변화에 관한 것이기 때문입니다."

4부 우리가 바로잡을 수 있다

패스트 패션[23]과 식품 산업에 종사하는 사람들이 자신들의 생태발자국, 탄소발자국을 자세히 들여다보고 있다. 그러나 딸기와 옷이라고? 8,000만 톤 이상의 탄소(이 정도의 양을 대기에서 제거하려면 2,000억 그루의 나무가 필요하다)를 배출하는 회사의 CEO가 기후변화를 해결하기 위해 딸기와 옷에 신경 써야 한다고 말했다. 셸이 2,000억 그루의 나무를 심는다고 그가 말했다 해도 그 회사의 온실가스 배출량을 상쇄하기 위해 우리는 세계에 버려진 농경지가 다섯 배 이상 필요하다.

기후변화와 자원 부족을 해결하는 것은 세계 공유 자원의 비유처럼 간단하지 않다. 마블 영화 '어벤저스: 인피니티 워'의 슈퍼 악당 타노스가 그랬던 것처럼 인구를 절반으로 줄인다 해도 남아 있는 사람들이 여전히 평균적인 미국인들처럼 산다면 우리의 수요에 맞추기 위해선 두 개 반의 지구가 필요할 것이다. 인류가 어떻게 해서든 현재 수준의 10%밖에 되지 않고, (하딘이 '구명정 윤리'에서 주장하듯) 그들이 세계에서 가장 부유한 10%이고 화석연료 산업이 현재의 궤도로 계속 유지된다면, 우리는 탄소 배출량을 절반도 줄이지 못할 것이다. '인구 억제'와 개인의 책임이 어떤 사람들에게는 매력적으로 보일 수 있지만, 이 계산은 맞지 않는다. 바로 우리가 살고 있는 이 시스템이 바뀌어야 한다.

~~~~~~~~~~

23 fast fashion: 최신 트렌드를 빠르게 반영해 제작하고 유통시키는 의류를 말한다. 유행이 지나면 얼마 지나지 않아 버려지는 경우가 많아 소각될 때 다량의 이산화탄소 등 유해물질을 발생시키는 한계를 안고 있다.

14장
기후 포틀럭²⁴ 파티

> "(지구를) 떠나는 것은 선택 사항이 아닙니다. 우리는 포기하지 않습니다.
> 이 행성은 우리가 가질 수 있는 유일한 집입니다."
> —메리 아네즈 헤겔라, 『우리가 구할 수 있는 모든 것』

> "저는 미국이 파리협정에 가입해선 안 된다고 생각합니다. 그것은 불공평
> 합니다."
> —한 미국인이 내게 중국에 대해 말하면서

　　2015년 파리 기후회의에서 나는 기후협정이 포틀럭 파티 같다
는 생각이 들었다. 파티에서 각 손님이 가져와 나누는 음식을 통
해 각각의 문화, 역사, 자원이 표현되듯 같은 방식으로 각국이 자
국의 가치, 목표, 자원, 기대를 가지고 기후 협상장에 왔다. 아무
도 완전한 만찬을 가져오지 않았지만, 일단 모든 음식을 모으면

---

24 Potluck: 각자 음식을 조금씩 마련해 함께 나눠 먹는 파티.

모두에게 충분한 양이 될 것이었다.

자라면서 나는 교회의 포틀럭 파티를 좋아했다. 토론토는 세계에서 가장 국제적 도시 중 하나이고, 우리의 모임에도 그것이 반영돼 다양한 출신의 신도들이 있었다. 잘 구워진 쇠고기와 구운 채소로 구성된 헤이호 집안의 평소 일요일 만찬 대신 이집트 바클라바, 강황과 스위트 크러스트를 곁들인 자메이카 쇠고기 패티, 통곡물 독일빵, 진짜 이탈리아 라자냐가 나왔다. 그리고 캐러비안 럼 케이크에는 알코올이 너무 많이 들어 있어 우리는 엄마가 보지 않을 때만 한입 훔쳐 먹어야 했다.

비슷한 방식으로 세계 각국은 2015년 자발적 국가 온실가스 감축목표[25]를 파리 기후회의에 가져왔다. 자국의 온실가스 감축목표를 확정하기 전에 각국은 얼마나 많은 조치를 취할 수 있을지, 어떤 유형의 조치에 동의할 수 있는지 결정하기 위해 배출량과 감축 옵션을 검토했다. 예컨대 인도는 모든 백열등을 LED로 바꾸고 재생에너지 성장을 가속화할 계획을 밝혔다. 유럽연합EU은 중공업에서 나오는 배출량의 상한선을 정했다. 부탄은 숲을 보호하기 위한 조치를 밝혔다. 더욱이 많은 부유한 나라들은 탄소 싱크[26]와 저장을 계산하는 것에 더해 기후변화로 고통받는 가

---

25 INDCs: Intended Nationally Determined Contributions. 2018년 NDC(국가온실가스 감축목표) 수정 로드맵이 마련됐다.
26 carbon sink: 탄소를 함유하는 유기화학물질을 무기한으로 축적하고 저장할 수 있는 천연 또는 인공 저장소를 말한다.

난한 나라에 얼마나 기여할 수 있는지를 추정하기도 했다.

그러나 2021년 현재 기후 포틀럭 파티에는 음식이 충분하지 않다. 어떤 손님은 식욕이 왕성한 반면, 어떤 손님은 거의 굶주리고 있고 제공할 음식이 거의 없다. 각국의 현재 약속만으로는 1.5℃, 심지어 2℃ 아래로 지구온난화를 제어하겠다는 감축안에 부합하지 않는다. 우리가 필요한 음식 가운데 일부만 식탁에 올려져 있다.

그렇다면 어떻게 하면 더 많은 음식을 얻을 수 있을까? 몇몇 나라들은 이미 충분한 음식을 가져오고 있는데 어떤 나라는 제 몫을 가져오지 못하고 있다. 환경단체 기후 액션 트래커Climate Action Tracker에 따르면 슬프게도 세계에서 가장 큰 탄소 배출국들이 국가적 규모에 맞는 것을 가져오지 않고 있다. 2021년까지 여기에 포함되는 나라는 미국, 러시아, 우크라이나, 사우디아라비아 등이다. 그러나 이들도 먹을 것을 기대하고 있는데, 그것은 기후행동을 누가 하든 우리 모두에게 이익이 되기 때문이다. 환경경제학 차원에서 이것은 '무임 승차'로 불린다. 이것은 마치 부유한 구두쇠가 명절 저녁 식사에 나타나서 남은 모든 음식과 선반에 남은 와인 절반을 가지고 떠나려는 것과 같다.

글로벌 포틀럭 파티를 위한 계획

이것은 세계 공유 자원에 대한 마지막이자 가장 심각한 비유일

것이다. 만약 '손님들' 중에서 많은 사람들이 음식을 가져오겠다는 약속을 이행하지 않는다면 그 식사는 빈약하고 세상은 배고픈 상태가 될 것이다. 만약 그것이 정말로 포틀럭 파티였다면, 당신은 사람들을 문 앞까지 배웅할 수 있었을 것이다. 하지만 우리가 같은 행성을 공유할 때 당신은 모든 나라들을 문 앞까지 배웅할 수는 없을 것이다. 그러면 글로벌 목표를 어떻게 강요할 수 있을까?

첫 번째 의존할 수 있는 것은 동료의 압박과 수치심을 활용하는 것이다. 유엔 기후변화협약 당사국총회COP의 가장 큰 행사들—2009년 코펜하겐, 2015년 파리, 2021년 글래스고 행사 등—은 각국의 약속과 능력을 공개적으로 강조할 수 있는 커다란 기회를 제공했다. 한 나라의 배출량 감축은 자국에서는 충분하고 상당한 규모인 것처럼 보이지만 유사한 경제국의 다른 노력들과 세계무대에 나란히 전시될 때 갑자기 작아지는 것처럼 보일 수 있다. 다른 국가들과 비교되면서 개선될 수 있는 것이다. 동료 집단으로부터 받는 사회적 압력과 수치심이 개인의 행동에 영향을 미치는 것처럼 국가도 다음 두 가지 조건을 충족할 경우에는 영향을 받을 수 있다. 첫째, 압박을 가하는 사람들의 의견이 압박을 받는 쪽에 중요한가? 둘째, 압박을 받는 쪽이 요청받는 것을 행할 수 있는 실행 가능한 방법들이 있는가? 이웃들이 12인분의 신선한 파이를 가져왔는데 냉동고 뒤에서 1인분의 작은 파이만 가져왔다고 공개적으로 비난받는 것을 즐길 사람은 거의 없다. 마찬가지로 국제 환경단체들이 모인 비정부기구 기후행동네트워크 Climate Action Network의 대규모 화석연료 소비 국가상(Clossal Fossil award, 오늘의 화석상)이 당사국총회 기간에 매일 선정되는데, 이것을 받고 기뻐할 국가도 없다. 그러나 불행하게도 가장 완강하게 기후행동에 저항하는 국가들의 경우 위의 두 질문에 여전히 "아니요"라고 답한다. 수치심은 이들 국가가 현재의 진로에서 벗어나도록 영향을 미치지 못하는 것이다.

다른 선택은 관세나 제재 같은 경제적 압박 메커니즘을 부여하는 것이다. 이는 한 국가가 파리협정의 목표를 준수하도록 경제적 인센티브를 제공할 수 있다. 그러나 이 또한 이것이 부과되는 국가에 경제적 역효과를 낼 위험도 있다. 다국적기업처럼 다른 조직들이 영향력을 행사하도록 하는 것이 도움이 될 수도 있다. 하지만 아마도 가장 효과적인 것은 이익을 가져다주는 것이다. 기후변화가 각국에 어떤 영향을 미치고, 기후행동이 어떻게 도움이 되는지를 인식해야 한다.

각국이 관심 갖도록 동기 부여하기

이 마지막 선택의 중요성 때문에 나와 동료들은 제대로 보상받지 못해도 그렇게 긴 시간을 투자했다. 우리는 개인적 연구에서 시간을 내어서 미국의 국가기후평가National Climate Assessments, IPCC의 종합보고서 같은 중요한 국가적, 국제적 연구에 나섰다.

이런 보고서들은 수천 개의 개별 과학 연구를 기반으로 작성된다. 저자들은 캘리포니아 팀이 오래전에 첫 연구를 위해 했듯이 기후변화가 각 지역과 섹터에 미치는 영향을 꼼꼼하게 분류하고 정량화했다. 오늘날 높은 배출량 목표와 낮은 배출량 목표 사이의 영향 차이를 분석해 보이는 것은 필요한 일이다. 2018년에 나온 IPCC 1.5℃ 보고서는 1.5℃와 2℃ 온난화 영향을 구별하면서 이를 더욱 자세히 분석해냈다.

제4차 미국 국가기후평가NCA에는 400명이 넘는 연방 및 학계 과학자들이 3년간 참여해 보고서를 작성했다. 2018년 말이 가까워졌는데 우리는 트럼프 행정부로부터 그것이 언제 발표될지, 그리고 심지어 발표될지 안 될지에 대해서도 전혀 듣지 못했다. 미국 추수감사절 전날 월요일, 나는 시댁에서 파이를 만들고 있었다. 부엌 조리대는 사과 껍질과 밀가루로 뒤덮여 있었고, 내 손도 밀가루 범벅이었다. 그때 전화기가 울렸다. 연방정부의 과학자 동료였다. "이번 주 금요일 보고서가 발표될 거예요. 마지막 교정 파일을 바로 보내세요."

나는 즉시 노트북이 있는 곳으로 갔다. 나는 밀가루가 묻은 손가락으로 pdf 파일을 열어서 내가 해야 할 일을 점검했고, 시간이 얼마나 걸릴지 파악했다. 파이를 냉동고로 다시 집어넣고 그 후 60시간 동안 낮밤을 가리지 않고 이메일과 전화를 주고받았다. 그리고 추수감사절 저녁을 먹으러 가는 길에 차 안에서 마지막 점검을 마쳤다. 그리고 버지니아 시골길을 운전하면서 스마트폰으로 최종 서류를 보냈다.

미국 추수감사절 다음의 블랙 프라이데이[27]는 뉴스와 관련해서는 보통 '죽은' 날로 여겨질 정도로 사람들이 뉴스를 많이 보지 않는 날이다. 그래서 나는 트럼프 행정부가 이날을 일부러 고른 게 아닌가 하는 의심을 했다. 그 의심은 백악관 대변인 라즈 샤가 보고서 1권에 대해 "기후는 변화해왔고, 지금도 변하고 있다"라고 말했을 때, 그리고 2권에 대해 린지 월터스 대변인이 "이 보고서 내용은 가장 극단적 시나리오에 근거한 것이고 장기간의 추세와 모순된다"라고 말했을 때 더욱 커졌다. 사실 자연적 주기에 따르면 지구는 이 시기에 온난화가 아니라 기온이 낮아져야 한다. 여러 시나리오에 대한 가능성을 분석하면서 내가 주도한 장에서 나는 "지난 15~20년 동안 관찰된 전 세계 탄소 배출량의 증가는 높은 배출량 시나리오와 일치했다"라고 결론지었다.

2,000쪽이 넘는 국가기후평가 보고서는 기후변화가 미국의 모든 부문에서 어떻게, 그리고 왜 중요한지를 철저히 기록하고 있다. 이것은 또 우리의 선택이 미래를 어떻게 결정할 것인지도 보여준다. 그러나 연방정부가 이를 듣지 않더라도 다른 사람들은 이것을 듣고 있었다. 트럼프가 파리협정에서 미국은 탈퇴하겠다고 발표하자(2021년 바이든은 대통령에 취임한 지 몇 시간 지나지 않아 이를 번복했다) '위 아 스틸 인(We Are Still In, 우리는 여전히 파리협정을

---

27 Black Friday: 미 추수감사절 연휴 이후 첫 금요일. 보통 1년 중 쇼핑센터가 가장 붐비는 날이다.

지지한다)' 운동이 생겼다. 지금은 '아메리카 이즈 올 인America Is All In'으로 이름이 바뀌었는데, 2,000여 개의 기업, 500여 개의 도시와 군, 25개 주정부, 12개 민족과 다른 많은 기관들이 여기에 동참했다. 이는 미국 인구의 65%에 이르며, 이들은 파리협정의 목표를 충족시킬 수 있도록 노력하겠다고 약속했다. 최근에 가입한 한 도시는 휴스턴인데, 이곳은 미국의 수많은 석유·가스 회사가 있는 곳이다. 2020년 4월 실베스터 터너 시장은 2050년까지 탄소중립에 도달하겠다는 휴스턴 기후행동 계획을 발표했다. 또 해수면 상승, 더 강한 폭풍, 극심한 더위와 폭우의 예상되는 변화 같은 것에 대한 회복력을 구축하기 위한 도시의 접근법을 제시했다. 이 부분은 내가 기여한 것이기도 하다.

국가가 탄소 배출을 제한하는 방법

일단 국가가 행동하는 것이 자국에 최선의 이익이 된다는 것을 알게 되면 세계 공유 자산을 관리하는 정책들이 훨씬 더 효과적으로 제정되고 시행되며 강제될 수 있다. 국가, 산업 분야, 지역마다 경제적으로 효율적인 두 가지 정책 메커니즘을 활용할 수 있다. 그것은 탄소배출권거래제(배출 총량 거래)와 탄소가격제다. 두 가지 모두 수많은 경제학자들이 수십 년 동안 연구해온 것이다. 세계 일부 국가와 지역에서 이들 제도가 시행되고 있다. 두 가지 모두 기후 해결책에 경제적 접근법이 가미돼 있다. 배출권거래제에서는 개별 회사가 일정 한도까지 탄소를 배출할 수 있는 권리를 할당받거나 사고팔 수 있다. 한도를 넘어가면 기업은 벌금을 내거나 아직 여분이 남아 있는 다른 기업으로부터 배출 권리를 살 수 있다. 만약 한 기업이 배출가스를 저렴하게 줄일 수 있다면 요구받는 것 이상의 일을 할 수도 있다. 그러면 회사는 남는 배출권을 필요한 다른 회사에 팔아서 재정적 이익을 얻을 수 있다. 이런 방식으로 배출량 감축이 일어난다. 이것은 요리를 잘하지 못하는 사람이 저녁 식사를 직접 만들기보다 다른 사람에게 돈을 지불하고 해결하는 것과 같다.

2005년 EU는 세계 최초로 배출권 거래 프로그램을 만들었다. 배출권거래제는 발전과 중공업 분야의 1만 100개 회사와 EU 역내 항공사들을 대상으로 하고 있다. 이들 기업들은 EU 온실가스 배출량의 45%를 차지한다. 부문별 배출량을 줄이기 위해 허용치(오염시킬 권리의 총합)는 해마다 줄어들고 있고, 기업들은 허용치를 초과하면 무거운 벌금을 물게 된다.

비록 시스템이 계획대로 작동하는 데는 시간이 좀 걸렸지만, 2020년까지 포함된 각 섹터의 배출량은 2005년에 21%로 낮아졌다. 그 이전에도 배출총량거래제는 1980년대와 1990년대 미국의 산성비를 일으켰던 석탄화력발전소의 이산화황 배출량을 줄이는 데 성공적으로 기여했다. 비슷한 접근법이 2009년부터 미국 북동부 지역, 2013년부터 캘리포니아 지역에서 탄소 배출을 줄이기 위해 사용되고 있다.

국가가 탄소 가격을 매기는 방법

배출권거래제는 배출권 거래를 통해 탄소 가격을 조절하게 해서 배출량 감축을 바로잡는다. 그런데 탄소 가격을 정해서 배출량을 조정할 수도 있다. 그래서 전 세계적으로 이 두 번째 메커니즘도 적용되고 있다. 이것은 포틀럭 파티에서 먹는 것만큼 지불하는 것에 해당한다. 만약 누군가가 자신의 몫보다 더 많은 음식을 갖고 왔다면 이들은 여분에 대한 보상을 받게 된다. 경제학자 케이트 레이워스가 『도넛 경제학』에서 설명하는 것처럼 전통 경제학자들은 경제나 '저녁 식사 자리'를 닫힌 시스템으로 간주한다. 이들은 화석연료를 포함해 에너지를 공급하는 외부 자원이나, 기후변화를 야기하는 오염원과 온실가스를 포함해 거기서 나오는 쓰레기에도 가치를 부여하지 않는다.

이런 시장 왜곡을 바로잡기 위해 한 세기 전 영국 경제학자 아서 피구는 경제학자들이 경제 시스템 외부에서 발생하는 비용이나 이익에 대해 말하는 '외부효과'에 세금을 매기는 개념을 도입했다. 탄소 과세는 화석연료 사용에 대한 모든 비용을 지불해야 한다는 전제에 기초하는데, 지금 우리는 그렇지 않다. 탄소 배출에 가격을 매기는 것은 청정에너지에 공정한 경쟁의 장을 제공하는 것이고, 보조금을 잠정적으로 상쇄하는 것이며, 대기 중에서 탄소를 제거하는 데 가치를 부여할 수 있는 것이다.

2018년 경제학자 빌 노드하우스는 비용·편익 분석을 적용해 탄소 배출에 대한 피구세[28]를 부과하는 데 필요한 숫자를 계산해 노벨 경제학상을 받았다. 이 수치는 탄소의 사회적 비용이며, 온실가스 배출로 발생하는 경제적 피해를 톤당 달러로 나타내기 위한 것이다. 오늘날 단순히 기존 규정 때문에 미국은 이미 톤당 17달러의 탄소 가격이 매겨져 효과적으로 운영되고 있다. 캐나다에서는 명시적 탄소 가격 제도가 있는데, 톤당 40캐나다 달러로 가격이 매겨졌으며 2022년 연간 15캐나다 달러만큼 높아졌다.[29] 전 세계적으로 평균 탄소 가격은 톤당 2달러에 불과하다. 우리가 파리협정의 목표를 달성하기 원한다면 이 숫자는 그에 턱없이 미치지 못하고 있다.

노드하우스의 모델은 톤당 약 40달러가 위험한 기후변화 수준을 막는 데 충분할 것으로 예상했지만 그것은 1992년 분석이다. 오늘날 그 수치는 매우 불충분하다. 작고한 경제학자 마티 바이츠만이 지적했듯이 이렇게 낮은 비용은 기후 리스크가 어떻게 경제를 후퇴시키고 후방에 타격을 가할 수 있는지를 설명하지 못한다. 그런 리스크를 고려했을 때 바이츠만과 공동 저자인 게르노 바그너가 『기후 충격』에 썼듯이, 톤당 100달러 미만의 탄소 가격을 얻을 수 있는 방법은 없고, 많은 분석들은 훨씬 더 높은 수치를

---

28 Pigouvian tax: 외부효과로 나타난 시장 실패를 바로잡기 위한 조세 및 보조금을 말한다. 영국의 경제학자 피구는 긍정적 외부효과의 경우 외부 편익만큼 보조금을, 부정적 외부효과의 경우 외부 비용만큼 조세를 부과해 시장 실패를 해결할 수 있다고 주장했다.
29 2024년 톤당 80캐나다 달러로 높아졌고, 2030년 톤당 170캐나다 달러로 높아질 것으로 예상된다.

4부 우리가 바로잡을 수 있다

제시한다. 게르노는 나에게 "노드하우스의 모델은 우리가 부자일 때 기후 피해가 더 심하다는 것을 은연중에 가정하고 있으며, 낮은 수준에서 시작해 시간이 지나면서 탄소 가격을 인상해야 한다고 주장합니다. 그런데 기후변화가 우리를 모든 단계에서 더 가난하게 만든다면 어떻게 될까요?"라고 말했다.

경제학자들은 탄소 가격을 처음에는 낮게 시작해서 탄소의 진정한 사회적 비용에 도달할 때까지 매년 높여가는 것을 권한다. 이것이 가격 신호를 보낸다. 그러면 음식값이 매우 저렴한 미국 패스트푸드 식당에서 값싼 버거에 1달러를 지불하거나 석유 1갤런에 3달러를 지불하는 대신 우리는 결국 실제 가격을 지불할 것이다. 즉, 쇠고기 패티를 만들기 위해 얼마나 많은 탄소가 대기 중에 배출되었는지, 또는 석유 1갤런이 연소될 때 얼마나 많은 탄소가 배출될 것인지가 고려된 실제 가격을 지불하게 될 것이다. 만약 그 쇠고기가 브라질에서 왔다면 그 가격은 방목하는 소에게 더 많은 공간을 만들어주기 위해 베어낸 아마존 열대우림까지 고려될 것이다. 만약 북미에서 왔다면 대부분의 소가 화석연료로 구동되는 장비를 사용해 재배하고 가공한 사료를 먹는 우리 농업 시스템을 반영한 가격이 될 것이다. 만약 우리가 돈을 더 아끼고 싶다면, 쇠고기를 덜 먹고 치킨과 채소를 더 많이 먹을 수도 있다. 마찬가지로 기름값이 비싸기 때문에 중고 전기차를 사용하는 것이 기름을 많이 소비하는 내연기관차를 모는 것보다 더 돈을 절약할 수 있을 것이다.

탄소 가격의 핵심 구성요소는 자금이 사용되는 방식이다. 윤리적 관점에서 보면 소득의 많은 부분을 식량과 가스에 쓰는 중·하위 계층을 안전하게 하고 에너지 청구서가 탄소 가격에 영향을 받지 않도록 하는 것이 필수적이다. 수입 중 일부는 환경 정의 문제를 해결하고 효율성 개선, 대중교통 및 기타 탄소 감축 전략에 투자하고 촉진하는 데 사용할 수 있다.

이런 정책이 효과가 있을까

국가 혹은 지방정부 수준에서 탄소 가격이 형성된 43개국과 탄소 가격이 형성돼 있지 않은 99개국의 이산화탄소 배출량을 종합적으로 비교·분석한 결과 탄소 가격 결정은 연간 평균 배출량 증가율을 약 2% 둔화시키는 것으로 나타났다. 탄소 비용이 1달러 증가할 때마다 국가의 배출량 증가 속도는 0.25% 줄어들었다.

캐나다의 브리티시컬럼비아주 정부는 2008년에 탄소가격제를 도입해 모든 수익금을 납세자에게 돌려주기로 결정했다. 그 결과 5년 만에 화석연료 소비는 17%나 줄어들었다. 대부분의 배출량 감소는 효율성 개선에서 왔는데, 일부는 청정에너지 증가로 나타난 것이었다. 개인 지방소득세율은 캐나다에서 최저로 떨어졌고, 법인세율은 북미에서 최저에 속했다. 그리고 브리티시컬럼비아 경제는 이 시기에 캐나다의 다른 주들을 약간 상회했다. 2007년부터 2019년까지 앨버타주가 대규모 배출기업이 만들어내는 탄소에 가격을 매겼다. 2017년에는 이 가격을 판매세 형태로 경제 전체로 확대했다. 전체의 60%를 차지하는 중·하위 가구가 증가한 생활비를 상쇄하기 위해 직접세 환급을 받았다. 2018년 그곳에 있을 때 나는 새로운 탄소세에 대해 알리기 위해 돌아다니는 일부 공무원들과 이야기를 나눴다. 유전에 경제적 기반을 둔 지역사회가 특히 적대적이었는데, 수익의 일부가 에너지 효율을 높이고 연료비를 절약하기 위해 집을 개조하는 데 사용될 것이라는 것을 알고 나서는 생각이 바뀌었다고 그들은 말했다. 그러자 열정적 관심이 하늘을 찔렀다. 사람들은 당근(지원금) 말고 채찍(탄소세)이 자신들에게 개인적 이익이 되는 것을 볼 수 있었다. 2019년 쥐스탱 트뤼도 총리가 캐나다 전역에서 탄소 가격을 책정할 때까지 브리티시컬럼비아, 앨버타, 온타리오, 퀘벡 등 4개 주에서 탄소 가격이 매겨졌고, 이들 주가 캐나다의 경제성장을 주도했다.

2020년 현재 세계은행에 따르면 46개국에서 64개 탄소 가격 책정 이니셔티브가 시행되고 있다. 관련 국가는 전 세계 온실가스 배출량의 22%를 차지한다. 미국에서는 놀랍게도 이 접근법에 대해 초당적 지지가 있다. 기후리더십위원회Climate Leadership Council 는 스스로를 "가장 비용 효율적이고 공평하며, 정치적으로 실행 가능한 기후 해결책으로 탄소 배당 체계를 촉진하기 위해 비즈니스 명사들, 여론 및 환경 지도자들과 협력해 설립된 국제 정책기관"이라고 주장한다. 창립회원 기관으로 엑손모빌, 셰브론, BP,

셸(오자가 아니다. 바로 그 화석연료 기업들이다)과 AT&T, 마이크로소프트, 샌탠더 등이 포함됐다. 미국의 경우 탄소 가격 계획은 160만 개의 일자리를 창출하는 동시에 파리협정의 1.5℃ 목표와 일치하도록 2035년까지 온실가스를 57% 줄일 계획이다. 대부분의 사람들이 이것이 매우 좋은 계획이라는 데 동의할 것이다.

그런데 문제가 있다. 모든 국가가 참여하지 않으면 화석연료 수요를 줄이고, 그 결과로 가격을 낮출 수 있는 제도화가 비규제 국가의 화석연료 소비를 늘리는 데 간접적으로 기여할 수가 있다. 독일 경제학자 한스베르너 신은 이것을 '그린 패러독스'라고 불렀다. 이는 부분적으로 기후 정책이 점점 더 많이 시행되는데도 불구하고 전 세계 탄소 배출량이 계속 증가하는 이유를 설명한다. 중국에서는 석탄 소비가 2000년대 초 급격하게 늘어났다가 건강에 미치는 영향 때문에 대체로 정체되었다. 그러나 중국의 석탄 생산은 지속적으로 늘어나고 있다. 중국은 국내에서 풍력, 태양광 그리고 심지어 핵융합과 같은 친환경 기술에 수조 원을 투자하면서도 파키스탄, 베트남 같은 다른 나라에서도 수백 개의 석탄 화력발전소를 건설하고 있어 그곳에 석탄을 판매할 수 있다. 그래서 우리의 포틀럭 파티는 정말 전 세계를 대상으로 진행돼야 한다. 그렇지 않으면 성공하지 못할 것이다.

15장
에너지 전환과 탄소중립

> "현명하게 관리되는 에너지는 우리에게 건강과 부를 제공한다. 현명하지 못하게 관리되면 우리를 병들게 하고 가난하게 한다."
> —마이클 웨버, 『파워 트립』

> "그들이 이번 주에 우리 집 풍력 터빈을 설치할 겁니다. 저는 이웃집 매티와 함께 접이식 의자와 점심을 가져가서 그들이 설치하는 것을 지켜볼 겁니다. 너무 신이 나요."
> —텍사스의 지주가 내 강연을 들은 뒤

에너지 빈곤은 현실이다. 2019년 세계 인구의 10%를 차지하는 7억 7,000만 명의 인구가 어떤 형태의 전기에도 접근하기가 어려웠다. 다른 26억 명은 야외에서 음식을 조리하거나, 친환경 연료로 조리하기가 어려웠다. 따라서 과학자들이 지구온난화의 75%가 화석연료 연소로 발생하고 있다며, 기후를 안정화시키는 유일한 방법은 탄소 순배출 제로에 도달하는 것이라고 경고할 때 사람들은 화석연료는 도덕적으로 필요한 필수품이라고 반응한다.

나는 북미 사람들이 이렇게 말하는 것을 자주 듣는다.

"우리는 이곳에서 에너지가 필요하기 때문에 화석연료가 필요해요. 그것은 가난한 국가가 우리처럼 발전하는 데 도움이 되고, 화석연료를 없애는 것은 고통을 더하는 일이에요. 그것을 줄이지 마세요."

글래디스는 탄자니아 도도마 지역의 긴 흙길 끝에 있는 지오사 지역에 살고 있다. 그곳의 여느 사람들처럼 그녀는 가족을 부양하기 위해 옥수수와 땅콩을 재배하는 생계형 농부다. 사하라 사막 이남 아프리카에서의 삶은 이미 도전적이다. 6억 명의 사람이 전기를 사용할 수 없고, 여성들이 종종 가정 경제의 대부분을 담당한다. 연료와 물을 모으고, 부유한 나라에서는 당연하게 여기는 노동 절약 수단도 없이 가사와 농사를 해야 한다. 글래디스는 여섯 아이를 가진 미망인이다. 남편을 잃고 그녀의 삶은 더욱 어려워졌다.

솔라 시스터(Solar Sister, 태양광 자매)는 농촌 여성들이 스스로 청정에너지 사업을 만들도록 지원하는 비영리 단체다. 2016년 이 단체가 글래디스를 찾아왔을 때 그녀는 즉시 여기에 가입했다. 그녀는 이전에는 태양광에 대해 들어본 적도 없다고 말했지만, 이제는 그 지역에서 태양광 조명을 여성들에게(일부는 남성들에게) 판매하고 있다. 태양광 손전등은 배터리로 구동할 필요가 없기 때문에 빠르게 수지가 맞는다. 이것은, 불꽃이 튀면 집 내부에 화재를 일으키거나 집 안의 공기를 오염시켜 호흡기 질환을 유발할 수 있는 등유 램프를 대체하고 있다. 글래디스는 이 사업으로 7명의 손주를 포함한 가족을 부양하고 있고, 그 지역 94명의 사업가 중 한 명이 되었다. 이들 사업가들은 여성에게 힘을 실어주는 사업 모델을 기반으로 탄자니아 전역에서 120만 명의 사람들에게 깨끗한 에너지를 제공하고 있다.

캐서린 윌킨슨은 '여성과 소녀에게 힘을 실어주고 지구온난화를 막는 법'이라는 테드TED 강연에서 이렇게 말했다.

"여성들은 세계의 주요 농부입니다. 그들은 저소득 국가에서 6에이커[30] 미만의 작은 땅에서 농사를 지어 식량의 60~80%를 생산합니다. 남성들과 비교하면 여성 소규모 자작농은 토지권, 신용과 자본, 훈련, 도구와 기술을 포함한 자원에 대한 접근성이 낮습니다. 이런 격차를 좁히면 그들 농장의 수확은 20~30% 증가합니다."

글래디스가 깨달았듯 청정에너지는 종종 훨씬 더 많은 기회의 창을 연다.

지구 반대편 캐나다 북부의 수많은 광물 자원은 캐나다 원주민인 퍼스트 네이션 사람들의 땅이나 그 근처에 있다. 그런 외딴 지역에서 디젤은 마을과 광산의 주요 연료다. 그러나 디젤은 비싸고 자칫 땅과 식수를 오염시킬 위험을 감수해야 한다. 위그와사티그에너지는 광업 회사인 오크레스트와 북부 온타리오에 있는

---

30 1에이커는 약 4,046㎡.

3개의 지역 오지브웨이 네이션과 협업하고 있다. 이들은 현재 전력망 밖의 이동식 풍력과 태양광 발전 장치를 구매하고 있으며 6,000가구 이상에 전력을 공급할 수 있는 40MW(메가와트)의 전기를 제공하기를 바라고 있다. 오지브웨이 네이션은 이 프로젝트의 지분 51%를 소유하고, 위그와사티그에너지는 49%를 소유하고 있다. 이 프로젝트를 통해 현지인들에게 광산에서 나오는 혜택과 지역 발전의 기회를 동시에 주고 있다.

화석연료가 아닌 에너지가 도덕적으로 필요한 이유

화석연료로 생산한 전기는 많은 지역에서 빈곤을 완화하고 경제성장을 촉진하는 중요한 역할을 했다. 그러나 청정에너지 기술이 발전하면서 환경과 건강을 해치지 않고 같은 목적을 달성할 수 있게 됐다. 전기는 도덕적 필수품이지만 화석연료는 그렇지 않다. 화석연료가 더 이상 미래가 될 수 없는 이유는 지금이 1820년대가 아니라 2020년대라는 단순한 사실이다. 서구와 북미, 호주 등지의 대부분이 석탄이 주요 연료였을 때 발전했다. 그러나 청정에너지가 얼마나 개선됐는지를 고려하면, 다른 모든 사람이 석탄을 사용해야 한다고 가정하는 것은 선심을 쓰는 것 같지만 사실은 식민주의적 사고다. 그것은 그런 나라 사람들에게 암시적으로 "당신은 현대의 자동차나 휴대전화를 사용할 준비가 돼 있지 않다. 당신네 나라의 개발 단계에서는 공용 전화나 포드 모델

T[31] 자동차를 사용하는 게 맞다. 50년 뒤에나 우리에게 확인하세요"라고 말하는 것과 같다.

더욱이 많은 부자 나라들이 앞으로 수십 년 동안 그들의 수요를 맞출 충분한 화석연료가 있지만 대부분의 개도국은 매장량이 풍부하지 않다. 에너지가 부족한 아프리카는 세계 석유 매장량의 7.5%, 가스 매장량의 7.1%, 석탄 매장량의 1.3%를 갖고 있다. 라틴아메리카의 석유 매장량은 전 세계의 19.5%에 불과하며, 그 대부분이 베네수엘라와 브라질에서 생산되고 있다. 그곳에서는 화석연료 산업과 관련된 부패가 만연하고 수익금이 도움이 필요한 사람에게 거의 전달되지 않고 있다. 북미, 유럽, 구소련, 중동의 부유한 국가들이 가장 많은 비중을 차지하고 있는데, 석유 매장량의 70%, 가스의 79%, 석탄의 56%를 이들 국가가 차지하고 있다. 그래서 가난한 국가들이 부유한 국가들과 똑같은 방식으로 발전하기를 기대하는 것은 도덕적이지 않다. 오히려 그 정반대다. 그것은 그들이 자립하고 에너지를 공급할 수 있도록 하는 게 아니라 연료를 팔고 싶어 하는 부유한 국가들에게 평생 빚을 지게 하는 것이다.

물론 어떤 나라도 에너지 선택에 대해 다른 나라의 허락을 받을 이유가 없다. 오늘날 많은 개도국들이 이미 휴대전화 기술이 그랬던 것처럼 구식 기술을 넘어 더 새롭고 깨끗한 형태의 에너

---

31 1924년 출시된 가솔린 자동차. 직렬 4기통으로 미국의 자동차 대중화를 이끌었다.

지로 도약할 수 있다. 지난 몇 년간 개도국은 일반적 전력 수요 증가, 태양광과 풍력 비용의 급락으로 화석연료로 구동되는 전기 발전보다 더 많은 청정에너지 설비를 설치했다. 2025년에는 전 세계적으로 태양광과 풍력 같은 재생에너지가 석탄보다 더 많은 전기를 생산할 것이다. 블룸버그에 따르면 저탄소 에너지원 5대 신흥 시장은 인도, 칠레, 브라질, 중국, 케냐다. 블룸버그 신에너지 파이낸스의 선임 연구원 다리오 트라움은 '완전한 반전'이라고 말했다.

"불과 몇 년 전만 해도 일부 저개발 국가들은 무탄소 발전을 하려면 비싸기 때문에 할 수 없고, 해서도 안 된다고 주장하는 사람들이 있었다. 그런데 오늘날 이들 국가는 설치, 투자, 정책 혁신, 그리고 비용 절감에 관한 한 선두주자가 되고 있다."

2019년 전 세계에 설치된 새로운 전기의 70% 이상이 청정에너지였다. 팬데믹 기간인 2020년 그 수치가 90% 이상으로 치솟았고, 그것이 사람들의 생활을 바꿨다. 아이들도 저녁에 공부할 수 있게 됐고, 여성들은 더 안전하게 돌아다닐 수 있게 되었다. 사람들의 휴대전화를 충전하거나, 펌프로 물을 공급하는 가내 공업이 부상하고 있다.

맞다. 우리는 에너지가 필요하다. 에너지는 다른 개발 목표들 중에서 빈곤, 깨끗한 물에 대한 접근의 부족, 그리고 충분한 식량을 해결하고 대처할 수 있는 중요한 방법들 중 하나다. 그러나 오늘날 수백 년 만에 처음으로 화석연료가 그것의 원천이 될 필요가 없어졌다. 노르웨이 심리학자이자 경제학자인 페르 에스펜 스토크네스는 "기후변화는 경제 발전의 한 기회이기도 합니다. 전체 에너지 시스템이 이전 세기의 낭비적인 방식에서 훨씬 더 똑똑한 행동 방식으로 재설계되어야 해요. 그것은 세계적 협력과 지식 공유를 개선하고 더 정의로운 사회를 만들 수 있는 좋은 기회입니다"라고 말했다.

청정 전력 만들기

전기 부문의 탈탄소화는 아직 그 결실이 미흡하다. 전 세계 탄소 배출량의 약 25%가 발생하는 부문이 전기다. 하지만 개도국뿐 아니라 선진국에서도 변화가 가장 빠르게 일어나고 있는 부문이다. 2020년 텍사스 전력망에서 23%는 풍력으로 발전이 이뤄져 처음으로 석탄 발전을 앞섰다. 도시 밖으로 운전해나갈 때마다 세찬 바람이 불어대는 서부 텍사스의 고평원지대에 새로운 풍력발전소가 긴 날개를 달고 점점 더 생겨나고 있다. 스코틀랜드 글래스고는 2021년 기후변화 국제회의를 개최했는데, 그 영향인지 2016년 54%였던 스코틀랜드의 청정에너지가 2017년 76%, 2020년 97%로 상승했다. 100% 혹은 그에 가까운 청정에너지 국가들로 아이슬란드, 노르웨이, 파라과이, 코스타리카, 우루과이 등이 있다.

풍력발전소가 미국 중심부를 가로질러 확산되고 남서쪽 국가들—멕시코, 인도, 모로코, 아랍에미리트연합 등—에서 새로운 태양광발전소가 설치되는 이유는 정부의 지원책 때문이 아니다. 태양광이나 풍력발전 설치 비용이 낮아짐에 따라 재생에너지 가격이 크게 떨어져 그것을 지원하는 보조금이 더 이상 필요하지 않기 때문이다. 재생에너지는 심지어 엄청난 보조금을 받는 화석연료보다 경쟁력이 높다. 2010년부터 2020년까지 새로운 풍력발전을 건설하는 가격이 50% 하락했고 멕시코, 페루, 인도, 아랍에미리트연합 같은 나라에서는 kWh(킬로와트시)당 3센트도 되지 않을 정도로 태양광 비용이 화석연료 비용보다 더 떨어졌다. 태양광과 풍력은 2010년 전 세계 전체 전력 용량 가운데 4%를 차지했으나 2019년에는 18%로 상승했다. 2조 6,000억 달러의 투자가 이루어졌다.

잠깐, 당신은 아마도 이걸 생각하고 있을지 모르겠다. 화석연료가 엄청난 보조금을 받는다고 말했는데? 틀림없다. 국제통화기금IMF에 따르면 화석연료 사용 시 세계 국내총생산GDP의 6.5%, 즉 초당 16만 5,000달러에 해당하는 금액의 보조를 받는다. 그중 거의 절반이 석탄이고, 그다음이 석유다. 천연가스에는 10%만 사용된다. 미국에서는 화석연료 보조금이 연간 6,000억 달러에 달하는 것으로 IMF가 추정했다. 이는 국방 예산보다 조금 더 많고, 미국이 매년 교육에 쓰는 비용의 10배, 청정에너지 보조금의 20배를 넘는 액수다.

이런 보조금은 어떤 형태를 취할까. 일부는 세금 감면, 직접 생산 보조금 및 시장 요금보다 훨씬 낮은 공공 토지 임대에서 나오는 돈이다. 다른 보조금은 사람과 토지에 대한 비용의 형태로 나오는데, 경제학자들은 이를 부정적 외부효과라고 부른다. 화석연료 추출 및 연소로 발생하지만 우리가 그 대가를 지불하는 대기 오염, 천식, 암, 토양 황폐화, 수질 오염 같은 것을 말한다. 일단 당신이 에너지 경쟁의 장이 얼마나 불공평한지 이해한다면 청정에너지의 경제적 실행 가능성은 훨씬 더 혁신적으로 들릴 것이다. 예컨대 한 연구에 따르면 2035년까지 미국 전체 전력망이 순비용 없이 90% 재생에너지로 전환될 수 있으며, 평균 전력 비용도 13% 감소할 수 있다고 한다. 이는 또 1조 2,000억 달러의 건강 및 환경 피해와 8만 5,000명의 조기 사망을 막을 수 있을 것이다. 세계 에너지 전환에 관한 국제재생에너지기구IRENA 2019년 보고서에 따르면 에너지 전환에 사용되는 1달러당 3~7달러 사이의 보상이 있을 것이라고 한다. 이 보고서는 또 재생에너지가 화석연료보다 적은 보조금을 요구하기 때문에 2050년까지 10조 달러를 절약할 수 있다고 보았다. 참고로 미군은 2001년 이후 '글로벌 테러와의 전쟁'에 5조 달러 이상을 지출한 것으로 추정된다.

제조업체들도 점점 더 재생 가능한 자원으로 현장에서 자체 전력을 생산하고 있다. 시카고 외곽에 있는 인기 브랜드 메소드 비누 공장은 현장의 풍력 터빈, 녹색 지붕, 그리고 태양광 '나무'라고 불리는 전지판을 갖추고 있다. 구글, 페이스북, 아마존, 마이크로소프트를 포함한 빅테크 기업들은 2019년 누구보다 많은 재생

에너지를 구입했으며, 100% 청정에너지를 달성한 곳도 있고, 달성을 약속하기도 했다.

전기화의 이점

탄소 배출 감축을 생각하면 우리는 곧바로 태양광발전소나 풍력 터빈을 떠올리게 된다. 그러나 잠재력을 최대한 발휘하기 위해 청정 전력 부문은 다른 두 가지 전략, 즉 좋은 효율과 최신 기술이 함께 가야 한다. 가장 싼 형태의 에너지는 아낀 에너지이기 때문에 구식이라도 좋은 효율이 필요하고, 화석연료로 구동되는 승용차와 트럭, 가정 난방과 산업 공정을 전동화하는 최첨단 기술이 필요하기 때문이다.

효율성은 에너지 절약형 전구나 에너지 효율 높은 가전제품, 컴퓨터 전원 끄기에 관한 것만은 아니다. 그런 것도 중요하지만 선택 사항은 20년 전보다 훨씬 더 매력적이다. 그때는 아버지가 효율성 문제를 제기해 우리 집 일반 전구를 모두 구식 소형 형광등으로 바꿨다. 단 2분 만에 모두 새로운 불을 밝혔고, 방에 있는 모든 사람의 얼굴빛이 회색으로 바뀌었다.

요즘은 LED 조명이 모든 형태와 색깔로 나와 있고, 가격이 매우 낮으며 백열등보다 LED를 사용하는 게 더 저렴하다. 하지만 우리가 대규모 효율성에 대해 이야기할 때는 더 효율적인 자동차와 운반체들, 건물 개조, 스마트 홈 기술, 산업 효율성, 화물 운송과 항공사의 컴퓨터화된 최적화, 그리고 전체 전력망의 효율성 같은 것들을 말할 수 있다.

전 세계적으로 독일과 이탈리아는 매년 열리는 국제 에너지 효율 스코어카드IEES에서 1위를 차지한다. 캐나다와 미국은 공동 10위를 차지했다. 하지만 좋은 소식은 산업, 운송, 그리고 건물 부문에 걸친 에너지 효율 개선이 실제로 2050년까지 미국의 탄소 배출량을 절반으로 줄일 수 있다는 것이다. 그리고 낭비되는 에너지는 손실이므로 효율성 개선은 흑자 전환 시간이 짧다.

더 좋은 소식은 사회 시스템의 전기화를 추가할 때 찾아온다. 물리학자 사울 그리피스의 계획을 보자. 그것은 '미국의 배선 바꾸기'라고 불리는데, 가능한 한 빨리 전기 생산을 세 배로 늘리고, 할 수 있는 모든 것을 전기화할 것을 요구하는 계획이다. 여기에는 난방, 산업, 그리고 무엇보다 교통을 포함하고 있다.

교통수단 배출 가스의 40%는 승용차와 스포츠 유틸리티 자동차SUV에서 나온다. 그런데 전기차 가격이 떨어지고 더욱더 많은 회사가 이를 이용하면서 이런 흐름이 바뀌고 있다. 볼보자동차는 최근 2040년까지 탄소중립 회사가 되겠다는 목표를 밝혔고, 전기차와 하이브리드 자동차 출시를 계획하고 있다. 2020년 슈퍼볼 광고에서 농구 스타 르브론 제임스가 나와 악명 높게 연료 소비가 많은 대형차 허머가 2021년에 1,000마력의 전기 픽업 트럭으로 거듭날 것이라고 선언했다. 2021년 GM은 2035년까지 배출 가스 제로 차량만 판매하겠다고 밝혔다.

2020년 현재 20개국—부국인 노르웨이, 스웨덴에서부터 저소득 국가인 인도와 스리랑카에 이르기까지—이 미래의 특정한 시점에 신규 가솔린과 디젤차의 판매를 금지하겠다고 발표했다. 그 시점은 다양한데 노르웨이의 경우 2025년부터, 코스타리카의 경우 2050년부터다. 중국도 아직 날짜는 정해지지 않았지만 그렇게 할 계획이라고 밝혔다. 세계 다섯 번째 큰 경제체인 캘리포니아는 2035년까지 신규 화석연료 자동차의 판매를 금지할 계획이다. 좀 먼 일 같기도 하지만 나는 이곳 텍사스 러벅에서 첫 번째 전기 시내버스를 2020년에 보았다. 미국에서 두 번째로 보수적 도시인 이곳에서 그것을 갖고 있으니 세상이 정말 변하고 있음이 틀림없다.

전기화가 무엇을 성취할 수 있을까? 사울에 따르면 전기화는 미국이 파리협정 목표를 달성하도록 보장하는 데 큰 부분을 차지하며 또 2,500만 개의 새 일자리를 창출할 것이라고 한다. 그는 "그렇다면 우리의 삶은 바뀔까요?"라며 강조하듯 물었다. "놀라운 대답인데, 많이 바뀌지 않을 겁니다. 하지만 변화할 것들은 더 나은 삶을 위한 것들입니다. 깨끗한 공기, 깨끗한 물, 더 나은 건강, 더 저렴한 에너지, 그리고 더 강력한 전력망을 갖게 될 겁니다."

더 높은 단계의 에너지 시스템에 도달하기

전기 생산은 쉬운 일이지만 다른 탄소 배출원들은 어떤가? 산업 부문은 전 세계 온실가스의 21%를 배출한다. 이는 건설, 제조, 광업에서 나오고, 시멘트와 같은 원자재를 만들 때 화학반응으로 나온다. 유리, 철강, 콘크리트와 같은 중공업 산업은 초고온이 필요해서 재생에너지원으로는 도달할 수 없었다. 그러나 2019년 헬리오겐이라는 스타트업이 집약된 태양열 발전—태양열 오븐과 같은—을 이용해 1,000°C에서 1,500°C 사이의 열을 발생시키는 방법을 개발했다. 카본큐어라고 불리는 캐나다 회사는 시멘트가 굳어질 때 이산화탄소를 주입하는 방법으로 콘크리트를 탄소 배출원이 아니라 탄소 흡수원으로 만드는 방법을 상용화하고 있다. 이런 기술들은 중공업을 포함한 많은 분야에서 새로운 발전 가능성을 보여주고 있다.

청정에너지로의 전력망 전환을 위해서는 햇빛이 비치지 않거나 바람이 불지 않을 때 전력의 안정적 공급을 보장하는 것이 매우 중요하다. 저탄소 부하 전력은 지열, 원자력, 또는 풍력과 태양에 의해 생성된 에너지를 저장하는 배터리나 다른 방법을 사용해서 얻을 수 있다. 이런 솔루션은 완벽한 것은 아니다. 화석연료로 발전하는 것보다는 매우 적긴 하지만 지열도 일부 이산화탄소를 배출한다. 예컨대 아이슬란드는 매년 지열 발전에서 16만 톤의 이산화탄소가 나온다. 반면 미국은 매년 화석연료 발전을 통해

20억 톤의 이산화탄소를 배출한다. 풍력 터빈, 태양광 전지판, 배터리와 원자력에 필요한 재료 및 희토류 금속의 채굴, 추출, 처리에도 탄소발자국이 생긴다. 물론 화석연료에 비해서는 훨씬 낮은 것은 당연하다. 원자력은 재래식 발전소를 건설하는 데 드는 천문학적 비용[32]부터 연료를 추출하고 독성 폐기물을 처리하는 윤리적 문제, 물류 문제까지 도전적 과제를 안고 있다. 핵 참사에 대한 오래된 기억과 핵무기 확산에 대한 우려는 원자력의 복잡성을 가중시키고 있다. 하지만 예기치 않은 곳에서 고무적 진전이 이뤄지고 있다.

첫째, 리튬 이온 배터리의 가격이 2010년부터 2019년까지 86% 하락했고, 이 하락세는 지속될 전망이다. 2019년 9월, 로스앤젤레스시는 1kWh당 3.3센트로 전기를 공급하는 태양광과 배터리 저장장치를 포함하는 기록적인 계약을 승인했고, 배터리 비용은 계속 하락하고 있다. 희토류 금속 채굴과 관련해 과거 디젤 발전기로 운영되던 호주 부시의 드그루사 구리·금 광산은 세계에서 가장 큰 오프 그리드 태양광발전소 중 하나로부터 전력을 공급받아 매년 1,200만 톤의 탄소 배출을 절약하고 있다. 테슬라가 배터리를 재활용하는 것처럼 태양광 전지판과 풍력 터빈의 날개도 수명을 다하면 재활용하는 것이 자원 추출 비용과 배출량을

---

32 비용은 미국이 30년 동안 새로운 재래식 원전을 짓지 못한 주요 원인이다. 사우스캐롤라이나에서 다년간 시도했던 프로젝트는 '땅에 구멍을 파서 다시 메우는 데 90억 달러'라는 신문 헤드라인의 표현처럼 많은 돈을 쓴 뒤 2019년 결국 무산됐다.

　　　　　　　　　　　4부 우리가 바로잡을 수 있다

최소화하는 데 필수적이다. 그리고 기술적인 면도 있다. 분산형 및 스마트 전력망은 효율성을 높이고 저장 필요성을 최소화하는 방식으로 전기를 이용하는 데 도움을 줄 수 있다. 그리고 전기가 풍부할 때 초과분은 수력발전소에 물을 공급하는 데 사용하고, 수력 발전이 필요할 때 물을 흘려내리는 방식도 가능할 것이다.

대체에너지 측면에서 아이슬란드는 이미 지열 에너지를 완전히 활용하고 있고, 다른 나라들도 여기에 동참하고 있다. 몇 년 전 내가 인디애나주의 볼스테이트대학을 방문했을 때 모두가 그들의 새 지열 에너지 시스템에 대해서 말해주기를 바랐다. 이 시스템은 미국 내 최대 규모의 지열 폐쇄회로 시스템으로 3,600개가 넘는 시추공이 낡은 석탄 보일러 4기를 대체했다. 알래스카 주노의 탄소 배출량 대부분은 이곳 경제를 살려주는 수백만 명의 유람선 관광객이 만드는 것이다. 그래서 주민들이 탄소 상쇄 프로그램을 고안했다. 방문객들은 지역 난방유를 사용하는 대신 탄소를 배출하지 않는 열펌프로 대체해서, 여행하는 동안 배출하는 탄소를 상쇄하도록 돈을 지불한다.

모듈식 마이크로 원자로는 트럭으로 운반해 원전을 만들 수 있는 소형 원자로인데, 핵분열의 가격을 상당히 낮추고 유연성과 안전성을 높일 수 있는 잠재력을 갖고 있다. 미국 에너지부는 현재 아이다호 국립 연구소의 모듈식 원자력발전소 건설에 투자하고 있으며, 유타시 전력 시스템에 통합되어 단계적으로 폐쇄될 화석연료 발전을 대체하게 된다. 미 에너지부는 또한 빌 게이츠와 GE 히타치가 협력하고 있는, 핵폐기물 감축 고속로 기술인 테라파워에도 투자하고 있다. 영국에선 롤스로이스가 향후 10년 내 15기의 소형 원자로를 건설할 계획이다.

태양의 열 발생 과정을 모방하고 핵폐기물을 만들지 않는 핵융합 연구가 진행 중인데, 35개국이 공동으로 프랑스에 짓고 있는 국제원자핵융합실험로ITER가 그것이다. 중국은 2020년 12월 자체적으로 새 실험용 핵융합로를 가동했다. 그러나 안전하고 저렴하며 폐기물이 없고 광범위한 핵융합은 미래에나 가능할 것이다. 금세기에는 대규모 가동은 불가능할 것이다. 최근의 기술 발전에도 불구하고 핵분열은 열광적 지지자들이 말하듯 모든 것을 아우르는 해독제가 아님이 분명하다.

미래에 대한 기대감

이 세계가 순 배출이 영零(제로)인 전기의 세계로 나아가는 것이 정말 가능할까? 쉽지는 않겠지만, 강조해서 말한다면 분명히 "그렇다"이다. 많은 기술이 이미 거기에 도달하고 있다. 현재 부족한 것은 의지와 투자다. 기업들과 새로운 시장은 똑같이 새로운 녹색 경제에서 기회를 찾고 있다. 이제 우리는 수 세기 동안 우리에게 봉사해온 에너지 확보 방법에서 벗어나 감사하는 마음으로 움직여야 할 차례다.

크리스마스 때 행운을 비는 방담을 한 뒤였다. 사다리처럼 다리가 가늘고, 등이 곧으며, 흰 머리를 한 여성이 "저는 3대째 지주인데, 이번 주에 풍력발전기를 설치할 겁니다. 저와 제 이웃 마티는 접이식 의자를 꺼내서 점심을 먹으며 그것을 지켜볼 거예요. 너무 신나요"라고 말했다. 나도 거기에 동조했다. "우리 모두 신나는 일이에요. 왜냐하면 그건 단지 화석연료의 피해를 줄이는 것이 아니라 더 나은 미래의 희망에 관한 것이기 때문입니다."

16장
다양한 기후 솔루션

"나무를 심을 때 우리는 평화의 씨앗과 희망의 씨앗도 심는 것입니다. 또 우리는 아이들의 미래를 안전하게 합니다."
―그린벨트 운동 창시자이자 노벨 평화상 수상자 왕가리 마타이

"농부와 시골 미국인들이 바로 이 문제를 해결할 사람들입니다."
―아이오와주 농부 맷 러셀이 내게 한 말

"저는 기후과학을 떠날 겁니다"라고 크리스 앤더슨이 전화로 말했다. 크리스와 나는 여러 프로젝트를 같이했고, 최근에는 변화하는 기후에 대비하기 위해 미국 연방 고속도로국을 위한 일련의 지침을 같이 만들었다. 우리는 둘 다 현실 세계에서 사람들이 의사 결정을 내리는 데 필요한 정보를 제공하는 실용적인 작업에 관심이 있다. 나는 그가 왜 그러는지 이해하기 어렵다는 듯 "떠난다고요?"라고 물었다. 그와 같은 성공적이고 똑똑한 사람이 왜

이렇게 위중한 시기에 기후과학을 포기하겠다는 것인지 이해하기 어려웠기 때문이다.

"뭘 하려고요?"

"새 바이오 연료회사에서 일하려고요."

바이오 연료라…. 물론 나도 들어본 적 있는 분야다. 조지 W. 부시 행정부에서 추진한 건데 옥수수에서 에탄올을 뽑아내기 위해 옥수수 경작 농부들에게 돈을 지급했다. 옥수수를 재배하고 연료로 전환하는 데 사용된 화석연료는 옥수수 재배로 발생한 탄소 배출 감축량을 초과했고, 그 프로그램이 성공적이었던 이유는 연방정부로부터 많은 보조금이 나왔기 때문이었다. 더욱이 식량을 연료로 바꾼다고? 아이들도 이게 뭔가 문제가 있다고 본다! 에너지 전문가 마이클 웨버는 『파워 트립』이라는 책에서 어느 날 밤 어떻게 옥수수 에탄올에 관한 다큐멘터리를 보고 있었는지에 대해 이야기한다. 그는 여덟 살짜리 딸이 그 다큐에 집중하고 있다고는 생각지 못했다. 하지만 다큐멘터리가 끝날 때쯤 그 아이는 벌떡 일어나 종이에다 "우리는 옥수수를 먹기 때문에 기름을 만들기 위해 옥수수를 사용해서는 안 됩니다"라는 글을 썼다. 그 글의 제목은 '우리가 옥수수를 사용할 수 없는 이유!'였다. 그래서 나는 크리스에게 "그건 우리가 할 일이 아니에요"라고 말했던 것이다. 그러자 그는 나를 안심시켰다.

"저는 이것이 기후변화에 정말로 영향을 미칠 수 있다고 생각해요. 다음에 아이오와에 오면 내가 보여줄게요."

그래서 나는 아이오와주에 가게 됐다. 재생에너지그룹REG 본사는 아이오와 에임스에 있는 비즈니스 파크 끝에 있었다. 그 회사는 전문적이고 잘 조직돼 있었으며, 엔지니어와 과학자들의 영향을 받은 것처럼 보였다. 벽의 여러 곳에 인포그래픽과 도표가 그려져 있었다. 음식점과 기타 식품 생산업체의 농업 폐기물과 사용된 식용유를 가져와서 탄소중립의 바이오 기반 디젤 연료로 변환했다. 그 연료는 엔진을 개조하지 않고 버스와 트럭에 사용할 수 있었다. 새로운 제품과 REG를 위해 특별히 재배된 농작물은 이 연료에 사용되지 않는다. 연료는 사용하지 않으면 버려질 폐기물들로 만든다.

REG의 엔지니어들은 장기적으로 많은 사람들이 전기버스와 트럭으로 전환할 것임을 알고 있다. 그러나 현재로선 전기차를 지원할 충분한 기반시설이 부족하다. 이 해결책이 현실이 되려면 더 많은 투자가 필요하다. 오늘날 대부분의 버스와 장거리 차량들은 내연기관차다. 석유를 정제한 디젤을 사용하는 것과 비교하면 REG의 바이오매스 기반 디젤 연료는 제품 생산 전체 주기에서 86%까지 온실가스 배출량을 줄일 수 있다. 이것은 도시나 트럭 회사가 전기차로 차량을 대체할 준비가 될 때까지 좋은 선택 사항이 되는 것이다.

"[전기차로 대체하면서] 당신이 실직하면 어떻게 되나요?"라고 내가 묻자 그는 "그러면 항공 연료로 넘어갈 수 있어요. 세상은 또한 훨씬 더 깨끗한 곳이 될 겁니다"라고 한 엔지니어가 답했다.

다루기 어려운 에너지 문제 해결하기

해운이나 항공과 같이 에너지 사용자들이 액체연료를 가지고 다녀야 하는 산업 부문은 무탄소 에너지와 관련해서는 가장 다루기 어려운 영역이다. 오늘날 해운 산업은 기후변화를 야기한 인간의 영향 가운데 2~3%를 차지한다. 항공 부문도 약 3%를 차지하고 있다. 이 두 산업 부문이 합쳐진 하나의 국가라면 인도와 러시아 사이의 세계 4위 탄소 배출 국가가 될 것이다.

국제해사기구는 2050년까지 해운 부문에서 최소한 50%의 탄소 배출량을 줄이겠다고 약속했다. 단거리를 오가는 연락선 같은 배들은 전기를 동력으로 사용하도록 할 수 있다. 노르웨이가 유네스코 세계문화유산인 피오르 지역에서 전기를 사용하지 않는 모든 크루즈선과 페리 운항을 금지한 뒤 크루즈 회사들이 즉시 전기선박을 만들기 시작했으며, 2019년 그 첫 번째 선박이 출항했다. 다른 두 스타트업은 돛대와 큰 직사각형 돛으로 기존 화물선을 빠르게 개조할 수 있는 돛 시스템을 설계해 '과거를 미래로' 가져오려 하고 있다. 두 스타트업은 모두 연료 사용을 최대 20% 줄일 것으로 예상된다. 일본에 본사를 둔 '윈드 챌린저 프로젝트'와 영국에 본사를 둔 '스마트 그린 해운 얼라이언스'는 모두 2021년까지 시범 선박을 준비했고, 전적으로 풍력으로 움직이는 선박 설계에도 나섰다.

항공의 경우 기후에 미치는 온난화 효과의 3분의 1만이 제트기

연료 연소에서 발생한다. 나머지는 수증기가 배기가스의 미립자 주변에서 응축되기 때문에 주로 응축 흔적이나 비행운에서 나온다. 항공 탄소 배출량의 3분의 1은 단거리 비행에서 발생하며, 이것들은 전기화할 수 있는 상당한 잠재력이 있다. 이스라엘 회사인 에비에이션은 2021년 650마일을 날 수 있는 9인승 전기비행기를 제작했다. 뉴잉글랜드에서 서비스를 제공하는 케이프에어라인은 이미 많은 전기비행기를 주문했다. 유럽의 인기 저가항공사인 이지젯은 라이트 일렉트릭으로 알려진 스타트업과 협력해 다음 10년 내에 출시할 전기 단거리 비행기를 개발하고 있다.

전기화는 장거리 비행에는 적합하지 않은 상황이다. 그것은 단지 무게 때문인데, kg당 제트 연료는 현재의 배터리 기술로 만들 수 있는 에너지보다 약 50배 더 많은 에너지를 포함하고 있다. 예컨대 에어버스 A380은 2019년 생산이 중단될 때까지 세계에서 가장 큰 여객기였다. 항공공학자 턴컨 워커는 화석연료를 장착한 A380은 1만 5,000km를 운항할 수 있지만 배터리를 장착할 경우 1,000km로 줄어든다고 계산했다. 그 대신 국제 항공사들은 유엔의 국제 항공 탄소 상쇄 및 감축 계획에 따라 효율성 향상을 통해 2020년 이후 탄소중립 목표를 달성하기 위해 노력하고 있다. 암모니아, 수소 및 바이오 연료를 포함해 연소할 경우 새로운 탄소를 생성하지 않는 '녹색 분자'로 만들어진 대안 연료를 만들고 있고, 다른 곳에서 탄소 배출을 줄이거나 탄소를 제거하기 위해 비용을 지불하는 상쇄 프로그램을 활용하고 있다.

압력을 가해 저장해야 하는 암모니아나 수소 연료와 달리 바이오 연료는 화석연료로 대체될 수 있으며, 새 엔진이나 개조가 필요하지 않다. 그러나 바이오 연료를 만드는 데 사용되는 것들이 문제다. 옥수수 기반 에탄올과 달리 최근에는 대기 중의 탄소를 제거하고 추가적으로 탄소를 발생시키지 않는 것으로 합성할 수도 있다. 바이오 연료 후보 물질은 조류, 농업 폐기물, 식용유가 포함되며 쓰레기, 분뇨, 깎은 잔디 등도 연료로 전환될 수 있다.

2019년 영국 유니버시티칼리지런던UCL의 화학 엔지니어팀이 브리티시에어라인의 지속 가능 운항 연료 아카데믹 챌린지에서 수상한 것이 이색적이다. 이들은 가정 쓰레기를 탄소 배출 없이 5시간의 장거리 비행을 할 수 있는 제트 연료로 바꾸는 계획을 갖고 있었다. 즉, 이 시점에서 보면 바이오 연료는 기술보다는 공급, 물류 및 비용의 문제이며, 탄소 가격에 의해 전환이 가속화되는 또 다른 분야이다.

코로나19 사태 이후 환경 친화적 회복이 이런 계획들에 더욱 박차를 가하고 있다. 프랑스와 네덜란드는 에어프랑스와 KLM에 정부의 구제금융을 받으려면 2030년까지 2005년 대비 승객당 탄소 배출량을 절반으로 줄이라고 요구했다. 유나이티드에어라인은 2016년 이래 농업 폐기물로 만든 바이오 연료를 로스앤젤레스에서 출발하는 비행기에 공급하고 있다. 노르웨이의 베르겐과 오슬로, 네덜란드의 암스테르담, 호주의 브리즈번, 스웨덴의 스톡홀름 등 5개 공항에서 바이오 연료 주입 옵션을 제공하고 있다.

어떤 섹터는 탈탄소화에 다른 부문보다 더 오랜 시간이 걸릴 수 있지만 변화는 일어나고 있다. 2019년 팀 클라크 에어에미리트항공 회장은 "우리는 [항공 산업에서] 수십억 톤의 탄소를 공중에 버리고 이익을 챙기는 것도 아니다. 그것은 처리돼야 한다"고 말했다. 유일한 질문은 위험한 기후변화를 피할 수 있을 만큼 충분히 빨리 변화가 일어나는지 여부다. 아직까지는 아니다. 그래서 우리는 이미 전 세계에서 일어나고 있는 전환을 가속화하기 위해 기후 정책이 필요하다.

미래 경작하기

"농부와 시골 미국인들, 그들이 이 문제를 해결할 것입니다"라고 맷 러셀이 말했다. 그는 아이오와주의 농부다. 그의 농장 코요테 런은 크리스의 에임스 직장에서 남쪽으로 1시간 거리에 있다. 맷은 산업 수준의 대규모 생산이 시골 전역으로 확장되면서 소규모 토지 소유주들이 직면한 압박을 직접 경험했다. 그는 기후 해결책이 그와 동료 농부들이 농업을 계속할 수 있는 답을 제공한다고 생각한다. 아이오와에서 산다는 이유로 맷은 독특한 영향력을 갖고 있다. 선거 때마다 주요 전당대회(프라이머리 코커스)를 처음 개최하는 곳이 아이오와주다. 전당대회에서 공화당과 민주당 등록 당원들은 자신들의 정당을 이끌 대통령 후보에게 투표를 한다. 미국의 모든 주요 뉴스 매체들(그리고 많은 국제 뉴스 매체들도)

4부 우리가 바로잡을 수 있다

이 아이오와주에 가고, 후보들은 종종 전당대회 몇 주 전부터 이곳을 오르내리며 몇 주를 보낸다. 그래서 맷은 아이오와주를 방문하는 모든 정치인들에게 자신의 탄소 메시지를 공유한다. 그 결과 과거에 민주당이건 공화당이건 거의 모든 전당대회 후보는 농부들이 기후 포틀럭 파티에 가져올 수 있는 것과 그것이 미국 중부지역에 어떤 도움이 될 것인지에 대해 귀를 기울였다.

산림, 토지 이용, 농업은 기후 해결책을 찾을 수 있는 명백한 영역은 아닌 것으로 보일 수 있지만, 이곳에서도 온실가스 배출량이 엄청나다. 정확히는 전 세계 배출량의 24%를 차지한다. 배출량의 가장 큰 부분을 차지하는 것은 가축 사육과 산림 전용이다. 소, 양, 염소 같은 반추동물들은 많은 양의 메탄을 내뿜는다. 앞서 언급했듯이 메탄은 이산화탄소보다 열 흡수력이 35배나 강력하다. 육류와 동물성 제품에 대한 세계의 수요가 증가하면서 우리는 방목을 위한 공간을 만들기 위해 원시림을 더 많이 베어내고 태우는 것을 목격하고 있으며, 그 때문에 훨씬 더 많은 탄소가 배출되고 있다.

탄소 가격은 재생에너지, 고온의 열이 필요한 산업 공정, 항공 및 해운을 위한 전기화 및 바이오 연료와 같은 신기술을 화석연료에 비해 더 저렴하게 만들어 공정한 경쟁의 장을 마련하는 데 도움을 줄 수 있을 것이다. 그러나 탄소 가격에 대한 다른 혜택도 있다. 대기 중에 너무 많이 있는 탄소는 나쁘지만, 토양과 생물권의 탄소는 좋은 것이다. 그러면 우리가 그것을 어떻게 얻을 수 있을까? 식물이 핵심이다.

그래서 맷은 탄소 농업, 똑똑한 토양 관리, 그리고 지속 가능한 농업이 모든 포괄적 기후 계획에 필수적이라고 주장한다. 그뿐 아니라 그 보상도 상당하다. 보존농업은 농지를 갈아엎는 작업과 토양 교란을 최소화하는 접근법이다. 이것은 덮개작물로 토양을 보호하고, 수확 후 폐기물을 남겨두며, 작물 윤작(돌려짓기)을 통해 토양을 관리한다. 가축을 통합해 관리하면 퇴비화에 유용한 분뇨를 생산하고 윤작의 한 부분을 담당함과 동시에 작물 잔류물과 폐채소를 활용할 수 있게 됨으로써 순환의 한 주기를 마무리할 수 있다. 프로젝트 드로다운Project Drawdown은 보존농업이 1년 치 전 세계 탄소 배출을 억제하고 농부들에게 평생 운영비용으로 2조~3조 달러의 비용을 절약할 수 있을 것으로 추정했다. 원주민들이 땅을 관리할 권리를 보호하면 또 다른 1년 치를 격리할 수 있다. 또 방목을 관리하고 나무, 목초지, 동물 먹이를 통합한다면 1~2년 치의 배출량을 더 격리할 수 있다. 화재 관리에서부터 농림업 시스템에 이르기까지 전통적 관행은 토양과 생물권의 탄소를 증가시킬 뿐 아니라 서식지와 생물 다양성을 보호한다. 그것은 또 다른 '윈윈win-win'이다.

맷은 나처럼 자신의 신념에 의해서 동기부여가 되고 있다. 그는 농사를 짓지 않을 때는 '신앙, 농장 그리고 기후'가 포함된 프로그램을 운영하는 '아이오와 인터페이스 파워 앤 라이트'의 전무이사로 일하고 있다. 그들은 농부를 교회로 모아 그들의 번영을 도울 기후 정책에 대해 이야기한다. 농부들은 스튜어드십 (stewardship, 수탁자의 선관 의무) 개념을 진지하게 받아들인다. 그 것이 바로 맷이 구현하고 공유하고자 하는 행동과 태도를 알려주 는 바로 그 가치이다.

텍사스 사람들도 그렇게 생각한다. 지역 초등학교 6학년 학생 들이 내 동료인 나타샤 반 게스텔 텍사스테크대 교수와 협력해 '탄소 지킴이Carbon Keepers'라는 과학 프로젝트를 만든 것이 한 예 다. 학생들은 가뭄, 산불, 비료에 반응해 탄소 수준이 어떻게 변하 는지 측정하고 농부들이 어떻게 탄소를 토양에 유기물로 저장할 수 있는지 연구했다. 그리고 자신들이 배운 것을 지역 농부, 목장 주인, 지역사회단체들과 공유했다. 2020년 그들은 미군 웹 기반 의 과학, 기술, 공학, 그리고 수학대회에서 우승했다. 만약 이 같 은 일이 텍사스 러벅에서 일어난다면 세상은 또 어떻게 변할까?

탄소 다시 집어넣기

내가 아이오와주립대 생물경제학 연구소장인 로버트 브라운 을 찾아갔을 때 그는 내게 탄소를 토양에 다시 집어넣는 가장 직 접적인 방법 중 하나를 소개했다. 그는 시험관의 마개를 따고 내 손에 바이오 숯을 약간 부으면서 "이 짙은 회색 가루는 스테로이 드 위의 미러클그로(MiracleGro, 식물 영양제) 같습니다"라고 말했 다. 그것은 기본적으로 순수한 탄소이며, 수익이 안 나는 토양이나 평균적 토양에 뿌려 넣으면 태양 아래 가장 좋은 비료 중 하나가 된다. 또 토양 속 탄소를 격리한다. 그는 뒷마당에 있는 토마토 사진 두 장을 지난 7월에 찍었다며 보여주었다.

"이것들을 같은 날 사서 같은 땅에 심었어요. 그런데 유일한 차이점은 한쪽 화분에는 바이오숯을 섞었다는 것입니다. 심은 뒤 8주 만에 찍은 사진이에요. 두 개를 구분할 수 있나요?"

당연히 구분하기 어렵지 않았다. 토마토 하나는 열매를 4~5개 달고 있었고, 다른 토마토는 잎보다 더 많은 토마토를 달고 있었다. 바이오숯을 넣은 화분에서 자란 토마토는 넣지 않은 화분에서 자란 토마토보다 훨씬 많은 열매를 맺었다고 그는 말했다. 열분해 과정은 농업 폐기물을 산소가 없는 상태에서 고온으로 태우는 것이다. 그는 이 과정을 통해 몇 달 전에 대기에서 뽑아낸 탄소를 정제해서 바이오숯을 만들 수 있었고, 기름을 포함한 다른 제품과 함께 다른 용도로 사용할 수 있었다.

이것은 캘리포니아에 본사를 둔 심소일SymSoil의 접근 방식과 유사하다. 그들은 '토양 식품 웹Soil Food Web'이라고 불리는 새로운 유형의 생물학적으로 활성인 퇴비를 만들어 매년 에이커당 2.5톤의 탄소 저장량을 증가시킨다. 캘리포니아주립대학의 연구원 데이비드 존슨과 협력해 그들은 연간 에이커당 10톤까지 탄소 저장량을 증가시킬 수 있는 곰팡이가 주입된 바이오숯의 특별한 혼합물을 생산하고 있다. 이것은 필요한 관개량도 상당히 줄인다.

바이오숯, 작물 윤작, 재생농업은 새로운 기술이 아니다. 고대 사람들은 그들의 토양을 기름지게 하기 위해 수 세기 동안 이런 일들을 했다. 많은 서구화된 국가들은 대형 농업과 산업화, 값싼 살충제와 비료, 그리고 산업혁명의 '큰 것이 더 낫다'는 사고방식에 눈이 멀어 최근 수십 년 동안 그런 기술들을 방치해왔다. 재생 농업 관행은 우리가 이전 세대의 현명한 접근법으로 돌아가도록 장려한다. 하지만 그 스펙트럼의 정반대 부분에는 대기에서 탄소를 빨아들여서 무해한 것으로 바꾸는 혁신적인, 바로 적용 가능한 기술도 있다. 이 중 많은 부분이 첨단 솔루션을 개발하기 위해 학계를 떠난 과학자들에 의해 주도되고 있으며, 그중 일부는 공상과학소설처럼 들리기도 한다.

과학자들은 최근에 암석을 갈아서 이산화탄소와 반응시키고, 대기에서 탄소를 빼내어… 더 많은 암석으로 바꾸는 방법을 발견했다. 이것은 직관적으로 이상하게 들릴 수 있지만, 탄소를 대기에서 화석연료가 나오는 암석권으로 다시 이동시키는 것은 기후변화 문제 해결에 큰 도움이 된다. 인간이 배출하는 탄소의 약 25%는 바다가 받아들인다. 그래서 2017년 칼텍 대학원생 아담 수바스는 연구팀을 이끌면서 바닷물에 효소를 첨가해 화학반응 속도를 500배까지 높일 수 있는 방법을 발견했다. 그러던 중 2019년 이스라엘 와이즈만연구소의 합성생물학 연구진이 건강한 사람의 장에 흔히 서식하는 박테리아의 일종인 대장균 균주를 만들었는데, 이 대장균은 설탕과 지방을 먹는 대신 이산화탄소를 소비한다.

스위스의 작은 회사 클라임웍스Climeworks는 탄소 직접 포집DAC 기술을 개발했는데, 이것은 공기 중에서 이산화탄소를 바로 빨아들일 수 있는 기술이다. 적정한 탄소가격이 책정됐더라면 그들은 대기 중의 탄소를 포집해서 지하 깊은 곳에 저장할 수 있는 고체 제품으로 바꿀 수 있었을 것이다. 인센티브가 부족하자 대신에 그들은 포집한 탄소로 제품을 만들어 온실업체와 코카콜라 같은 탄산음료 업체에 판매하는 쪽으로 눈을 돌렸다.

또한 석탄이나 천연가스를 태우는 것에서 나오는 탄소가 대기로 흘러들어가는 대신, 그것을 가두어 지하에 저장할 수 있다는 생각도 있다. 미국에는 텍사스에 가동 중인 탄소 포집 공장이 하나 있다. 이 페트라노바Petra Nova는 많은 정치인들도 기후 해결책의 미래라고 선전하고 있다. 하지만 그것이 포집하는 이산화탄소는 석유와 가스 산업에 곧바로 응용돼 기존 유정에서 석유를 더 많이 뽑아 올리게 할 수 있다. 현실적 상황에서 보면 탄소 포집과 저장은 애초에 탄소 배출량을 줄이는 것보다 훨씬 더 비싼 옵션이며, 이런 접근 방식은 탄소를 제거하는 것보다 더 많은 이산화탄소를 발생시킬 위험이 있다.

탄소 포집에서 진정으로 달성하기 어려운 목표는 캐나다의 한 회사가 2018년 실험적으로 달성했다. 그들은 대기에서 빨아들이는 이산화탄소를 물의 수소와 결합하고 그것을 액체연료로 다시 바꾼다. 그것이 연소되면 이미 대기 중에 있던 탄소만 방출하기 때문에 탄소중립이 될 수 있다. 이것은 액체연료를 배터리로 교

4부 우리가 바로잡을 수 있다

환하는 것이 쉽지 않은 곳, 예를 들어 선박이나 항공기와 같은 곳에서 사용할 수 있는 연료를 만드는 추가적인 보너스가 될 수 있다. 카본엔지니어링이라는 회사의 기술은 2022년에 텍사스의 퍼미안분지에 건설된, 옥시덴털페트롤륨과 러신캐피털매니지먼트의 대규모 합작 벤처기업인 원포인트파이브(1PointFive)를 만드는 데 사용됐다. 이 공장은 매년 100만 톤의 이산화탄소를 포집하고 저장하게 된다. 그리고 탄소 가격이 적당해지면 더 많은 프로젝트들이 시작될 수 있을 것이다.

1조 그루 나무 심기

탄소 흡수는 반드시 첨단 기술이어야 하는 것은 아니다. 나무를 심으면 엄청난 양의 이산화탄소를 흡수할 수 있다. 나무는 자연 생태계와 생물 다양성을 지원하고 물을 여과하고 공기를 정화하는 등 모든 종류의 부수적인 이점을 갖고 있다. 2019년의 한 연구에 따르면 현재 공원, 숲, 버려진 땅이 차지하고 있는 땅에 1조 그루의 나무를 심으면 최소한 10년 동안 인간이 배출하는 탄소만큼 흡수할 수 있다고 한다. 기후변화가 우리가 생각했던 것보다 훨씬 더 쉽게 고칠 수 있을 것처럼 보였기 때문에 그 연구는 열광적 관심을 야기했다. 유튜버 미스터비스트MrBeast는 식목일재단을 통해 나무를 심을 2,000만 달러를 모금할 목표로 '#팀트리'를 만들었다. 2020년 현재 그 팀은 이미 2,200만 그루가 넘는 나무를 심었다. 2020년 1월 다보스에서 열린 세계경제포럼에서 시작된 '1조 그루의 나무 이니셔티브(1t.org)'는 당시 트럼프 대통령을 포함한 많은 세계 지도자들의 지지를 얻었다. '앤트 포레스트Ant Forest'라는 프로그램은 중국의 알리페이 온라인 결제 플랫폼 사용자들이 중국에서만 1억 그루의 나무를 심을 자금을 댈 수 있도록 했다.

불행하게도, 그것은 말처럼 간단하지 않다. 나무 심기가 여전히 훌륭한 해결책이긴 하지만, 조 그루의 나무 계산에 몇 가지 오류가 있는 것으로 밝혀졌다. 그것들을 수정해보면 감축 이익이 10년이나 20년보다는 1년이나 2년의 배출량에 더 가깝다. 맞다. 나무 심기는 훌륭하며, 우리는 그것을 더 많이 해야 한다. 우리는 또한 잃어버릴 위험에 처한 숲을 보호하고 복원해야 한다. 더 네이처 컨서번시TNC의 주장대로, 나무 심기는 기후변화에 대한 가장 비용 효율적인 자연 방어책 중 하나다. 예를 들어, TNC의 아프리카 숲 탄소 촉매제 프로그램은 매년 2,000만 톤의 이산화탄소 배출을 피하거나 줄이는 것, 1,000만 ha(헥타르, 1h는 1만 ㎡)의 아프리카 숲을 복원하거나 보존하는 것, 그리고 5,000개의 지역 일자리를 만드는 것을 목표로 한다. 시티스포포레스트(Cities4Forests)와 같은 계획도 탄소를 격리하고 생물 다양성을 보호하는 도시 자체의 '내부 숲', 주변 지역의 '근처 숲', 그리고 '멀리 떨어진 숲'과 협력하면서 비슷한 총체적 접근 방식을 취하고 있다. 지금까지, 가나의 아크라부터 미시간의 디트로이트까지

63개의 도시가 이 프로그램에 가입했다.

나무는 그 자체로 마법의 묘약이나 기후 감옥에서 벗어날 수 있는 카드를 제공하지 않는다. 하지만 나무들이 앞서 말한 모든 자연 기반 기후 솔루션에 통합되면 2030년 세계 목표를 달성하는 데 필요한 감축량의 3분의 1 이상이 될 수 있다.

지구공학 활용

하지만 기후 해결책에 관한 한 주요 문제는 태양 복사 관리, 즉 SRMSolar Radiation Management이다. 그것은 지구의 에너지 균형을 바꾸기 위한 특정한 목적을 위해 의도적으로 지구의 대기에 개입하려는 생각이다. 핵심을 말하면 그것은 우리의 집인 지구 전체를 염두에 두고 토목 공사를 하는 것이다. 사람들은 사실 인간이 이미 탄소 배출로 지구에 지구공학적으로 영향을 미치고 있다고 주장한다. 과학자들이 지구의 지질학적 역사를 추적해보면, 우리가 매년 대기에 쏟아붓고 있는 엄청난 양의 탄소는 전례가 없었다. 그러나 '지구공학'과 '기후 개입'이라는 용어는 일반적으로 우리가 의도적으로 그것을 하는 상황에 사용되는 말이다.

수행할 수 있는 한 가지 방법은 지구에 미치는 큰 화산 폭발의 영향을 모방하는 것으로, 대기 상층부에 입자를 주입하는 것이다. 이렇게 되면 햇빛이 지구에 흡수되는 것이 아니라 다시 우주로 반사되는 양이 증가해 지구가 냉각된다. 또 다른 방법은 바다

위의 넓은 지역에 구름 응축 핵, 즉 단순 천일염을 뿌려 해양 구름을 더 밝게, 더 많이 만들어 태양에너지의 더 많은 부분을 우주로 반사시키는 것이다.

이 두 가지 형태의 SRM은 모두 확장 가능하고 조정 가능하다. 따라서 SRM은 지구공학 지지자들에게 조심스럽게 관심을 끌며, 기후행동과 탄소 배출 감축에 반대하는 사람들에게는 매우 매력적이다. 반대자들은 화석연료를 계속 태울 수 있다면 어떤 계획이든, 아무리 검증되지 않았더라도 승인할 용의가 있는 것처럼 보이기 때문이다. 이는 사람들로 하여금 검증된 관행인 마스크 착용을 조롱하면서 코로나바이러스에 대한 입증되지 않은 치료법을 홍보하게 만든 심리와 비슷하다.

이런 방법들 중 일부가 비교적 저렴하지만 국민들이 기후변화로 불균형적으로 영향을 받는 국가들이 사용할 수 있다는 것은 우려스러운 일이다. 만약 이 국가들 중 한 곳이 일방적으로 지구 대기를 공학적으로 바꾸겠다고 결정한다면 어떻게 될까? 이는 전 인류를 대상으로 동시에 1상 백신 실험을 진행하는 것과 같다. 과학자들은 일부 부작용에 대해 공정하게 이해하고 있지만, 모든 부작용에 대해서 잘 아는 것은 아니다. 그리고, 내가 이미 말했듯이, 이 행성은 우리가 가진 유일한 행성이다.

화석연료를 과도하게 소비하는 현재의 길을 계속 간다면, 우리의 모든 선택 사항을 테이블 위에 올려놓아야 한다는 것은 의심의 여지가 없다. 지난 수십 년 동안 더 나은 선택을 했다면 훨씬

4부 우리가 바로잡을 수 있다

더 바람직할 수 있었다. 영향이 미칠 위험을 고려할 때, 어떤 사람들은 이러한 유형의 지구공학이 정당화될 수 있다고 느낄 지점이 올 수 있다. 그러나 그러한 과감한 조치를 취하는 것이 우리에게 의도하지 않은, 예상치 못한 모든 부작용들을 처리해야 하는 상황이 올 수 있다는 것은 분명하다. 그리고 지구공학은 일시적으로 지구의 온도를 떨어뜨릴 수 있지만, 바다에 쌓여가는 모든 이산화탄소에 대해서는 아무런 영향을 미치지 못할 것이다.

오늘날 바다는 150년 전보다 30% 더 산성화되어 있다. 산성화는 물 속 탄산칼슘의 양을 감소시킨다. 탄산칼슘은 식물성 플랑크톤 껍질의 주요 구성 요소 중 하나다. 식물성 플랑크톤은 우리가 호흡하는 산소의 절반을 생산하고 해양 먹이사슬의 기초를 형성한다. 조개, 홍합, 굴, 그리고 산호도 탄산칼슘이 필요하다. 조개껍데기를 키우는 바다 생물들은 심지어 산성 상태에서 녹는 것을 볼 수 있다. 산성화가 해양 생물에 미치는 영향은 식량 안보, 생계, 그리고 세계 경제에도 위협적이다.

SRM은 산성화를 막는 데 도움이 되지 않을 뿐만 아니라, 어떤 이유로든 이를 중단한다면 입자들은 몇 달에서 몇 년 사이에 대기권 밖으로 배출될 것이다. 이는 입자들이 막고 있던 모든 온난화가 갑자기 실현된다는 것을 의미한다. 급격한 기온 상승은 대단히 파괴적일 것이다. '치료법'이 그렇게 빨리 제거되면 질병 자체보다 더 나쁜 결과를 초래할 것이다.

기후변화에 대처하기 위한 우리의 선택지 가운데 군수품이 포함되어야 하는지를 결정하는 지구공학 연구는 현명한 일이다. 그래서 하버드와 옥스퍼드대가 그것을 전담하는 연구 프로그램을 가지고 있다. 그러나 그것이 기후변화에 대한 첫 번째 방어선으로 간주되어서는 안 된다. 우리는 배출한 탄소의 일부를 대기에서 포집할 뿐만 아니라 화석연료의 배출을 줄이고 궁극적으로 그것을 제거해야 한다. 그래야 우리가 현재의 온난화 속도를 늦추고 궁극적으로 안정시킬 수 있다.

그래서 가능한 한 빨리 배출량을 줄이는 것이 합리적이다. 왜냐하면 존 홀드런의 말을 빌리자면, 우리가 지금 그렇게 할수록 미래에 대한 걱정이 줄어들 것이고, 우리에게 필요한 해결책은 그만큼 위험이 줄어들 것이기 때문이다.

17장
속도를 높일 시간

> "이 행성은 살아남을 것입니다. 문제는 우리가 행성이 살아남는 것을 보러 이곳에 있을 것이냐 아니냐 하는 것입니다."
> —크리스티아나 피게레스 전 유엔 기후변화협약 사무총장과 톰 리빗카낵, 『한배를 탄 지구인을 위한 가이드』 중에서

> "지금 개인이 할 수 있는 가장 중요한 일은 그처럼 개인적이어선 안 된다는 것입니다."
> —함께 패널로 참석한 빌 매키번이 나에게 한 말

우리는 종종 기후변화를 해결하는 문제를 거대한 언덕 밑에 있는 큰 바위를 위로 밀어 올리는 일로 상상한다. 단지 몇 명의 사람들만이 바위를 굴리기 위해 허리를 구부리고 있고, 그것은 한 치도 꿈쩍하지 않는 것처럼 보인다. 그러나 실제로는, 지난 몇 장에서 보았듯, 그 거대한 바위는 이미 언덕의 꼭대기에 도달해 있다. 그것은 점차적으로 올바른 방향으로 내리막길로 구르고 있다. 수백만 명의 손이 그 바위를 밀고 있다. 우리가 추가하는 힘들은 그

것의 속도를 조금씩 더 높인다.

우리는 내일 당장 100% 탄소중립을 달성하기 위해 필요한 모든 기술을 가지고 있지 않다. 하지만 우리는 적어도 절반 정도는 필요한 기술을 가지고 있고, 나머지 기술을 제대로 갖추기 위해 무엇을 해야 할지도 알고 있다.

배출권거래제나 탄소가격제, 액체연료 및 스마트 그리드와 같은 연구 분야에 대한 집중 투자 같은 신뢰성이 입증된 정책들은 시장을 창출하고 남은 기간 동안 우리가 혁신에 박차를 가하는 데 도움이 될 것이다.

이 시점에서, 그것은 가부의 문제가 아니다. 그것은 시점의 문제다. 그리고 우리의 현재 속도로, 이미 이루어진 엄청난 진전에도 불구하고, 우리는 아직 충분히 빠르게 나아가지 못하고 있다.

여러 과학자들이 미국 대통령에게 기후변화의 위험성에 대해 처음으로 경고한 지 반세기가 넘었다. 세계 과학계의 엄청난 증거 수집과 모델링 노력 덕분에 세계 대부분의 국가들이 탄소 배출량을 줄이겠다고 약속했다. 그러나 환경단체 '기후 액션 트래커'에 따르면 2021년 현재 전 세계의 정책을 다 실현한다 해도 온난화를 억제할 최상의 시나리오는 기온이 약 3℃ 증가한다. 우리가 재앙적인 영향을 피하기 위해선 평균기온 상승을 1.5℃ 혹은 적어도 2℃ 상승으로 유지해야 한다. 전 세계적으로 석탄, 석유, 가스 같은 화석연료를 대체하는 것은 기후 목표를 달성하기 위해 필요한 것보다 10배 느린 속도로 이뤄지고 있다. 이것은 과학자

들이 1800년대부터 알고 있고, 수십 년 동안 사람들에게 경고해
온 위협에 맞는 조치가 아니다. 그렇다면 어떻게 하면 우리가 대
응 속도를 높일 수 있을까?

탈화석연료 운동

화석연료 매각(탈화석연료) 운동은 2010년에 시작되었다. 미국
대학생들은 대학과 기관들에 화석연료 투자금을 걷어내고 이 자
금을 청정에너지와 지역사회 회복력 강화 계획에 전달하라고 촉
구했다. 이 운동은 영국 성공회와 같은 종교에 기반을 둔 단체에
서부터 코펜하겐, 크라이스트처치, 파리, 시드니와 같은 수십 개
의 도시, 심지어 아일랜드와 같은 국가로 퍼져나갔다. 데스몬드
투투 주교와 환경운동가 빌 매키번 같은 지도자들은 탈석탄을 강
력하게 옹호했으며, '350점오알지(350.org)'[33]와 '탈화석Fossil Free'[34]
과 같은 단체들은 사람들을 모아 기관들의 탈화석을 촉구한다.
빌이 말했듯 개인이 지금 할 수 있는 가장 중요한 것 중 하나는
'개인이 되지 않는 것'이다. 우리의 세계 공유 자원을 대규모로 개
선하기 위해서는 함께 노력하는 것이 믿을 수 없을 정도로 효과

---

33 대기 중 이산화탄소 농도를 350ppm으로 낮추자고 촉구하는 국제적 기후변화 방지
  운동을 주도하는 환경 NGO.
34 화석연료 시대를 끝내고 지역이 이끄는 재생에너지 세상을 만들자고 촉구하는 환경
  NGO.

적이며, 탈화석 운동은 대표적인 예다. 돈 리버는 뉴욕시에 있는 MSK 암센터 수술실에서 일하는 외과의사로, 스스로 '외과용 칼을 건네주는 사람'이라고 부른다. 그는 기후위기의 의료적 의미에 대해 점점 더 많이 들으면서, "대체 왜 의료 산업은 여기에 적극적이지 않은가?"라고 궁금해했다. 미국의학협회와 영국의학협회는 공중보건의 필수 사항으로 화석연료 매각을 명시적으로 촉구했다.

그래서 돈 리버는 MSK가 직원 연금과 퇴직기금에서 화석연료 투자금을 매각하도록 하는 캠페인을 시작했다. 그러나 그가 기후변화가 나타내는 공중보건의 시한폭탄을 강조했음에도 불구하고, 그는 기금의 수혜자들에 대한 재정적 책임 측면에서라는 말로 표현된 정중한 거절 답변을 받았다.

그는 병원에서 그들의 개인 은퇴자금 포트폴리오를 화석연료 없는 인덱스 펀드에 투자할 수 있는 선택권을 요청하는 의사, 간호사, 지원 직원들의 서명을 모았다. "만약 MSK가 화석연료 매각을 약속할 의사가 없다면, 그들은 최소한 직원들에게 그렇게 할 수 있는 선택권을 주어야 합니다"라고 그는 말했다.

돈 박사는 자신의 직장에서 수행되는 의학을 존중한다. "이들은 세계에서 가장 많은 논문을 발표한 암 전문 외과의사들입니다. 저는 우리 병원만 특정하려고 하는 것이 아닙니다. 저는 모든 병원 시스템이 그렇게 하기를 원합니다." 하지만 의료계 전반은 화석연료의 매각에 대해 침묵해왔다. "우리가 요구하는 것은 우

4부 우리가 바로잡을 수 있다

리 기관들의 투자 관행이 의료 전문가로서 우리가 히포크라테스 선서에서 맹세한 것과 같은 윤리적 기준, 즉 '피해를 끼치는 일은 절대로 저지르지 않겠으며'라는 기준에 따라야 한다는 것입니다" 라고 그는 말했다.

돈은 혼자가 아니다. 지속 가능한 뮤추얼 펀드가 인기를 얻고 있고, 대학 교수진에서 비즈니스 전문가에 이르기까지 많은 사람들이 저축금이 어디에 투자되고 있는지에 대해 어렵고 필수적인 질문을 하기 시작했다. 돈과 같은 사람들 덕분에 많은 조직들은 이미 화석연료 사용의 해로운 영향 때문에, 윤리적 또는 도덕적인 이유로 화석연료 투자를 철회했다.

심지어 대형 금융회사들도 매각 동기로 윤리적 문제를 언급하기 시작했다. 세계 최대 투자은행 중 하나인 골드만삭스는 2019년 '가혹한 운영 조건, 해빙, 영구 동토층 보장 및 멸종 위기종의 중요한 자연 서식지에 대한 잠재적 영향'을 이유로 북극 석유 탐사에 더 이상 투자하지 않겠다고 발표했다. 2020년 씨티그룹의 최고경영자CEO 마이클 코뱃은 은행들이 탄소 배출량 감축을 거부하는 고객들로부터 "떠날 용기가 있어야 한다"고 말했다. 그리고 코로나바이러스에서 벗어나는 '녹색 회복' 계획의 일환으로 케이프타운에서 밴쿠버까지 그리고 런던, 뉴욕, 로스앤젤레스를 포함한 전 세계 주요 도시 12곳이 추가로 연기금에서 화석연료 투자를 철회한다고 발표했다.

2020년 기준으로 자산 총액이 14조 달러가 넘는 1,300개 이상의 기관과 거의 6만 명의 개인이 이미 화석연료 투자를 철회하기 시작했거나 철회하기로 약속했다. 34%의 기관이 신앙에 기반을 두고 있으며, 30%는 자선단체 또는 교육기관이며 윤리적 주장의 중요성을 강조하고 있다. 그러나 12%는 정부, 나머지 12%는 연금 기금, 5%는 작지만 성장하고 있는 영리 기업이다. 더 이상 윤리나 명성 차원에서만은 아니다. 재정적 차원에서 매각해야 할 이유가 점점 더 많아지고 있기 때문이다.

화석연료 땅에 가두기

파리협정 목표를 달성하기 위해서는 화석연료 매장량의 상당 부분이 현재 위치한 곳, 즉 땅속에 그대로 묻혀 있어야 한다. 구체적으로, 전 세계가 2℃ 파리 목표를 달성할 희망을 갖기 위해서는 알려진 석탄 매장량의 80%, 가스 매장량의 50%, 석유 매장량의 33%까지 연소되지 않은 상태로 유지돼야 한다.

이러한 자원의 재무적 가치에 의존하는 기업들은 사용하거나 판매할 수 없는 자원인 '좌초된 자산'으로 남을 위험에 점점 더 직면하고 있다. 좌초된 화석연료 자산의 누적 가치는 신속한 조치가 취해지면 최대 4조 달러, 그렇지 않으면 거의 두 배로 추산된다.

또한 기후변화가 기업에 미치는 위험도 증가하고 있다. 보험 및 재보험 업계는 점점 더 파괴적인 재난에 대한 지불금이 급증하는 최전선에서 수년 동안 이를 우려해왔다. 다른 금융기관들도 마침내 이러한 위험을 인식하기 시작했다. 예를 들어 2020년 9월 미국 상품선물거래위원회는 "기후변화는 미국 금융 시스템의 안정성과 미국 경제를 지속할 수 있는 능력에 매우 큰 위험을 제기한다…. 매우 큰 우려 사항은 우리가 알지 못하는 것이다"라고 언급한 보고서를 발표했다. 위험 관리회사는 기업이 취약성과 위험을 평가할 수 있는 지수를 제공하기 시작했다. 예컨대 글로벌 위험 분석 및 전략 컨설팅 회사인 베리스크 메이플크로프트 지수는 사용자가 '기후변화 관련 위험에 대한 운영, 공급망 및 투자의 노출을 이해'하도록 하는 것이 목표다.

좌초된 자산과 기후 영향의 위험 이 두 요소 모두 블랙록의 CEO인 래리 핑크의 발표와 같은 역할을 할 가능성이 높다. 블랙록은 7조 달러[35] 이상의 투자를 한 세계 최대 자산 관리회사다. 2020년 1월 글로벌 CEO들에게 보낸 편지에서 그는 "높은 지속가능성 관련 위험을 제기하는 석탄과 같은 투자를 중단할 것"이라고 발표했으며, "기후 위험에 대한 증거는 투자자들이 현대 금융에 대한 핵심 가정을 재평가하도록 강요하고 있다"고 덧붙였다.

기후 영향의 비용 계산

화석연료에 지속적으로 의존함으로써 발생하는 바로 그 재정

---

35 2023년 말 현재 블랙록의 운용 자산은 9조 1,010억 달러 규모다.

적인 비용은 점점 더 명확해지고 있다. 예컨대 20년 전 칠레의 공학자 루이 치푸엔테스와 동료들은 건강 비용만을 근거로—질병과 사망, 실직 등 더 많은 영향이 있지만— 세계의 많은 대도시들에서 화석연료 사용이 더 이상 비용 면에서 효율적이지 않다고 계산했다. 그렇다면 우리는 왜 여전히 화석연료를 사용하고 있는 것일까? 왜냐하면 더럽고 구식인 이 에너지원의 비용을 부담하는 사람들은 이익을 챙겨가는 사람들이 아니기 때문이다. 기후 해결책이 얼마나 자주 '사회주의자의 것'으로 치부되는지를 고려할 때, 이러한 영향의 사회화는 또 다른 아이러니다.

모건스탠리는 전 세계적으로 2016년부터 2018년까지 3년 동안 기후와 관련된 재해로만 전 세계에 6,500억 달러의 손실을 입힌 것으로 추정했다. 그 비용의 대부분을 북미가 떠안았는데, 4,150억 달러, 즉 미국 국내총생산의 0.66%를 부담했다. 그러나 현재의 영향은 기후행동을 실천하지 않았을 때의 미래 비용에 비하면 왜소해 보인다. 미래 비용은 부문별로 이뤄져야 하기 때문에 추정하기 어렵고 대부분의 추정치는 몇 개 부문으로 제한된다.

하지만 이마저도 충격적이다. 호주 학자들이 추정한 한 추정치는 농업 손실, 해수면 상승, 인간의 건강과 생산성에 미치는 영향을 설명했지만 허리케인이나 산불과 같은 점점 더 심각해지는 기상이변으로 생기는 손실은 포함하지 않았다. 그럼에도 불구하고 세계 경제에 미칠 2℃ 온난화의 연간 비용을 5조 달러, 4℃ 온난

4부 우리가 바로잡을 수 있다

화의 비용을 23조 달러로 계산했다.

이미 논의했듯이 지구온난화가 자원과 경제에 초래할 고통은 국가 간 또는 국가 내에서 동등하게 분배되지 않을 것이다. 미국의 경우 4℃ 온난화 시 국가 GDP가 10% 감소하지만 더 많은 가난한 나라들은 최대 20%까지 더 큰 감소를 보일 것이다. 전 세계적으로 가난한 국가는 이미 가장 큰 영향을 받고 있으며, 앞으로도 계속해서 가장 큰 영향을 받을 것이다. 캐나다, 일본, 뉴질랜드와 같은 국가는 4℃ 온난화 시 GDP의 7~13%를 잃을 수 있지만, 사하라 사막 이남의 아프리카와 동남아시아에 미치는 영향은 훨씬 더 클 것으로 예상된다.

이 수치들을 다시 살펴보면, 코로나바이러스 팬데믹으로 발생한 전 세계 경제적 손실은 2020년에서 2025년 사이에 22조 달러에 이를 것으로 추정된다. 기후변화 때문에 2년마다 같은 손실이 발생한다고 상상해보라. 그런 다음 세계가 실제로 파리협정의 목표를 달성하면 어떤 일이 발생할지 상상해보라. WHO에 따르면 치푸엔테스와 그의 동료들의 추산이 맞다.

WHO는 "온실가스를 가장 많이 배출하는 15개국에서 대기오염의 건강 영향은 GDP의 4% 이상의 비용이 들 것으로 추정되는 반면, [화석연료에서 나오는 대부분의 대기오염을 제거하는] 파리 목표를 달성하기 위한 조치는 전 세계 GDP의 약 1% 비용만 들 것이다"라고 분석했다. 1%도 상당한 양이지만, 행동하지 않음으로써 발생하는 대기오염 비용보다는 훨씬 적다.

그리고 이러한 추정치에는 사라지는 생태계와 멸종돼가는 전체 종을 반영한 피해는 포함되어 있지 않다. 이러한 추정치에는 경제학자들이 가격을 매길 수 있는 것만 포함되어 있다. 그들이 가격을 매길 수 없는 것은 결국 장기적으로 볼 때 그들이 매기는 것보다 훨씬 더 많은 비용을 지불하게 될 수도 있다.

전환해야 할 때가 된 이유

결론은 이것이다. 인류는 화석연료를 아주 오랫동안 사용해왔다. 중세 시대에 우리가 태웠던 석탄까지 거슬러 올라간다. 석탄, 석유, 가스는 우리에게 상당한 혜택을 가져다주었지만, 그들은 이제 다가올 상당한 기후 부채를 축적하는 대가를 치르며 그렇게 해왔다. 이 시점에서 전환하는 것이 합리적이다.

아래는 2014년에 록펠러기금 회장인 스티븐 하인츠가 화석연료 투자를 철회하겠다는 결정을 발표했을 때 취한 접근법이다. 그는 "스탠더드오일의 설립자인 존 D. 록펠러는 고래 기름을 사용하던 미국인들이 석유로 옮겨가게 했지만, 그가 오늘날 살아 있다면 미래를 내다보는 영리한 사업가로서 화석연료에서 벗어나 깨끗하고 재생 가능한 에너지에 투자할 것이라고 우리는 확신합니다"라고 말했다.

이것은 우리 앞에 놓여 있는 도전이며, 그것은 결코 작은 도전이 아니다. 사실, 그것은 우리 문명이 직면한 가장 큰 싸움일 수도 있다. 그러나 우리의 미래를 위한 이 싸움에서, 우리는 혼자가 아니다. 내 손은 바위를 언덕 아래로 밀고 있다. 또한 크고 작은 국가, 기업, 조직과 같은 수백만 명의 다른 사람들의 손도 같이 밀고 있다. 개인도 있다. 제인 폰다나 마이클 블룸버그와 같은 유명한 사람들도 있다. 30년 이상 과학자들이 평범한 영어로 기후변화를 설명하는 것을 도와온 소통 전문가 수전 하솔이나, 2022년까지 그녀의 도시에 100만 그루의 나무 심기 임무를 수행하고 있는 시에라리온 프리타운의 이본 아키소이어 시장과 같은 사람들은 막후에서 일하고 있다. 미치 목사와 복음주의 환경 네트워크, 맷 농부와 그의 아이오와 기후 관리인, 러벅의 초등학교 6학년 토양 팀, 그리고 모든 성인 엔지니어들이 폐기물이나 쓰레기를 우리 모두가 사용할 수 있는 제품으로 바꾸느라 바쁘다.

그야말로 우리는 바위를 더 빨리 굴릴 필요가 있다. 그리고 이 일에 당신의 손도 필요하다.

당신이
변화를 가져올 수 있다

Saving us

18장
왜 당신이 중요한가

"본보기는 좋든 나쁘든 강력한 영향력을 행사합니다."
─조지 워싱턴

"내가 계산해봤더니 태양광 발전은 재정적으로 머리 쓸 일 없이 쉬운 일이 더군."
─존 쿡, 『회의적인 아버지』

"그래서 이제 저는 기후변화가 왜 중요한지, 그리고 진짜 해결책이 어떤 것인지 알겠어요. 하지만 기후변화가 저와 무슨 상관이 있나요? 저는 정부나 다국적기업, 혹은 유명인도 아니에요. 영향력을 행사하고 싶은 희망도 없어요. 전 무엇을 해야 하죠?"

어쩌면 당신은 이렇게 생각하고 있을지도 모른다. 우리의 행동이 중요한 가장 큰 이유 중 하나는 우리가 하는 일이 우리를 변화시킨다는 점이다. 그리고 또 다른 큰 이유는 우리가 하는 말과 행동이 다른 사람들도 변화시킨다는 점이다.

존 쿡은 인지과학 박사다. 그는 호주 멜버른에 있는 모나시대학의 '기후변화 커뮤니케이션 연구허브'의 과학자다. 그는 내가 앞서 이야기한 많은 문제, 즉 인지 편향, 동기부여가 된 추론, 그리고 역효과 등에 대해 광범위하게 연구하고 글을 쓴 사람이다. 그는 또한 전화 앱, 책, 그리고 '크랭키 삼촌 대 기후변화: 기후과학을 무시하는 사람들에 대응하는 방법'이라는 일련의 비디오를 만들었다. '과학 무시' 주제에 관한 한 그는 빼어난 전문가다.

하지만 존도 우리와 마찬가지로 인간이다. 그가 언젠가 자신의 아버지에 대해 이야기한 적이 있는데, 그의 아버지는 은퇴한 소상공인이고 항상 정치적으로 보수적인 사람이었다.

"아버지가 기후 회의론자 쪽으로 기울었던 것 같아요. 왜냐하면 그가 지지하는 정치인들로부터 그런 얘기를 들을 수 있었거든요."

결과적으로 그는 아버지와 대화하기가 어려웠다. 앞서 내가 4장에서 이야기했던 것들, 즉 그의 아버지가 계속 제기했던 좀비논쟁들이 계기가 돼 존은 회의론적 과학Skeptical Science 웹사이트를 만들었다. 내가 삼촌에게 보냈던, 기후변화에 대한 잘못된 신화를 열거하고 철저히 밝히는 교육용 웹사이트다. 이 대규모의 과학 데이터들로 존의 아버지가 설득됐을까? 지금쯤이면, 당신은 추측할 수 있을 것이다. 아니, 설득당하지 않았다.

존의 아버지는 호주 퀸즐랜드 농촌 지역인 김피에 살고 있다.

호주 정부는 2009년 인센티브를 제공해 사람들이 집 지붕에 태양광 전지판을 설치하도록 장려했다. 그렇게 생산한 전기를 전력망으로 다시 보내면 원래 내던 전기 요금의 두 배를 받게 될 것이라고 했다. 존은 "우리 집에도 태양광 전지판을 설치했어요. 제가 이 프로그램을 아버지에게 말했을 때, 그는 처음엔 거부했습니다. 아마도 제가 그것이 친환경이니 어쩌니 해서 그랬을 겁니다."

그러던 어느 날, 그의 아버지는 존에게 와서, "내가 계산해봤더니 태양광 발전은 재정적으로 머리 쓸 일 없이 쉬운 일이더군"이라고 말했다. 그의 아버지는 재정적으로 보수적인 알뜰한 사람이다. 돈을 절약하는 것이 그의 핵심 가치 중 하나였는데, 그는 자신의 지붕에 3kW 시스템인 16개의 전지판을 설치했다. 그가 전기 회사로부터 영수증을 받을 때마다, 그는 존에게 전화를 걸어 그것에 대해 이야기하곤 했다. 그의 아버지는 태양광 전지판 덕분에 매년 1,200달러를 아낀다고 했고, 전기세를 한 번도 더 내지 않았다. 태양광 전지판 설치는 그의 가치관과 일치하지 않았을 뿐이고, 그를 (진정한 의미에서) 훨씬 더 나은 사람으로, 더 알뜰하고 훨씬 더 보수적인(자유시장주의와 개인주의, 전통을 중시하는 진정한 보주수의의 의미에서) 사람으로 바꾸어놓았다.

태양광은 존의 정체성에 반하기보다는 오히려 정체성을 강화시켰다. 몇 년 후 저녁 식사를 하면서 존의 아버지는 대화 도중 존에게 "물론 인간이 지구온난화를 일으키고 있다"고 즉흥적으로 말했다. 존은 거의 의자에서 넘어질 뻔했다. 수년 동안 아버지와 함께 나눈 이 주제에 대한 대화에선 아무런 진전이 없었기 때문에 그는 전혀 예상하지 못한 일이었다. 존이 어안이 벙벙한 채, "무엇이 아버지의 마음을 바꾸었습니까?"라고 묻자 아버지는 "무슨 말을 하는 거야? 나는 늘 이런 생각을 했어"라고 반응해서 그는 매우 놀랐다.

인지심리학자로서 존은 마치 그의 연구 중 하나의 초현실적 상황에 놓여 있는 것처럼 느꼈다. 그의 아버지는 수년 동안 기후과학을 부인해왔는데, 지금은 스스로 과학을 부인했다는 것을 부인하고 있는 것이다.

해결책을 회피하는 것이 부인 행위를 부추긴다는 것을 고려할 때, 존은 아버지가 좀 더 기후 친화적으로 행동을 바꾸었을 때—경제적인 이유로 그렇게 했음에도 불구하고— 그 행동이 태도의 변화를 촉발했다고 추측한다. 자신이 누구인지에 대한 아버지의 인식은 말 그대로 자신이 변했다는 것을 기억할 수 없을 정도로 근본적인 수준으로 바뀌었다.

우리의 행동은 우리가 누구인지에 대한 우리의 감각을 강화하고, 심화시키며, 심지어 돌이킬 수 없는 정도로 변화시킬 수 있다. 그뿐만 아니라 우리가 하는 일은 다른 사람들도 변화시킨다. 행동경제학자 로버트 프랭크는 타인이 행동하는 것을 보며 받는 전염(감화)은 "합리적 선택의 과정이라기보다는 홍역이나 수두의 발병 과정에 더 가깝다"라고 말한다. 코로나바이러스와 차이가 있다면 행동 전염은 좋은 것이라는 점이다.

태양광 발전 '전염' 추적

　2015년에, 두 지리학자가 미국 코네티컷주에 있는 주택가에 태양광 전지판들이 갑자기 많이 나타나는 것을 알아차렸다. 호기심이 생긴 그들은 누가 태양광 전지판을 가지고 있는지 알아보기 시작했다. 부유한 집에 있을까? 아니면 인구 밀도가 더 높은 지역에 있을까? 태양광 전지판의 얼리 어답터(조기 수용자)들은 혁신적인 기술에 관심이 있고, 그들이 신뢰하는 설치 프로그램을 찾고, 태양광 전지판을 갖는 것이 그들에게 이익이 될 것이라고 생각하는 경향이 있다. 하지만 일단 얼리 어답터가 태양광 전지판을 설치하고 나면 그 주변에 일종의 클러스터(집단)가 갑자기 나타난다는 것을 그 지리학자들이 발견했다. 주변의 집에 태양광 전지판이 설치돼 있어 그것을 직접 보고 이야기할 수 있다는 것은 사람들이 태양광 전지판을 설치할지 말지를 예측할 수 있는 가장 큰 변수였다. 왜 그럴까? 그것이 정보의 '비용'을 낮추었기 때문이다. 정보를 얻기 위해 어딘가에 가거나 이야기할 새로운 사람을 찾을 필요가 없어지는 것이다. 그런 정보는 바로 당신 옆에 있고, 존의 아버지처럼 그들과 같은 선택을 하는 데 필요한 모든 정보에 귀를 기울이고자 하는 준비와 열망만 있으면 된다. 스웨덴, 중국, 그리고 독일에서도 코네티컷과 비슷한 연구가 나왔다. 그들은 옥상 태양광 전지판이 1km 이내에 사는 이웃들에게 가장 영향력이 있었다는 것을 발견했다. 스위스의 한 연구는 한

걸음 더 나아가, 그러한 중요한 지역(핫스팟)들은 다른 지역의 수용을 촉진하기 위해 일부러 만들어야 한다고 권고했다.

2020년까지 호주 가정의 21%가 옥상 태양광을 보유하고 있었다. 캘리포니아주와 사우스마이애미시는 새로 짓는 대부분의 집에 옥상 태양광을 설치할 것을 의무화하고 있다. 2021년 세계 옥상 태양광 산업은 전 세계적으로 거의 400억 달러의 가치가 있었고, 2027년에는 800억 달러가 넘을 것으로 예상된다.

내가 사는 서부 텍사스에서부터 캘리포니아 남부에 이르는 곳은 미국의 어느 곳보다 많은 태양에너지를 공급받는다. 이곳에서 비가 오는 날은 밴쿠버나 런던의 화창한 겨울날만큼 드문 일이다. 현재 이용 가능한 기술을 사용해 나는 러벅과 아마릴로 사이에 쉽게 들어갈 수 있는 태양광발전소를 한 면당 100평방마일을 조금 넘게 설치하면 미국 전역에 전기를 공급할 수 있다고 계산했다. 이는 현재 미국 전역에서 메이플 시럽 생산, 골프장 및 공항으로 사용하는 면적과 비슷하다.[1]

2015년에만 해도 텍사스는 상업적인 태양광 발전 부문에서 상위 10개 주 안에 들지 못했다. 2020년이 되자 텍사스에서는 몇 주만 지나도 태양광 발전 시설이 새롭게 들어서는 것처럼 보였다. 2020년 11월에는 댈러스 근처에 16억 달러 규모의 인브에너지

---

1 물론 당신은 한곳에서 국가 전체의 전기를 생산하고 싶지는 않을 것이다. 이 예시는 텍사스주 태양광 발전의 잠재력과 우리가 이야기하고 있는 땅이 그렇게 많지 않다는 것을 설명하기 위한 것이다.

프로젝트가 발표됐는데 A&T와 구글에 재생전기를 공급하기 위한 것이었다. 어느덧 텍사스는 이제 미국에서 두 번째로 큰 태양광 발전 시설을 갖춘 주가 되었다.

마찬가지로, 2015년만 해도 나는 인구 25만 명이 넘는 러벅에 옥상 태양광 전지판이 설치된 집이 얼마나 되는지 몰랐다. 그리고 텍사스에는 얼리 어답터가 많지 않아 태양광 클러스터가 형성되기는 어렵다고 판단되었다.

그러고 나서, 두 해 전 크리스마스 직전에 내 신용 정보가 조회됐다는 안내문을 받았다(이것이 불합리한 추론일지 모르지만 일단 내 이야기를 들어보기 바란다). 나는 내가 아무것도 신청하지 않았다는 것을 알기 때문에, 신용정보가 도둑맞은 것으로 생각했다. 나와 남편은 신용카드를 공유하기 때문에 나는 놀라서 남편에게 전화를 걸었다. 카드를 중지시키는 수밖에 없다고 생각했던 것이다. 그런데 카드를 중지하기 전에 남편은 "그럴 필요 없어, 괜찮아"라고 하는 것이었다.

"괜찮다는 게 무슨 뜻이에요?"

"말할 수 없어. 지금 말하면 뜻밖의 선물이 안 될 테니."

"무슨 뜻밖의 선물?"

며칠이 지나서야 그는 내게 말했다. 남편은 얼리 어답터답게 저축을 좋아하며 기술에 능통한 사람으로서, 복잡한 계산을 끝내고 협상을 완료한 다음 크리스마스에 우리 집을 위해 태양광 전지판을 샀다. 그는 내가 얼마나 행복해할지 알고 있었다. 그가 깜

5부 당신이 변화를 가져올 수 있다

짝 선물을 계획했다는 것을 말할 때 나는 문자 그대로 기쁨의 눈물을 흘렸다. 심지어 전기 기술자가 지붕에서 전지판을 설치하는 동안 실수로 우리 침실 천장을 뚫고 다리를 넣었다고 남편이 고백했을 때도 기쁜 건 마찬가지였다. 사실 가장 좋았던 것은 이제부터다. 그는 샌안토니오에 있는 미션 솔라라는 회사가 제조한 전지판을 골랐는데, 그 제품을 사용하는 지역 회사에서 그것들을 구입했다. 유가가 폭락하고 서부 텍사스의 유정 굴착 시설에서 일하는 사람들이 많이 실직했을 때, 이 회사는 석유 노동자들을 고용해서 태양광 전지판을 제조하도록 재교육했다. 미션 솔라는 정의로운 전환 운동의 일부이며, 우리가 그들로부터 전지판을 구매했기 때문에 우리도 그런 운동을 한 셈이다.

그 전지판들을 누구에게서 받았는지 아는 것은 내가 사랑하는 것에 대해 이야기할 수 있게 해준다. 이제 우리가 아는 다른 세 사람이 그 회사 태양광 전지판을 갖고 있고, 6개월 안에 또 다른 태양광 전지판이 우리 집에서 한 블록 떨어진 곳에 있는, 잘 모르는 이웃의 집에 설치됐다. 또 지역 회사와 교회도 태양광 전지판을 설치하기로 했다.

그렇다. 태양광 전지판은 우리 집 탄소 배출을 줄여주고, 동시에 내가 하는 일이 대단히 중요한 것처럼 힘을 받게 해주었다. 그 전지판들이 나에게 효능감을 주었다.

건물의 효율

스탠퍼드대 심리학자 앨버트 반두라는 내가 태어나기도 전부터 인간의 행동을 연구해왔다. 1977년 그는 사람들이 자기 효능감을 느끼면 행동을 바꾼다는 가설을 제시했고 그것을 증명했으며, 자기 효능감을 '어떤 행동 과정을 조직하고 실행하는 자신의 능력에 대한 믿음'이라고 정의했다.

효능감은 엄밀히 말하면 감정이 아니기 때문에 '느낌'은 정말로 맞는 단어가 아니다. 오히려 심리학자들은 그것을 인지 과정이라고 부른다. 아마도 이웃의 설치 관리자를 고용하여 지붕에 전지판을 설치하는 것과 같이 무언가를 할 수 있다고 생각하면 그렇게 할 가능성이 더 높다고 말하는 것이 더 정확할 것이다. 그리고 만약 여러분이 하는 일이 변화를 가져올 것이라고 생각한다면(예를 들어, 여러분이 돈을 절약하고 여러분 자신에 대해 만족한다면), 그것은 훨씬 더 좋은 일이다.

다른 나라 사람들을 대상으로 한 설문조사는 기후변화에 관한 사람들의 효능감이 높지 않다는 것을 보여준다. 기후변화에 대해 걱정하는 우리들조차도 종종 우리가 많은 변화를 가져오지 못하는 것처럼 느낀다. 미국에서 한 설문조사는 50% 이상의 미국인들이 기후변화를 생각할 때 무력감을 느낀다는 것을 보여주었다. 또 다른 설문조사에 따르면 기후행동에 관한 한 50% 이상이 "어디서부터 시작해야 할지 모르겠다"고 반응했다.

우리가 단지 충분히 알지 못하기 때문에 어떤 장벽이 생긴다. 우리는 주택 개조 가게에 가서 전구가 전시된 통로에 서서 낯선 전구들을 바라본다. 내가 가장 좋아하는 오래된 독서등의 60W 백열전구를 교체하려면 어떤 종류의 LED를 사용해야 할까? 지난번에 교체하려고 했을 때 나는 내가 하도 질문을 많이 해대서 취조실에 있는 것 같은 느낌을 받았다.

다른 경우에도 우리가 최선의 결정을 내리기 위해 필요한 정보에 접근할 수조차 없을 수도 있다. 현지에서 재배한 음식을 먹는 것은 일반적으로 탄소발자국이 낮기 때문에, 당신은 음식이 농장에서 식탁의 포크까지 얼마나 먼 거리를 여행해야 하는지 '푸드 마일food miles'을 추적하는 앱을 내려받을 수도 있다. 하지만 예외도 있다. 근처에서 생산되지만 트럭으로 운송되는 음식은 멀리에서 생산되지만 철도로 운송되는 음식보다 더 큰 탄소발자국을 가질 수 있다. 당신은 식료품점에서 어떤 음식이 어느 정도의 탄소발자국이 있는지 어떻게 구분하나?

그리고 나서 당신은 먹는 음식이 당신에게 미치는 것보다 훨씬 더 중요한 사회적 영향이 있다는 것을 알게 되고, 식단에서 고기를 빼낸다. 하지만 요구르트나 계란과 같은 다른 동물성 제품들도 거의 그만큼 나쁘다는 것을 알게 된다. 당신이 그 음식들도 빼낸다. 그러면 당신의 개가 이전보다 훨씬 더 많은 고기를 먹고 있다는 것을 깨닫게 된다. 사실, 특별히 큰 개가 아니라 단지 평균적인 개도 소비하는 음식은 연간 평균 탄소발자국으로 따지면 일반적인 승용차의 거의 4분의 1에 해당한다. 그럴 리가!?

다른 장벽들은 우리의 우선순위가 다르기 때문에 생겨난다. 우리는 대중교통을 이용할 수 있는 대도시에 살 수도 있다. 우리는 여전히 차로 회사에 가는 것을 선호하는데, 그 이유는 아이를 학교에 데려다주는 것이 더 쉽기 때문이거나 아니면 그냥 혼자 시간을 보내는 것이 좋기 때문일 수도 있다. 어떤 경우엔 너무나 알뜰해서 1년간 재활용할 수 없는 쓰레기가 단지 하나의 병에 들어갈 정도로 작은, 대단한 사람들에 대한 기사를 읽기도 한다. 하지만 우리 삶의 모든 쓰레기를 제거하는 데 필요한 시간은 엄청나고 벅차다고 느끼게 된다.

장벽은 또 있다. 특히 수송 또는 경제적 여유다. 우리는 전기차를 갖기를 꿈꿀지 모르지만, 그것을 살 여유가 없을 수 있다. 또는 비행기를 타지 않거나 바이오 연료로 움직이는 비행기만 타고 싶지만, 직업상 실제 최소한으로라도 출장을 가야 하는 경우도 있고, 가족과 떨어져 대륙이나 세계의 먼 곳에서 살아야 하는 수도 있다. 그러나 엄청나게 멀고 가장 큰 장벽은 감정적이고 이데올로기적이다. 우리는 기후변화에 대해 관심을 갖거나, 걱정하거나, 또는 경각심을 가질 수 있지만, 우리는 효능감을 갖고 있지 않다. 임상심리학자 루빈 호담이 지적한 바와 같이 인간은 끊임없이 동기부여의 덫에 걸려 그것이 부여될 때까지 기다렸다가 행동한다고 느낀다. 실제로는 '가치 있는 행동', 즉 당신의 가치와 일치하는 행동이 먼저이고, 동기부여는 그다음이다.

이념적인 측면에서 볼 때는 정치적 스펙트럼에서 매우 진보적 해결책이 제시되면 보수주의자들은 그 해결책을 반대로 본다. 그들은 해결책을 수행할 수 없을 뿐만 아니라 원하지도 않는다. 하지만 만약 행동이 가능할 뿐만 아니라, 존의 아버지의 경우처럼 그 행동의 결과가 보수주의자의 가치관과 일치하는 것으로 판명된다면 어떻게 될까? 갑자기 문제에 대한 그들의 반대 자체가 증발된다. 왜냐하면 보수주의자도 문제의 일부가 아니라 해결책의 일부가 될 수 있기 때문이다.

기후행동이 힘을 실어주는 이유

기후행동과 관련해 우리의 효능감을 높이는 것은 무엇일까? 아직 연구가 진행 중이지만, 핵심 내용은 직관적으로 이해 가능하다. 실제 해결책이 어떻게 생겼는지, 그리고 얼마나 많은 해결책이 이미 구현되고 있거나 가까운 미래에 구현될 것인지에 대해 듣거나 보거나 알게 되면 효능감이 향상될 수 있다. 그리고 다른 사람이 무언가를 하는 것을 보거나 개인적인 삶에서 할 수 있는 일을 발견하거나, 혹은 존의 아버지의 경우에서처럼 이미 한 일을 발견하면 효능감도 향상된다.

이것이 진정한 긍정적 반응 주기다. 우리가 개인적으로 그리고 공동체적으로 행동하도록 힘을 부여받을 때, 그것은 우리가 행동할 가능성을 높여줄 뿐만 아니라 행동하는 다른 사람들을 지원할 수 있도록 해준다. 이것은 전 세계적으로 몇 번이고 확인된 매우 인간적인 반응이다. 이것은 또한 우리에게 절망에 대한 백신 접종을 해준다. 기후변화에 대해 불안해하는 젊은이들은 자신들이 행동할 수 있다면 절망으로 마비되지 않는다는 조사 결과가 나왔다. 딥워터 호라이즌호 기름 유출 사고[2]의 영향을 받은 미국 걸프만 연안의 사람들이 정화 작업에 직접 참여하고 적극적으로 무언가를 했을 경우 우울감이 덜한 것으로 나타났다. 그리고 일반적으로 우리가 어떤 일을 하면 할수록 그것은 우리에게 더 중요하고, 우리는 그것에 더 신경을 쓰게 된다.

이것은 외로운 방랑자 얘기가 아니다. 집단적 효능감이 훨씬 더 중요한데, 그것은 우리가 공동체로서 함께 변화를 가져올 수 있다는 생각을 말한다. 그렇기 때문에 같은 생각을 가진 집단을 찾는 것이 매우 중요하다. 다른 운동선수, 부모, 동료 탐조객이나 로타리클럽 회원, 또는 우리와 믿음을 공유하는 사람들과 함께하면 우리의 행동도 배가된다. 더 이상 우리 혼자만이 아닌 것이다.

그것이 미국의 온라인 커뮤니티 플랫폼인 브라이트액션 BrightAction을 만든 리사 알티에리의 생각이다. 가정은 그들의 이웃, 스카우트 부대, 교회, 직장 등 그들의 커뮤니티의 일부로서 목표를 세우고 행동을 취할 수 있다. 그들은 온라인이나 실제 생활

---

2 2010년 4월 20일 미국 뉴올리언스 남쪽 200km 떨어진 곳에서 BP 관할 시추지역에서 딥워터 호라이즌호의 석유 시추 시설이 폭발한 사건. 이 사건으로 남한 크기의 절반에 해당하는 6,500㎢ 넓이의 해면이 오염됐다.

에서 정보를 공유할 수 있고, 심지어 다른 '팀'들과 경쟁할 수도 있다. 어떤 팀이냐고? 캘리포니아의 팰러앨토에서부터 뉴욕의 올버니까지 수십 개의 도시들이 있고, 심지어 애리조나주립대와 미국 성공회조차도 사람들이 함께 탄소 배출을 줄일 수 있는 맞춤형 커뮤니티를 만들기 위해 리사를 고용했다. 그리고 일을 처리함으로써 집단적인 효능감을 기르는 것이 '시민들의 기후 로비 CCL, Citizen's Climate Lobby'의 전부다. 마셜 손더스는 전 셸오일 직원이자 텍사스 와코 출신의 부동산 중개인이다. 그는 "앨 고어 전 부통령의 다큐멘터리 '불편한 진실'을 보았을 때 기후위기에 눈을 떴고, 잘 조직되고 적절하게 훈련된 시민 그룹이 세상을 더 나은 곳으로 만들기 위해 휘두를 수 있는 힘을 발견했다"라고 말했다. 그는 2007년 CCL을 설립했는데, 2019년 사망했을 때는 남극을 제외한 전 세계 60개국과 모든 대륙에 걸쳐 600개 이상의 활동적인 지부를 갖고 있었다.

CCL은 미국의 경우 상원과 하원에서 초당적인 기후 해결책 코커스[3]를 만들었다. 캐나다에서는 국가 탄소세를 걷도록 하기 위해 수수료와 배당금 방식의 로비를 성공적으로 수행했다. 슬로바키아에서 나는 CCL 지지자와 함께 무대에 섰는데, 그는 이런 접근 방식이 석탄 의존 국가에 이점이 있다고 설명했다. 그리고 나는 여행하면서 문학 교수에서부터 천체물리학자에 이르기까지

---

3   caucus: 정당의 정책 수립 등을 위한 간부회의.

많은 학자들, 신앙 지도자, 은퇴자, 그리고 심지어 기후 해결책을 지지하고 싶었지만 지역 CCL 지부를 찾기 전까지는 무력감을 느꼈던 기업인들을 만났다.

그곳에서 다른 관련된 지역사회 구성원들과 함께 그들은 격려를 받고 또 다른 사람들을 격려할 수 있었다. 사람들은 기후 해결책에 대해 더 많이 배우고, 이웃과 선출된 관리들과 대화하고 만남을 가짐으로써 집단적 효능감을 기를 수 있었다.

정치인들과 기후 솔루션에 대해 대화하기

유타주에 사는 데이비드는 의사다. 그는 예수 그리스도 후기 성도 교회에 다니며 자랐기 때문에 그 주의 많은 사람들에게 동기를 부여하는 신앙을 이해하고 있다. 그는 또 솔트레이크시티에 늘 담요처럼 걸쳐 있는 짙은 스모그가 어떻게 발생했는지, 그리고 그것이 그곳에 사는 아이들과 어른들의 건강에 어떤 영향을 미치는지 알고 있다.

그가 은퇴했을 때, 그는 환자들의 건강을 위해 싸움을 계속하고 싶었다. 그리고 대기오염과 기후변화를 해결하는 것이 그것의 핵심이라는 것을 알고 있었기 때문에 CCL에 가입했다. 지역 지부에서 그에게 공화당 주 상원의원에게 연락할 의향이 있는지 물었다. 그는 자신이 무엇을 할지도 모르면서 "물론이죠!"라고 답했다. CCL에 대해 내가 가장 좋아하는 것은 그들이 잠재적으로 적대적인 정치인들에게까지도 대화하는 법을 가르치는 것이다. 그래서 그들이 유권자들을 위해서 하고 있는 것에 대해 감사하고 우리 모두가 같은 생각을 하고 있으며 옳은 일을 하려고 노력하고 있다는 태도를 보인다.

데이비드가 처음 그 주의 상원의원을 만났을 때 그는 성심성의껏 대했지만 신중한 편이었다. 그는 기후변화에 관해 이야기하기를 원하지 않았다. 하지만 그들은 공기 질에 대해선 공통의 관심사가 있다는 것을 확인했다. 상원의원은 열광적으로 자전거를 타는 사람이었다. 그는 업무를 위해 국회로 갈 때는 15마일 되는 거리를 자전거를 타고 갔다. 그래서 데이비드는 그다음에 상원의원을 만나러 갈 때 유타주의 대기 질을 깨끗하게 하기 위해 애쓰는 그의 열의에 대한 감사를 표하며 대화를 시작했다.

곧이어 상원의원은 데이비드를 초대해서 의회 회기 중에 의사당에서 함께 하루를 보내자고 했다. 2년째 되던 해에는 상원의원과 데이비드의 관계는 매우 가까워졌는데, 데이비드가 어느 기독교인 기후과학자(나, 캐서린 헤이호를 말한다)가 우리 마을에 오는데 아침식사를 같이하고 싶다고 말했을 때, 그 대답은 당연히 "좋아요"였다.

데이비드 덕분에 상원의원과의 대화는 전적으로 현실적인 문제와 실행 가능한 해결책에 초점이 맞춰졌다. 온도나 거짓말에 대한 논의는 없었다. 단지 기후변화와 대기오염으로 영향받는 사람들에 대한 진정한 관심과, 모두의 이익을 위해 청정에너지 전환을 가속화하는 도전적 과제들에 대한 논의만 있었다. 유타주의 일부 작은 마을은 공동체 전체가 탄광 주변에 지어진 곳이 있다. 이 탄광이 문을 닫으면 사람들이 일자리를 잃고 마을이 황폐해질 것이었다. 그래서 어떻게 마을에 새로운 산업을 유치하고 어떻게 하면 훈련과 일자리를 제공할 수 있을지가 당면한 문제였다. 석탄 사용을 줄이는 것은 단지 기후변화뿐 아니라 대기오염에도 도움이 된다. 기후변화는 이미 유타주의 수익성 좋은 겨울 휴양 산업을 해치고 있다. 상원의원이나 데이비드 모두 기후변화에 대해 걱정이 많았다. 그것은 그들이 사는 곳과 그곳을 공유하는 사람들에 대한 관심이 있었기 때문이었다.

마셜 손더스는 "저는 주요 인사들이나 중요한 문제에 대해 걱정한다고 생각하곤 했습니다. 하지만 이제는 더 이상 그렇게 생각하지 않습니다"라고 말했다. 중요한 문제를 걱정하지 않는 것이 반드시 나쁜 일이라는 뜻은 아니었다. 그의 깨달음은 단순히 지도자들이 중요한 문제가 있을 때 마법으로 그 문제를 해결하는 게 아니라는 것이었다. 마셜이 깨달은 것은 평범한 사람들이 중요한 일을 해결할 수 있는 힘을 공유한다는 것이었다. 실제로 그것이 일을 해결할 수 있는 최고의 희망이다.

사회에서 우리의 위치가 무엇이든 간에, 중요한 문제들은 일반인들이 충분히 행동을 취하기 위해 동원될 때까지 고쳐지지 않는다. 그것은 우리가 스스로 성취하는 것에 관한 것만이 아니다. 다른 사람들과 연결하는 것은 우리에게 더 강한 집단적 효능감을 불어넣고, 같은 생각을 가진 사람들의 네트워크를 구축한다. 의견과 행동을 공유하면 우리의 행동을 지배하는 비공식적인 규칙인 사회 규범을 바꾼다. 이것은 차례대로 탄소 배출을 줄이기 위한 기후행동과 정책을 원하는 정치인들을 우리가 지지할 가능성이 더 높고, 기후 해결책의 필요성에 대해 목소리를 낼 가능성이 더 높으며, 기후변화를 대규모로 해결하는 데 필요한 변화에 찬성할 가능성이 더 높다. 그것은 마치 첫 번째 도미노를 넘어뜨리는 것과 같다. 결국 행동이 우리 모두를 변화시킨다.

19장

당신의 탄소발자국은
당신이 먹는 음식이다

> "유기농 음식을 먹는 것은 좋지만, 여러분의 목표가 기후를 구하는 것이라면 투표가 훨씬 더 중요합니다."
> ─데이비드 월리스웰스, 『사람이 살지 않는 지구』

> "우리는 모두 퍼즐의 다른 부분을 풀려고 노력합니다."
> ─토양생태학자이자 나의 동료인 나타샤 반 게스텔

나는 매년 나의 삶에 두 가지 새로운 저탄소 습관을 추가한다. 나의 개인적인 탄소 배출 감소가 변화를 가져올 것이라고 믿기 때문에 그렇게 하는 것이 아니다. 내가 13장에서 계산했듯이, 기후변화를 걱정하는 우리 모두가 최선을 다하더라도, 우리 개인의 선택은 결코 전 세계의 탄소 배출을 파리협정의 목표 근처까지 줄이지 못할 것이다. 그런데 왜 나는 이러한 새로운 습관을 채택해야 할까?

첫째, 그것이 올바른 행동이기 때문이다. 비록 그것이 세상에 미치는 영향이 거의 의미가 없어도, 내가 내 역할을 다하고 있다는 느낌을 받는 것이 중요하다. 또한 연구에 따르면, 자신의 탄소 발자국을 더 심각하게 받아들이는 기후과학자들은 더 신뢰할 수 있는 전달자로 인식되고, 다른 사람들이 행동을 취하고 기후 친화적인 정책을 지지하는 데 더 효과적인 옹호자로 인식되기 때문에 그런 행동을 한다. 놀랍지 않은 일이다. 위선자를 좋아하는 사람은 아무도 없다. 하지만 무엇보다도, 나는 그것이 나에게 영감을 주고, 다른 사람들에게도 영감을 줄 수 있도록 하기 때문에 그런 행동을 한다. 저탄소 습관은 내게 행동이 가능하다는 것을 상기시키며, 첫 번째 도미노 조각을 건드린다. 그것은 내게 이야기할 거리를 주고, 내가 해오고 있는 것에 대해 그리고 내가 그것을 어떻게 느끼는지를 (가르치거나 호통 치지 않고) 그들과 공유함으로써 다른 사람들에게도 효능감을 만들어준다.

탄소 저울에 올라가기

당신이 살을 빼려고 할 때 맨 처음 하는 일은 저울에 올라가 몸무게가 얼마나 되는지를 확인하는 것이다. 그다음에 원하는 목표를 정하고, 마지막으로 거기에 도달하기 위해 무엇을 할 것인가를 결정하게 된다. 음식의 칼로리를 재야 하나? 개인 트레이너PT를 이용해야 하나? 냉장고 문을 잠가야 하나? 같은 방식으로 당

세이빙 어스

326

신의 탄소발자국을 줄이는 첫 번째 일은 탄소 저울에 올라가는 일이다.

내가 몇 년 전에 이 일을 했을 때, 나의 여행이 가장 먼저 해결해야 할 문제라는 것을 보여주었다. 그 결과는 탄소를 줄이기 위한 방법으로 앞서 설명한 '가상 및 묶음 여행' 전략이었다. 지금은 내 웹사이트에 올려놓아서 그곳을 방문하는 모든 사람들이 볼 수 있도록 했다. 코로나19 사태 이전에는 가상 강연을 해본 적이 없는 사람들도 있었지만, 그것이 내가 할 수 있는 유일한 종류였기 때문에 그들도 기꺼이 가상 강연을 시도했다. 물론 지금은 거의 모든 사람들이 가상 강연에 나서고 있다.

어떤 제품을 대량 구매해야 할 때가 되면, 나는 탄소발자국을 따진다. 내가 오래된 하이브리드 차량을 플러그인 전기차로 교체했을 때였다. 차고에 전기차 충전용 콘센트를 설치할 때까지 집 밖에서 충전을 해야 했다. 우리는 작은 골목 길가에 살았는데, 이웃들은 차량을 타고 지나가면서 가볍게 손을 흔들고 지나간다. 그런데 그들이 전기차를 보았을 때는 반응이 아주 달랐다. 모든 이웃들이 차에서 내려 다소 믿을 수 없다는 듯이 "저게 뭐죠?"라고 묻곤 했다. 전기차라는 말을 듣고 그들은 "어디서 샀어요?", "가솔린 페달이 있나요?", "충전하는 데 얼마가 드나요?"(가솔린 한 통보다 훨씬 적게 든다)라고 묻곤 했다. 다른 이웃은 차창을 내리고 밖으로 몸을 내밀며 "제가 봐도 될까요?", "당신의 차가 너무 좋아요"라고 말하기도 했다. 분명히 그 차는 그들이 본 첫 번째 전

5부 당신이 변화를 가져올 수 있다

기차였다. 그리고 그들은 그것을 잊지 않을 것이다.

　심지어 아주 작은 변화도 보탬이 된다. 뜨거운 물 대신 차가운 물로 옷을 세탁하거나(에너지를 5배 적게 사용하여 옷이 바래지는 것을 방지함), 가정용 컴퓨터와 놀이용 엔터테인먼트 시스템이 연결돼 있는 경우 스마트 파워 스트립⁴을 사용해 대기 모드에 있는 기기의 대기 전력⁵을 줄이는 것도 의미가 있다. 어느 해인가 나는 마침내 앉아서 내가 원하는 전구가 몇 켈빈(절대온도 단위, K)인지 알아냈다. 그래서 우리 집 모든 백열전구를 부드러운 흰색의 따뜻한 느낌을 주는 LED로 교체했다. 그것들은 몇 달이 아니라 몇 년 동안 사용할 수 있고, 아주 작은 에너지로도 사용이 가능하다.

당신의 탄소발자국은 당신이 먹는 음식이다

　지구에서 자라고 길러진 음식의 3분의 1이 쓰레기로 버려진다. 전 세계적으로 인간이 방출하는 온실가스(주로 메탄)의 8%가 음식 쓰레기에서 나온다. 만약 음식물 쓰레기 배출량을 나라에 비유하면, 그것은 중국과 미국에 이어 오늘날 매년 세 번째로 큰 배출국이 될 것이다. 개발도상국에서 그것은 시장에 나오지도 않고

4　smart power strips: 스스로 대기 전력을 차단해 에너지를 절약하는 방식의 멀티탭으로 디지털 전기 계량기다.
5　vampire load: 매년 미국에서는 이 대기 전력으로 약 190억 달러, 가구당으로 치면 165달러의 에너지가 이 비용으로 낭비된다.

부패할 때까지 보존되지도 않는 음식이다. 부유한 나라에서는 많은 음식이 당신의 장바구니에 닿기 전에 버려진다. 슈퍼마켓용으로는 너무 모양이 맞지 않다는 이유로, 수요가 감소해 차라리 땅에 파묻는 게 손해가 덜하다며 농장 안에서 사라져버린다. 우리는 많은 음식을 냉장고에 채웠다가도 그대로 버리기도 한다. 미국에서, 사람들은 9만 석의 축구 경기장을 채우기에 충분한 양의 음식을 매일 자신의 접시나 냉장고에서 버린다.

식량 구조 단체인 '세컨드 하베스트'는 캐나다에서 생산된 음식의 58%가 손실되거나 낭비되는 것으로 추정한다. 그중 약 절반은 가공 중에, 나머지 절반은 소비 중에 발생한다. 이 양의 절반은 아낄 수 있다. 음식은 소중한 것이다. '플래시푸드'라는 단체는 캐나다의 유명한 식료품 체인점인 로블로스와 협력해 유통기한 날짜에 가까워지는 음식을 50% 이상 할인된 가격으로 판매하는 앱을 만들었다. 플래시푸드의 설립자인 조시 도밍게스에 따르면 2020년 현재 그 앱 덕분에 매립지로 갈 9,000톤 이상의 음식을 활용할 수 있었으며, 그 자신도 고객이다. 도밍게스는 "제가 저녁거리를 살 때는 그 앱을 이용합니다"라고 말했다.

나는 더 이상 캐나다에 살지 않아서 그 앱을 이용하기가 어렵지만, 그래도 내가 할 수 있는 일은 많다. 2주에 한 번씩 대형마트에서 식료품을 가득 채운 카트를 끄는 대신, 일주일에 두세 번씩 캠퍼스에서 집으로 돌아가는 길에 식료품점으로 작은 여행을 한다. 매일 밤 무엇을 요리할지 알아내는 것은 더 빠르고, 더 쉬워졌

5부 당신이 변화를 가져올 수 있다

다. 결코 어려운 일이 아니다. 두 가지 선택지뿐이지만, 채소는 항상 신선하다. 여분의 냉동고가 더 이상 필요하지 않아서 나는 그것을 팔고, 빈 공간을 빨래를 널 수 있는 건조대로 채웠다. 나도 우리가 무엇을 먹었는지 확인해보기 시작했다. 먹이사슬에서 아래쪽에 있는 음식을 먹을수록 온실가스, 특히 메탄을 더 적게 만든다. 오늘날 지구에서 우리는 300억 마리 이상의 육지 동물들을 소비하기 위해 사육하고 있다. 산림 파괴, 사료, 비료, 그리고 우리가 잘 아는 소의 트림과 방귀 등 가축 사육 과정의 탄소와 메탄 배출은 매년 세계 총 온실가스 배출량의 14%를 차지한다. 쇠고기가 가장 많이 배출하는데, kg당 100kg의 온실가스를 배출한다. 닭고기는 거기에 비하면 10분의 1이다. 닭고기 1kg당 10kg의 CO_2eq[6]를 배출한다. 달걀은 5kg을, 대부분의 과일과 채소는 1kg에 가깝거나 그 이하를 배출한다.

사실 만약 유축농업 분야가 하나의 나라라면, 온실가스 배출 3위 국가가 될 것이다. 그렇기 때문에 산업적 시스템에서 생산된 고기를 많이 먹는 나라에서는 식물이 풍부한 식단을 채택하는 것이 개인적인 배출량을 줄이기 위해 취할 수 있는 가장 영향력 있는 조치 중 하나다. 육류를 적게 먹는 것은 메탄을 내뿜는 동물이 적다는 것을 의미하며, 또한 비용을 절약하고 건강을 증진시킨다.

---

6   이산화탄소 환산량. 온실가스 배출량을 대표 온실가스인 이산화탄소로 환산한 것으로 각각의 온실가스 배출량에 온실가스별 온난화지수GWP를 곱한 값을 누계하여 구한다.

우리 가족이 쇠고기를 먹을 때 우리는 지역 농장에서 쇠고기를 산다. 방목은 더 인간적이고, 토양에 탄소를 격리하고, 동물의 건강을 촉진한다. 여기 텍사스에는 야생 돼지에서 사슴에 이르기까지 정기적으로 도살되는 많은 침입종들이 있다. 브로큰애로 목장은 30년 동안 그 고기를 안전하게 도살하고 가공하기 위해 야생동물 생태학자들, 목장 주인들과 함께 작업했고, 쓰레기가 될 수 있는 그 고기들을 스테이크, 소시지, 그리고 잘게 간 고기로 바꾸었다. 우유, 치즈, 요구르트, 버터, 그리고 심지어 고기에 대한 더 넓고 많은 대체물들이 부유한 나라의 많은 슈퍼마켓에서 이용 가능해졌다. 내 아들은 식물성 대체단백질인 비욘드 미트를 너무 좋아해서 할아버지, 할머니께서 햄버거를 사주실 때 쇠고기보다 비욘드 미트를 고를 수 있는 곳으로 가야 한다고 고집을 부렸다. 토론토에서는 그런 가게를 찾는 것이 그리 어렵지 않았다. 아버지도 비욘드 미트를 드셔보셨다. 아버지도 기후행동에 동참하게 된 셈이다.

애완동물에게 먹이 주는 것에도 그 나름의 문제가 있다. 특히 사람들이 개와 고양이에게 고급 음식을 먹이는 경향이 있기 때문이다. 그 대신, 인간이 일반적으로 섭취하지 않는 동물의 일부를 제공하는 접근 방식을 취하는 게 좋다. 러브버그Lovebug라고 불리는 푸투라 스타트업과 루트랩RootLab이라 불리는 퓨리나는 침입성 아시아 잉어와 귀뚜라미 식사와 같이 탄소발자국이 작은 혁신적인 단백질로 만든 고양이와 개 사료를 개발하고 판매하고 있다.

최상의 계획도 실패할 수 있다

하지만 코로나19 시대에 내가 할 수 없는 일들이 있었는데 특히 재활용이 그랬다. 러벅시의 재활용 프로그램은 매우 제한된 범위의 품목을 취급하는데, 결국 대부분 쓰레기장에 버려지고 만다. 그래서 몇 년 동안 나는 우리 대학 주택 부서의 자체 개발 프로그램을 사용했다. 멜라니 테이텀이라는 한 여성의 작품인데, 그는 유리와 플라스틱부터 전자제품과 스티로폼에 이르기까지 다양한 재활용 옵션을 만들었다. 더욱 좋은 점은, 그녀가 재활용 수익금을 학생 노동자들을 지원하기 위해 사용했다는 점이다. 내가 내놓은 것으로 학생들을 도운 것이다.

하지만 그때 코로나바이러스가 강타했고, 대학 캠퍼스는 문을 닫았다. 몇 주 동안 나는 캠퍼스가 다시 문을 열 수 있기를 바라며 차고에 재활용품을 충실히 쌓았지만 소용이 없었다. 나는 심지어 차에 짐을 싣고 6시간 거리에 괜찮은 재활용 프로그램이 있는 가장 가까운 도시까지 모든 재활용품을 싣고 운전하는 것도 생각하고 있었다. 그것이 그냥 버리는 것보다 더 많은 에너지를 소비할 것이라는 것을 알았기 때문에 남편이 재활용품들을 쓰레기통으로 가져가는 것도 눈감고 있었다. 그다음 주 한 학생이 자신도 같은 딜레마를 갖고 있고, 어떻게 해야 할지 모르겠다며 내게 이야기했다. 이것은 전 세계 다른 곳도 마찬가지였을 것이다. 코로나바이러스가 기승을 부릴 때 가정 쓰레기가 미국에서 25%나 증가하면서 재활용을 위한 공급망이 붕괴되었다. 일부 도시들은 선택의 여지가 없었고, 재활용 물품들은 쓰레기장으로 갈 수밖에 없었다.

이것은 우리가 이상에 부응하기 위해 어떻게 최선을 다하는지를 보여주지만, 때로 우리가 더 노력할수록 성공할 가능성이 더 낮아지는 절망적 상황을 만나기도 한다. 스웨덴 룬드대학의 지속가능성 연구 과학자인 내 친구 킴 니콜러스의 연구가 흥미롭다. 그녀는 아이를 갖지 않는 것이 개인이 할 수 있는 가장 큰(두 번째는 자동차를 사지 않는 것) 탄소 감축이라고 계산했다. 당신이 나처럼 누군가의 엄마라면 이미 배는 떠난 것이다. 그래서 우리는 포기해야 할까?

주의 집중하기

우리 개인의 선택이 세상을 구하기 위해 필요한 것이라고 믿는 죄책감에 기초한 이 시스템은 우리를 지치게 할 것이다. 그리고 우리가 지칠 때, 우리가 할 수 있는 모든 것을 했지만 아직도 충분하지 않다고 느낄 때, 그냥 패배를 인정하기보다 예언자 이사야의 말을 빌려 "나는 그냥 먹고, 마시고, 멋진 휴가를 보내고, 거대한 SUV를 운전하는 것이 낫겠지? 만약 우리 모두가 망한다면, 여행을 즐기는 것이 어때?"라고 생각하는 것이 더 유혹적이긴 하다.

그래서 독자 여러분이 그렇게 생각한다면, 나 역시 그러해야 하겠지만 스스로 상기해야 한다. **정말 중요한 것은 우리가 행동할 수 있다는 것을 알고, 그리고 그 효능감을 다른 사람들과 공유할 때라는 것을 상기해야 한다. 그것이 사회적 전염(확산)이 시작되는 방법이다.**

맬컴 글래드웰은 자신의 책 『티핑 포인트』[7]에서 이렇게 말했다. "당신 주변의 세상을 보세요. 움직이지 않고, 무자비한 곳처럼 보일지도 모릅니다. 그렇지 않습니다. 적절한 장소에서 조금만 누르면 국면을 전환할 수 있습니다." 그리고 우리는 어떤 방향으로 전환하고 싶은가? 아래는 내 동료 마이클 만이 2019년 타임지 에세이 '라이프스타일을 바꾸는 것은 지구를 구하기에 충분하지 않다'에서 언급한 것들이다.

자동차를 금지할 필요는 없다. 하지만 자동차를 전기화할 필요가 있다(그리고 전기가 재생에너지에서 공급되도록 할 필요가 있다). 우리는 햄버거를 금지할 필요가 없다. 우리는 기후 친화적인 쇠고기가 필요하다. 이러한 변화에 박차를 가하려면 탄소에 가격을 매길 필요가 있다. 오염원들이 이러한 해결책에 투자하도록 장려하기 위해서다.

---

7 Tipping point: 글래드웰의 책에서는 어떤 말이나 행동, 아이디어나 제품이 폭발적으로 유행하는 마법의 순간을 의미한다. 원래의 의미는 작은 변화들이 어느 정도 기간을 두고 쌓여, 이제 작은 변화가 하나만 더 일어나도 갑자기 큰 영향을 초래할 수 있는 상태가 된 단계다.

항공 여행과 쇠고기 소비와 관련된 개인의 선택에 초점을 맞추는 것은 문제의 핵심을 놓칠 위험을 키운다. 그 핵심이란 전 세계 탄소 배출량의 약 3분의 2를 차지하는, 에너지와 수송 전반에 걸쳐 화석연료에 문명이 의존하고 있는 것이다. 우리는 그들이 신경을 쓰든 안 쓰든 모든 사람의 탄소발자국을 줄일 시스템적 변화가 필요하다.

그래서 나와 당신이 할 수 있는 가장 중요한 일은 태양광 전지판이나 음식, 재활용, 혹은 전구와는 관련이 없다는 것이다. 기후변화에 대해 우리 모두가 할 수 있는 가장 중요한 것은 기후변화에 대해 이야기하는 것이다. 왜 기후변화가 중요한지, 어떻게 바로잡을 수 있는지에 대해 이야기하고 목소리를 사용하여 우리의 영향력 내에서 변화를 지지하는 것이다. 부모, 자녀, 가족 구성원 또는 친구나 학생, 직원 또는 상사, 주주, 이해관계자, 구성원 또는 시민으로서 서로 연결하는 것이 우리 자신을 변화시키고 다른 사람을 변화시키며 궁극적으로 세상을 변화시키는 방법이다. 이것은 전염성이 있다.

20장
왜 기후변화에 대해
이야기하는 것이 중요한가

"사람들이 규범 때문에 침묵한다면, 현 상태는 지속될 수 있습니다. 그러나 어느 날, 누군가가 규범에 이의를 제기합니다. 그 작은 도전 이후, 다른 사람들도 자신이 생각하는 것이 무엇인지 이해하기 시작할지도 모릅니다. 일단 그렇게 되면, 물방울은 홍수가 될 수 있습니다."
─캐스 선스타인, 『변화는 어떻게 촉발되는가』

"대다수의 사람들은 우리의 토론을 간절히 시작하고 싶어 했습니다."
─브리티시컬럼비아에서 온 하워드

기후 해결책들은 복잡하고 다면적이다. 기후변화가 우리 세계, 우리의 정체성, 그리고 우리의 삶의 방식에 가하는 도전들에 대한 우리의 반응은 더욱 복잡하고 다면적이다. 그것들을 풀어내는 데도 한 권의 책이 필요하다. 하지만 앞으로 나아가는 **첫 번째 중요한 단계는 간단하다. 당신을 위해, 나를 위해, 그리고 이 책을 읽거나 듣는 모든 사람들을 위해, 우리 모두가 할 수 있는 한 가지 간단한 일이 있다. 그것은 기후변화에 대해 이야기하는 것이다.**

1년쯤 전에 나는 이게 얼마나 강력한 일인지 상기하게 되었다. 런던정경대에서 막 강연을 마치고 지하 강의실 통로로 향하던 중 글린이라는 나이 든 남자가 내게 다가왔다. 그 남자는 영국 런던 자치구 원즈워스에 살고 있는데 내가 말하는 것을 듣기 위해 특별히 기차를 타고 왔다고 했다.

그는 "기후변화에 맞서기 위해 당신이 할 수 있는 가장 중요한 것은 그것에 대해 이야기하는 것"이라는 내 테드TED[8] 강연을 보았고, 그것은 그가 살고 있는 자치구의 사람들과 기후변화에 대해 대화를 나누도록 영감을 주었다.

나는 매우 놀랐다. 내가 한 일이 변화를 가져왔다는 말을 듣는 것이 바로 내가 이런 일을 하는 이유다. 단지 한 사람에게서조차도 말이다. 그의 말은 그가 알고 있던 것보다 내게 더 큰 의미가 있었다. 하지만 글린은 그것으로 끝난 게 아니었다.

그는 자신과의 대화에 참여한 모든 사람들의 말을 녹음해왔다. 그는 "대화 참여자의 목록을 보시겠습니까?"라고 내게 물었다. 나는 깜짝 놀라며 "당연하죠!"라고 말했다. 나는 이전에 그와 같은 말을 들어본 적이 없었다. 그는 가죽 가방에 손을 뻗어 종이 뭉치를 꺼냈다. 나는 70~80명 정도의 이름을 기대하고 있었다. 하지만 그의 명단에는 만 명이 넘는 이름이 기록되어 있었다. 지금

---

8   TED는 기술Technology, 연예Entertainment, 디자인Design의 머릿글자에서 왔다. 미국과 캐나다에 기반을 둔 비영리 미디어 기관으로 '좋은 아이디어는 퍼뜨릴 가치가 있다'는 슬로건을 내걸고 사람들의 관심을 끄는 강연들을 제작해 알리고 있다.

은 1만 2,000명이 훨씬 넘는다(이 글을 쓰기 전에 그에게 다시 확인했다). 런던에 사는 한 남자가 기후변화에 대해 1만 2,000번의 대화를 나눴다. 이는 그가 테드 토크를 보았기 때문에 생긴 일이다. 그 테드 토크는 기후변화가 우리에게 얼마나 중요한지, 그리고 우리가 기후변화에 대해 무엇을 할 수 있는지에 대해 이야기하는 것이 얼마나 중요한지를 다뤘다.

그게 전부가 아니었다. 그의 자치구는 최근 기후 비상사태를 선포하기 위한 투표를 진행했다. 그것은 시민들이 나눈 그 대화 때문이었다. 2년 후 그들은 또한 화석연료 투자를 철회하고 재생에너지에 투자했으며, 코로나19 사태 직전에 그들은 새로운 환경과 지속가능성 전략에 2,000만 파운드를 쓸 것이라고 발표했다.

우리가 말을 하지 않을 때 일어나는 일

당신도 글린이 한 일을 할 수 있다. 당신의 목소리를 사용해 기후변화가 왜 당신에게, 지금 여기에서, 중요한지에 대해 이야기해보라. 당신의 목소리로 당신이 하고 있는 것, 다른 사람들이 하고 있는 것, 그들이 할 수 있는 것을 공유해보라. 당신의 목소리를 가족, 학교, 조직, 직장이나 예배 장소, 도시나 마을, 주나 도 등 모든 수준에서 변화를 옹호하는 데 사용해보라.

투표를 하고 당신의 학교, 당신의 사업, 당신의 도시, 그리고 당신의 나라가 내릴 수 있는 결정을 알리기 위해 당신의 목소리를 사용해보라. 당신이 속해 있고 가치와 관심사를 공유하는 모든 지역사회에서 기후변화에 대해 이야기해보라.

말하는 것은 아마도 단순하게, 너무 단순하게 들릴지도 모른다. 그러나 여기에 중요한 것이 있다. 우리 대부분은 그렇게 하지 않는다는 것이다. 기후변화에 대해 경각심이 있고, 걱정하는 사람들조차도 그 주제에 대해 '자기 침묵'을 하는 경향이 있다고 커뮤니케이션 연구원인 네이선 가이저는 말한다. 그들은 목소리를 높이고 싶어 하고, 그것이 중요하다는 것을 알지만, 그들은 입에서 말을 꺼낼 수 없다.

네이선은 환경 교육자들에 대해서도 연구한 적이 있다. 그들은 의사소통에 관한 훈련을 받았고 대중과 대화하는 것이 직업인 사람들이다. 그런데 심지어 그들조차 기후변화에 대해 이야기하는 것을 종종 주저한다는 것을 그는 발견했다. 그리고 기후변화에 대해 이야기하지 않는 것이 그들에게 심각한 영향을 미친다는 것을 네이선은 발견했다. 그들 중 많은 사람들이 '심각한 심리적 고통'을 겪고 있는데 그것은 '그들이 걱정하는 주제에 대해 논의해서 다른 사람들과 연결되어야 하는데 그렇게 하지 못한 결과'라고 그는 적었다.

나머지 사람들은 어떻게 비교할까? 예일대 기후 커뮤니케이션 프로그램의 여론조사 데이터에 따르면, 미국 전역의 사람들이 "적어도 가끔은 지구온난화에 대해 논의하나요?"라는 질문을 받으면 대부분 "아니요"라고 답했다. 단지 35%의 사람들만 가끔 지구온난화에 대해 논의한다.

우리는 무엇에 대해 이야기할까? 우리가 걱정하는 것에 대해 이야기한다. 우리가 말하는 것은 말하자면 우리 마음의 텔레비전 화면이다. 그것은 우리가 생각하는 것을 다른 사람들에게 보여주고, 이것은 다시 우리를 그들의 마음과 생각으로 연결시킨다.

그렇다면 우리가 기후변화에 대해 이야기하지 않는다면, 우리 주변의 누군가가 우리가 관심을 가지고 있다는 것을 어떻게 알까? 또 그들이 아직 관심을 갖지 않고 있다면 어떻게 스스로 관심을 갖기 시작할까? 그리고 그들이 관심을 갖지 않는다면, 그들이 왜 기후행동을 할까?

질리도록 반복한다고 걱정할 것 없다. 우리는 그것들을 계속해서 들으며 배운다. 건강·커뮤니케이션 연구원 에드 메이백은 지난 20년 동안 자신의 말을 들어줄 사람에게 이렇게 말해왔다. "가장 효과적인 의사소통 전략은 신뢰할 수 있는 메신저들이 자주 반복하는 간단한 메시지에 기반한다." 다시 말해서, 당신이 어떤 말을 여덟 번째 반복한다면 그때부터는 사람들이 그저 집중할 것이다. 사람들은 무엇에 가장 관심을 기울일까? 일반적으로 우리는 수많은 데이터나 사실보다 개인적인 이야기와 경험을 선호하는 경향이 있다. 신경과학자들이 발견한 바에 따르면, 당신이 어떤 이야기를 들을 때 당신의 뇌파는 이야기하는 사람의 뇌파와 동기화하기 시작한다. 그리고 당신의 감정이 따라온다. 변화는 그렇게 일어난다.

놀라운 자료들을 인용하라

영향력 있거나 의외의 사람이나 집단이 기후변화에 대해서 하고 있는 이야기를 공유하면 대화의 물꼬를 틀 수 있는 좋은 시작이 될 수 있으며, 선택할 수 있는 것이 많다. 그들은 교황, 캔터베리 대주교, 달라이 라마와 같은 종교 지도자이거나 기후변화에 관한 이슬람 선언에 서명한 80명 이상의 이슬람 지도자이거나 미국 전역의 2만 명 이상의 기후행동을 위한 젊은 복음주의자YECA 중 한 명일 수 있다.

그들은 또 사람들이 신뢰하는 정치인이 될 수도 있다. 비록 그런 정치인은 최근에 멸종 위기에 처한 생물종처럼 드물게 보이기는 하지만 말이다. 그리고 유명인이 될 수도 있다. 잘나가는 삶을 살다가 기후행동과 탄소 감축의 필요성을 주장하는 사람에 대해 회의적으로 생각할 수도 있을 것이다. 하지만 그들도 인식을 높이기 위해 자신들이 가진 큰 플랫폼을 사용하고 있다.

비즈니스 리더는 종종 실속을 꿰뚫어 보는 철두철미하고 실용적인 사람으로 인식된다. 그래서 대형 다국적기업인 유니레버의 CEO인 앨런 조프와 같은 누군가가 2020년 9월에 나와 함께 세계경제포럼WEF의 한 팟캐스트에서 했던 것처럼 "아직 넷제로(net-zero, 기후변화를 초래하는 6대 온실가스의 순배출량을 제로화하는 것)의 야망을 가지고 있지 않은 모든 회사는 스스로를 부끄러워해야 합니다"라고 말하면 사람들이 귀를 기울일 것이다. 또는

5부 당신이 변화를 가져올 수 있다

마이크로소프트의 창업자인 빌 게이츠가 마이크로소프트의 넷 제로 목표를 세우고 전 세계가 화석연료를 넘어 나아갈 수 있도록 그의 재산을 쏟으며, "코로나 팬데믹이 끔찍한 것만큼 기후변화는 더 심각할 수 있습니다"라고 말할 때, 그들의 사업 통찰력과 재정적 성공을 존중하는 많은 사람들이 귀를 기울일 것이다.

군 관계자들은 위협에 대해 권위를 가지고 말할 수 있고, 그들의 말에는 종종 무게가 실린다. 예컨대 2013년 북한이 1953년 맺은 남한과의 정전협정을 무효화했을 때, 미 태평양사령부 참모총장인 새뮤얼 로클리어 3세는 태평양의 안보에 가장 큰 위협이 무엇이라고 생각하느냐는 질문을 받았다. 그는 북한이나 핵 공격에 대해 말하지 않았다. 대신 그는 "기후변화""라고 말했다

왜 군은 기후변화가 위협이라고 생각할까? 퇴역한 공군 장성 론 키스는 "가뭄과 극심한 폭풍이 대규모 난민 이동을 유발하고 있으며 황폐화된 지역은 테러리스트들의 번식지가 될 수 있습니다. 우리는 이러한 위험으로부터 우리 자신을 보호할 필요가 있습니다. 이것은 모든 사람의 싸움이 되어야 합니다"라고 말했다.

의사들과 의료 전문가들은 건강과 관련된 문제들에 대해 널리 신뢰를 받고 있는데, 기후변화는 바로 그런 건강과 관련된 문제다. 캘리포니아의 소아과 의사인 어맨다 밀스타인은 폭염 기간에 대기오염이 심해지고 산불 연기가 종말이 다가온 듯 하늘을 붉게 물들일 때 천식이 도져 힘들어하는 아이들을 치료한다. 그녀는 "기후변화는 건강, 특히 우리 아이들의 건강에 관한 것입니다"라

고 말했다. 그래서 당신의 지역사회, 학교, 회사, 그리고 그 너머로 목소리를 내고 변화를 지지하라는 것이다. 그녀는 "코로나19는 [백신 덕분에] 결국 끝날 것이다. 하지만 기후변화에 대한 백신은 없습니다"라고 말했다.

과학자들이 말하는 것을 공유하라

우리가 날씨에 대해 불평하는 만큼, 그것은 우리의 가장 빈번한 대화 주제 중 하나이며, 우리는 보통 지역 기상예보관을 신뢰한다. 기후변화에 대한 그들의 의견도 어느 정도 영향을 미칠 수 있는 것으로 드러났다. 하지만 먼저, 그들 중 일부는 확신을 가져야 한다. 2010년에 실시한 설문조사에서 에드 메이백은 미국의 TV 기상예보관 중 3분의 1만이 기후변화의 원인이 인간이라는 것을 받아들였다고 밝혔다. 그래서 그는 그것을 바꾸기 위해 비영리 기후 뉴스 조직인 미국기상협회·기후센터럴AMSCC과 협력했다. 같은 해 그들은 클라이밋 매터스(Climate Matters, 기후가 중요하다)라는 단체를 설립했다. 이 조직은 기상학자들이 지역 기후 영향에 대해 배우고 보도할 수 있도록 훈련을 실시하고 자료를 제공하는 프로그램이다. 이는 사우스캐롤라이나주 컬럼비아에서 방송하는 기상학자 짐 갠디라는 한 남자로부터 시작되었다. 10년 후 1,000명에 가까운 미디어 기상학자들이 약 500개의 지역 텔레비전 방송국에서 기후 문제에 참여하고 있다.

그 조직이 변화를 가져왔을까. 그렇다. 클라이밋 매터스에 소속된 기상예보관들이 있는 미디어 시장에서는 사람들은 6분짜리 짧은 분량의 프로그램을 듣고도 기후변화가 가져올 위험에 대한 인식이 높아졌다. 이 프로그램은 또한 예보관들의 마음을 바꿨다. 10년 후의 후속 연구에서 대부분의 미국 방송 기상학자들이 기후는 변화하고 인간에게 책임이 있다는 것에 동의한다는 것을 발견했다.

당신은 또한 과학자들이 말하는 바를 사람들에게 이야기할 수 있다. 기후변화를 연구하는 우리는 기후변화가 현실이고, 인간에게 책임이 있으며, 그 영향이 심각하고, 지금이 바로 행동할 때라는 것을 알고 있다. 대중을 참여시키는 많은 과학자들이 이미 오랫동안 기후변화의 심각성을 확신하고 목소리를 내고 있다. 캐나다 유전학자 데이비드 스즈키, 호주 고생물학자 팀 플래너리, 미국 천체물리학자 닐 디그래스 타이슨, 그리고 어렸을 때 나에게 영감을 준 영국의 영장류학자 제인 구달이 그런 사람들이다. 나는 소셜 네트워크 서비스 '엑스'에서 기후를 연구하는 3,000명이 넘는 과학자들의 목록을 큐레이팅하고, 다른 과학자들로부터 더 많이 기여하고 싶어 하는 것에 대한 질문을 항상 받는다.

과학자들은 기후변화에 관심이 있고, 우리 대부분은 기후변화에 대해 이야기하고 싶어 한다. 하지만 우리가 알고 있는 모든 것과 이 주제에 대해 가지고 있는 모든 열정에도 불구하고, 우리 과학자들은 기후변화에 대한 가장 효과적인 전달자가 아니다. 우리는 후순위다.

당신이 최고의 메신저다

종교 지도자나 의사나 과학자만큼 효과적이면서도 기후변화에 대해 이야기할 수 있는 가장 좋은 사람, 논쟁적이고 분열적인 문제에 대해 가장 신뢰할 수 있는 메신저는 종교 지도자도 의사도 과학자도 아니라는 것이 밝혀졌다. 나도 아니다. 당신이다.

그렇다. 바로 당신이다. 왜 이 문제가 중요한지 이해하고, 같은 가치를 사람들과 공유하고, 그들을 배려하는 사람—, 당신은 당신의 삶에서 사람들과 대화를 나눌 수 있는 완벽한 사람이다.

즉시 "그러나", "그러나"라는 말이 튀어나온다. **그러나 나는 과학자가 아니에요. 그러나 나는 그것에 대해 충분히 알지 못해요. 그러나 그것은 너무 벅차요. 그러나 나는 또 다른 우울하고 좌절감을 안겨주는 대화에는 대처할 수가 없어요. 그러나 나는 이것에 대해 이야기할 수 있는 적절한 사람이 아니에요. 다른 누군가가 할 수 있는 일이에요.**

이 모든 '그러나'들은 한 가지 큰 오해에 기초한 것이다. 즉, 기후변화에 대해 대화할 수 있는 유일한 방법은 과학을 설명하거나 논쟁하는 것이고, 당신이 아는 가장 부정적인 사람부터 시작해서 나쁜 뉴스의 홍수로 사람들을 압도하는 것이라는 오해 말이다. 나를 믿어달라. 나는 그 접근법을 시도해봤다. 만약 기후변화에

5부 당신이 변화를 가져올 수 있다

대한 과학을 더 많이 이야기해서 이 문제가 해결된다면, 나는 그들 중 최고의 사람들과 과학에 대해 이야기할 수 있다. 하지만 무시 그룹 사람들은 목소리가 가장 클 수 있지만, 나는 수백 번의 시도를 통해 7%의 무시 그룹 사람들과의 대화는 대체로 성과가 없다는 것을 알게 되었다.

그것은 팩트(진실된 정보)와 과학이 중요하지 않다는 것을 의미할까? 물론 그렇지 않다. 내가 2장에서 주장했듯이, 진실된 정보는 우리의 세계가 어떻게 작동하는지를 설명하고, 우리 대부분은 그것을 알고 싶어 한다. 진실된 정보는 또한 우리가 집중해서 관심을 기울이게 만든다.

진실된 정보는 우리가 가진 의문을 해결하고 우리가 들었을지도 모르는 신화에 대해 확실한 대답을 제공한다.

하지만 과학에 대한 진실된 정보만으로는 기후변화가 왜 중요한지, 왜 기후변화를 해결하는 것이 매우 시급한지 설명하기에 충분하지 않다. 우리는 더 많은 것이 필요하다. 우리는 기후변화가 개인적으로 우리에게 어떻게 중요한지, 그리고 우리 자신의 삶에서 기후변화에 대해 우리가 무엇을 할 수 있는지 이해할 필요가 있다. 그리고 내가 아닌 바로 당신이 그것에 대한 전문가다.

시작하는 방법들

이 시점에서 나는 종종 이런 말을 듣는다.

"저는 기꺼이 이야기하고 싶지만, 어디에서 이야기할 사람들을 찾을 수 있을까요? 제가 아는 모든 사람들이 저의 의견에 동의하기 때문에 그것에 대해 이야기하는 것은 의미가 없습니다."

나는 그것이 사실이 아니라고 강하게 의심한다. 만약 우리가 기후에 대해 많이 이야기하지 않는다면 주변 사람들이 그것에 대해 어떻게 느끼는지 어떻게 알 수 있겠는가? 아마도 그들이 우려 그룹이거나 각성 그룹이라고 해도 불안해하고 무엇을 해야 할지 모를 수 있다. 개인적 또는 공동체적인 효능감이 부족할 수 있다. 조심스럽고, 왜 그것이 그들에게 중요한지 잘 모를 수 있다. 어떤 경우에도 기후변화에 대해 이야기하는 것은 좋은 생각이다.

행동과학자 미건 구키언은 몇 가지 아이디어를 갖고 있다. 그녀는 기후변화에 관심이 있는 사람들이 기후변화에 대해 이야기하지 않는다는 것을 알아차렸고, 무엇이 그들의 입을 열게 할 수 있는지 알아내기 위해 그것을 박사 학위 논문 주제로 삼았다. 그녀는 사람들과 소통할 수 있는 기회를 만들라고 조언한다. 당신이 묻지 않으면 사람들이 기후변화에 대해 진정으로 어떻게 생각하는지 결코 알 수 없기 때문이다.

내가 이 책의 이 부분을 쓰고 있을 때 캐나다의 환경 비영리 단체에서 일하는 누군가가 나에게 전화를 했다. 그녀는 "이봐요 캐서린, 당신의 테드TED 강연으로 내 친구 하워드가 낯선 사람들에게 기후위기에 대해 이야기하도록 영감을 주었어요"라며 하워드의 이야기를 전해주었다.

하워드는 캐나다 브리티시컬럼비아주의 공공 서비스 부서인 청소년정의국 국장으로 있다가 최근에 은퇴했지만, 사람들 돕기는 그만두지 않았다. 그래서 그는 빅토리아주에 있는 로열로드대학 구내에서 사람들과 이야기하기로 결심했다. 그곳은 우뚝 솟은 더글러스 전나무와 삼나무로 이루어진 오래된 숲에 있는 멋진 캠퍼스다.

(우리 모두가 그렇겠지만) 그는 완전히 낯선 사람들에게 다가가는 것에 불안해하면서 『어떻게 불가능한 대화를 할 수 있는가』라는 책에서 다른 사람들이 한 것과 똑같이 했다. 그는 사람들에게 간단한 여론조사를 했다. 기후를 주제로 1에서 10까지의 척도에 대해 이야기했다. 척도 1은 '기후변화는 이 세상에서 중요한 문제가 아니다', 척도 10은 '기후변화는 오늘날 지구가 직면한 가장 큰 도전이다'였다. 그는 당신은 어떤 숫자를 선택하겠는가라고 묻고, 때때로 마음을 바꾸도록 만드는 것이 있는지 묻곤 했다.

몇몇 사람들만이 짧은 대답을 했고, 대부분은 기꺼이 이야기를 나누고 싶어 했다. 많은 사람들이 8점 이상을 골랐고, 어떤 사람들은 심지어 11점이나 12점을 선택했다.

"여럿이 함께 이동하는 가족의 경우 아이들이 부모에게 더 큰 숫자를 선택하도록 유도했습니다"라고 그는 말했다. 어떤 이들은 그가 생각했던 것보다 더 깊이 파고들었다. 문제를 일으키고 있는 화석연료에 대한 의존, 불확실한 미래 때문에 아이를 갖지 않기로 결정했다는 사실, 앨버타 석유 산업 지역에 고용된 가족 구성원들과의 갈등, 또는 기후변화가 그들의 삶에서 다른 개인적 스트레스를 어떻게 악화시키고 있는지 등에 대한 개인적인 불안을 드러냈다.

하워드는 이 경험을 통해 많은 것을 알게 됐다. 만약 우리 모두가 비슷한 연습에 참여했다면, 우리도 아마 그것을 알게 됐을 것이다. 첫째, 그는 사람들이 대화하기를 열망한다는 것을 배웠다. 둘째, 종종 동의하지 않지만 존중하고 건설적인 자세를 유지하는 것이 가능했다(가까운 가족 구성원보다는 완전히 낯선 사람일 때 더 쉬운 일이다). 그리고 마지막으로, 모든 사람들은 공유할 것이 있었다. 그것은 바로 관심과 해결책이다. "저는 기후위기 대화에 가족 구성원들과 친구들을 참여시키는 데 제가 배운 것을 사용할 수 있었습니다. 그것이 지금까지 잘 진행되고 있습니다"라고 그는 말했다.

이러한 대화가 중요한 이유

기후 해결책과 관련해 사람들과 함께 일할 수 있는 기회를 찾아보라. 이것은 두 사람 몫을 수행하는 것이다. 이것은 우리가 개인적으로나 집단적으로 변화를 가져올 수 있도록 도와준다. 비슷한 생각을 가진 사람들과 함께 일하면서 그들과 이야기도 나눠보라. 기후변화가 왜 중요한지, 여러분이 걱정하는 것이 무엇인지, 어떻게 하면 변화를 가져올 수 있는지, 그리고 어떻게 하면 더 많은 사람들을 동참시킬 수 있을지에 대해 논의해보라.

기후에 대해 대화하는 것은 정말 중요하다. 그 결과는 매우 강력할 수 있다. 사회과학적으로 말하면, 여러분의 반응 효능감은 매우 높다. 진정으로 공유된 가치에 대해 사람들과 연결하는 것은 우리가 쌓아온 '그들'과 '우리'의 장벽을 지나 우리의 마음에 직접 닿는다. 우리는 우리에게 정말 중요한 것에 대해 서로를 확인할 수 있고 우리가 누구인지 정의할 수 있다. 그것이 대화를 시작하기에 완벽한 지점이 된다.

하지만 그게 다는 아니다. 또 다른 기후 커뮤니케이션 전문가인 매튜 골드버그의 연구도 대화를 하는 단순한 행동이 진정한 긍정적 피드백 효과를 유발한다는 것을 보여주었다. 기후변화가 우리에게 어떻게 영향을 미치는지 더 많이 알면 알수록 우리는 더 걱정하게 된다. 우리가 더 걱정할수록 우리는 그것에 대해 더 많이 이야기하게 된다. 그리고 우리가 어떤 것에 대해 더 많이 이야기할수록 우리는 행동할 필요성을 더 의식하고, 다른 사람들이 이미 하고 있는 많은 일들과 이미 언덕 아래로 바위를 굴리고 있는 수백만의 손길을 의식하게 된다.

가장 큰 질문에 답하기

"좋아요, 이것이 중요하단 건 알겠어요. 그리고 기꺼이 시도해보려고 해요. 그런데 어디에서 시작하죠? 그리고 뭐라고 말해야 하죠?"

이것이 내가 매일 어디서건 누구에게서나 가장 많이 받는 첫째 질문이다. 그들은 기후변화에 대해 이야기하고 싶어 한다. 그들의 마음 최전선에서 나오는 것이다. 그런데 네이선의 연구가 보여주듯 당신이 그런 식으로 느낀다 해도 종종 당신은 그렇게 할 수 있다고 생각지 않는다. 당신의 개인적 효능감은 낮을 수 있다. 익숙하지 않은 과학에 대해 깊이 생각해볼 수 있는 대화를 할 준비가 되어 있지 않다고 느낄 수 있다. 그리고 반응 효능감은 훨씬 더 낮을 수도 있다. 이전의 대화는 보기 좋은 모습은 아니거나 긍정적인 결과를 얻지 못했다. 많은 대화가 좌절감, 갈등, 또는 우울하게 끝났을지도 모른다. 대화 참가자들도 그건 문제가 있다고 생각한다. 그러나 우리가 무엇을 할 수 있을까? 아무것도 없다.

좋은 소식이 있다. 기후변화에 대해 이야기할 수 있는 효과적인 방법이 있다. 기후과학 박사 학위가 필요한 게 아니다. 방탄조끼도 필요하지 않다. 그리고 항우울제도 필요하지 않다. 사실, 당신은 이전보다 훨씬 더 많은 것을 알게 될 가능성이 있다. 당신은 대화에 낙담하기보다는 격려받을 것이다. 그러면 그 비밀 공식은 무엇일까? 바로 이것이다.

유대감을 형성하라, 연결하라, 격려하라.

21장
일단 듣고, 그다음, 또 계속 들으라

"대부분의 사람들은 이해하려는 의도를 갖고 듣지 않습니다. 그들은 대답
하려는 의도를 갖고 듣습니다."
—스티븐 코비, 『성공하는 사람들의 7가지 습관』

"저는 전에는 기후변화에 대해 무엇을 해야 할지 몰랐습니다. 그러나 이제
저는 음식물 쓰레기가 기후변화의 큰 부분이라는 것을 알았기 때문에 남은
크리스마스 음식을 모두 먹도록 하겠습니다!"
—내 강연을 들은 토론토의 한 기독교인

　몇 년 전 나는 영국의 케임브리지대 퀸스칼리지에서 열린 기독
교인 과학 콘퍼런스에 참석하고 있었다. 나는 기후과학, 영향들,
그리고 왜 그것이 기독교인들에게 중요한지에 대한 강연을 막 마
쳤고, 그 콘퍼런스는 차 마시는 휴게 시간 중이었다. 나는 한 무리
의 여성들과 마당에 앉아 있었는데, 그들은 내가 기후과학자로서
받는 성 차별에 대해 물었고, 그때 내가 본 적 없는 한 젊은 남자
가 성큼성큼 다가왔다.

그의 얼굴을 얼핏 보니 화가 나 있다는 것을 알 수 있었다. 영국 남부에 있는 대학의 공학 교수인 톰은 과학자들이 기후가 변화하고 있다는 것을 알 수 있다고 확신하는 그 관념에 화가 나 있었다. 그는 과학자들이 정말로 다른 모든 선택 사항을 확인했고 인간에게 책임이 있다고 말하는 내 주장에 동의하지 않았다. 우리의 대화는 순조롭게 시작되었으나 점점 악화되었다. 나는 그를 다시는 볼 수 없기를 진심으로 바랐다. 그리고 그도 아마 같은 감정을 느꼈을 것이다. 그는 화를 내며 뛰쳐나갔는데, 그때 테이블 주위에 있던 여자들의 겁먹은 얼굴을 나는 아직도 기억한다.

그 이듬해 7월 나는 별다른 외부 행사 계획이 없이 토론토의 아버지 집에 있었다. 그런데 근처 대학에서 캐나다 과학기독교협회의 콘퍼런스가 열리는데 아버지가 강연을 할 예정이었다. 아버지는 함께 가자며 나를 초대했다. 아버지의 세션은 잘 진행되었는데, 점심 식사 때 우리는 은퇴한 한 천체물리학자의 공격을 받았다. 그는 아버지가 말한 창조와 기후변화의 관계에 대해 동의하지 않았다. 사실 내 우편함에는 그런 은퇴한 엔지니어들이 보낸 커다란 마닐라 봉투가 늘 쌓였는데, 그도 그 엔지니어들처럼 지난 100년간 기후과학자들의 경고가 왜 잘못됐는지 보여주기 위해 자신의 인생을 바치고 있었다.

어느 순간 그 천체물리학자가 '그 IPCC[9] 과학자들'과 그들이

---

9 유엔 기후변화에 관한 정부 간 협의체

5부 당신이 변화를 가져올 수 있다

어떻게 거짓말을 했는지에 대해 조롱할 때 나는 테이블에 기대며 그에게 "잠깐만요. 제가 '저 기후과학자들' 중 한 명이라는 사실을 모르세요? 당신은 말 그대로 그중 한 명에게 말하고 있는 거예요. 제가 이에 대해 거짓말을 하고 있고, 기독교인이라는 것에 대해서도 거짓말을 하고 있다고 생각하시나요? 아니면 정말로 저를, 천체물리학 학위를 가진, 무슨 말을 하는지 전혀 모르는 공인된 바보라고 생각하시나요?"

그의 당황한 표정으로 봤을 때 그는 이전에 '그 기후과학자들'을 한 번도 만난 적이 없었던 게 분명했다. 실제로 그중 한 명의 과학자인 나와 대면했을 때 그는 우리 과학자들에게 붙인 '매수되기 쉽고 부정직한 사람들'이라는 꼬리표를 나에게도 붙이는 것을 어려워했다. 하지만 그것이 그의 일련의 사고방식을 방해하기에는 충분하지 않았고, 그는 곧 다른 공격 거리들을 찾으려 했다.

1장에서 내가 자세히 이야기했듯이, 무시 그룹 사람들과 건설적인 대화를 하는 것에는 별다른 비밀이 없다. 나는 진정한, 신의 정직한 기적이 아니라면 그런 대화를 하는 것이 가능하다고 생각지 않는다. 비록 가끔 그런 일이 일어나긴 하지만 일반적으로 당신이 바랄 수 있는 최선은 그들이 잘못 알고 있는 것이라고 알려주는 것이다. 무의미한 논쟁을 즐기는 사람이 아니라면 말이다. 패션 아이콘 코코 샤넬의 유명한 말이 있다. "벽을 문으로 바꾸겠다고 두드리며 시간을 낭비하지 말라."

그 천체물리학자는 분명히 문이 아니라 벽이었다. 그래서 나는 걸으며 흥분을 좀 식히고 회의장으로 돌아가려고 계속해서 이야기를 하고 있는 인내심 많은 아버지를 뒤에 두고 나갔다.

모범적인 삶

머릿속으로 조금 전 나눈 대화를 다시 생각하는 데("내가 무슨 변화를 가져올 수도 있는 말을 했던가? 아니다. 내가 좀 더 상냥하게 대답할 수 있었을까? 물론이다.") 정신이 팔려 나는 엉뚱한 문으로 나갔다. 그런데 내 뒤에서 쾅 하는 소리가 났고, 문을 열려고 했지만 잠겨서 열 수가 없었다. 잘 모르는 캠퍼스에서 전화기 전원은 나갔고, 나는 어디로 가고 있는지도 알 수 없었다.

나는 잠시 서서 점심시간의 대화 때문에 아직도 성이 나서 씩씩거리며 어느 방향으로 가야 할지 파악하려고 애쓰고 있었다. 그런데 갑자기 내 뒤에 있는 문이 다시 열리는 소리가 들렸다. 구조될 수 있다! 누군가가 들어오는 소리가 들렸고, 어쩌면 그는 어느 길로 가야 할지 알고 있을 것 같았다.

나는 뒤를 돌아보다가 놀라서 입이 딱 벌어졌다. 케임브리지에서 함께 차를 마시던 톰이었다. 그를 다시는 볼 수 없기를 간절히 바랐다. 만약 다시 그를 마주쳐야 한다면, 신이시여, 적어도 나와 내 동료들을 매수된 거짓말쟁이라고 내 면전에서 모욕하는 무시 그룹의 천체물리학자와 분노에 찬 점심 식사를 한 직후에 만나지는 말았어야 하지 않을까?

하지만 나는 거기에 있었고, 그 역시 거기에 있었으며, 눈으로 볼 수 있는 한 다른 사람은 보이지 않았다. 그래서 나는 심호흡을 했고, 그도 그렇게 하는 것을 볼 수 있었다. 우리 둘 다 교양 있는 시민이고자 했고 어떤 대가를 치르더라도 기후변화 주제만은 피하려고 결심하고 있는 것은 분명했다. 그도 그 캠퍼스를 방문한 것은 처음이었지만 방향 감각은 제대로 알았을 것이었다. 우리는 같은 방향으로 움직였는데, 침묵하고 있던 나는 은유적으로 말하자면 나의 점심 사건을 묻으려 했고, 그는 뭔가 중립적인 대화 주제를 찾으려 고군분투하는 것 같았다. 그는 눈을 아래로 깔아 내 가방을 내려다보다가 뜨개질용 바늘 한 쌍이 삐져나와 있는 것을 보았다. 그는 즉시 얼굴이 밝아지더니, "뜨개질을 해요? 저도 뜨개질을 해요"라고 말했다.

나는 깜짝 놀랐다. 과학회의에 참석해서 뜨개질을 하는 여성 과학자는 가끔 있을 수 있지만, 뜨개질에 관심을 표명한 남자는 처음이었다. 나는 며칠 뒤인 엄마의 생일에 선물할 스카프를 뜨고 있다고 말했다. 그는 정말로 열정적으로 말했다.

"정말 멋져요. 저도 그렇게 해요. 사실 저는 우리가 사랑하는 사람들을 위해 선물을 사서는 안 된다고 생각해요. 누가 중국에서 온 플라스틱을 더 필요로 할까요? 우리는 모든 선물을 직접 만들어야 해요. 그것이 훨씬 더 의미가 있어요."

그는 이어 그의 가족들이 작년 크리스마스에 한 일이 바로 그것이라고 말했고, 내가 얼마나 멋진 일이냐고 진심으로 말했을 때, 그는 자신의 주제에 더 열중했다. 그는 단지 재활용만 하는 것이 아니라 팰릿을 포장하고 그가 구해낸 폐가구를 새로 단장해서 가구를 만드는 '업사이클링'을 했다고 말했다. 그의 가족은 도심 근처의 작은 아파트에 살고 있어서 차를 소유하지 않았고 운전할 필요도 거의 없었다. 그는 비행기를 타야 하는 국제회의에는 1년에 한 번만 참석했다.

나는 우연히 그를 만난 상황에서 "내 운이 아닌 게 있다면 바로 이걸 말하는 걸 거야"라고 생각했다. 하지만 그의 말을 들으면서 나는 그가 묘사하는 것이 믿을 수 없을 정도로 사려 깊고, 지속 가능하며, 저탄소 생활 방식이라는 것을 깨달았다. 그것은 우리가 스스로를 정의할 때 자주 이용하는 제품과 물질이 아니라 정말로 중요한 것들—가족, 친구, 그리고 삶 그 자체— 측면에서 부자의 삶이었다. 사실 우리 모두가 그와 그의 가족처럼 살았다면, 우리는 더 건강해질 뿐만 아니라 더 나은 모습으로, 우리의 가치에 따라 충실하게 살고 있을 것이다. 이 발견은 나에게 기관차 같은 힘으로 다가왔다. 여기에 기후과학에 관심이 없는 동료 학자가 있지만, 그의 삶은 우리 모두에게 모범이 되었다.

나는 이 놀라운 발견을 받아들였고, 목적지에 도착했을 때—이 예상치 못한 조화로운 대화가 우리를 캠퍼스를 가로질러 데려다주었기 때문에— 나는 그를 마주 보면서 진심으로 말했다.

"저는 기후과학이 우리의 지구에 대해 말하는 것에 대해 우리서로가 동의하지 않는다는 건 알아요. 그러나 저는 모든 사람들이 저와 동의한다고 하면서 해오던 (낭비적인) 방식으로 사는 것보다 당신이 하는 것과 같은 방식으로 생각하고, 당신이 하는 것과 같은 방식으로 살기를 바랍니다."

그는 분명히 내가 한 말에 몹시 놀란 듯, "정말요?"라고 대답했다. "네." 나는 단호하게 말했다. "**진심이에요.**"

그는 미소를 지었고, 우리는 문을 열고 들어갔다. 나는 다시는 그를 보지 못했다. 하지만 다음 시간에 엄마의 목도리 뜨개질을 마치면서 나는 지금까지 내가 배운 가장 중요한 교훈 중 하나를 이해하기 시작했다. 즉, 우리가 **더 중요한 것에 동의하는 한** 기후 과학에 꼭 동의할 필요는 없다는 것이다.

어떻게 유대감을 형성하고 연결할 것인가

우리가 누구이든지 우리는 인간이다. 인간으로서 우리는 사회와 우리의 정신 전반에 걸쳐 가치가 매겨진 넓고 깊은 선들 중에서 많은 부분에 걸쳐 서로 연결할 수 있는 힘을 갖고 있다. 우리는 사람들에게 그들이 틀렸다는 것을 보여주는 더 많은 데이터, 진실된 정보, 그리고 과학으로 공격하거나, 심판이나 죄책감에 의지해서는 서로를 연결할 수 없다. 그 대신 우리는 서로를 존중하고 동의하는 어떤 것에서 시작해야 한다. 즉, 우리가 진정으로 공유하는 가치에 대해 유대감을 형성하고, 그 가치와 변화하는 기후 사이에 연관성을 만드는 것이다. 그렇게 해서 누군가를 바꾸려고 노력하는 것이 아니라, 당신의 이야기 상대가 이미 기후변화에 대해 관심을 갖고 행동할 수 있는 완벽한 사람이라는 것을 분명히 할 수 있다. 사실 그들은 아마도 이미 관심을 갖고 있을 수 있고, 그들이 한 행동에 대해 그 이유를 깨닫지 못했을 수도 있고, 무엇을 해야 할지 몰랐을 수도 있다.

내가 기후변화에 관심을 갖는 유일한 이유는 기후변화가 이미 내가 관심을 갖는 모든 것에 영향을 미치기 때문이다. 우선 우리 아이와 우리 가족의 미래. 우리가 사는 곳, 그리고 그런 곳들이 더 강력한 허리케인, 해수면 상승, 더 강한 가뭄, 더 맹렬한 비의 영향을 어떻게 받고 있는지에 대한 것. 우리가 먹는 음식, 식량을 재배하는 곳, 비용은 얼마나 드는지에 대한 것. 우리가 숨 쉬는 공기는 얼마나 깨끗한지 혹은 얼마나 더러운지에 대한 것. 경제, 국가 안보, 정의, 그리고 형평성, 유엔의 모든 지속 가능한 발전 목표 SDGs, 우리가 알고 있는 문명의 미래…. 그 목록은 끝이 없다. 누구든지 기후변화와 연결될 수 있는 것을 찾지 못하는 것은 거의 불가능하다.

만약 당신이 기후변화에 대해 누군가와 어떻게 유대감을 형성하고 연결할 수 있을지 잘 모르겠다면 스스로에게 "기후변화와 관련해 우리 둘 다 관심 갖는 것이 무엇이고, 그것이 왜 우리에게 중요한 문제일까"라고 물어보라. 장소에 대한 감각은 항상 핵심적인 연결고리다. 만약 두 사람이 모두 미국 동부나 영국의 섬, 동남아시아의 저지대 해안에서 산다면 이미 맑은 날에 홍수가 나는 것도 보고 있을 것이다. 텍사스나 동아프리카, 시리아의 농부라면 당신은 기후변화가 어떻게 당신이 사는 곳의 계절을 바꾸고 가뭄과 홍수의 자연적 주기를 증폭시키며 당신을 덮치는지 직접 목격했을 것이다. 호주 남부나 북미 서부에서는 더 큰 산불이 당신의 집을 위험에 빠뜨리고 있다. 당신은 산 근처에 살고 있는가? 겨우내 눈 덮인 지역이 줄어들면 여름에 물 공급이 줄어들게 된다. 북쪽 나라? 겨울이 따뜻해질수록 모든 종류의 침입종과 해충들이 극지방으로 이동하고 있다.

이 책을 통해 나는 기후 영향과 기후 해결책이 우리의 건강, 취미, 가정, 경제와 음식과 물, 일반적인 사람들보다 운이 나쁜 사람들에게 왜 문제가 되는지에 대해 많은 이야기를 했다. 거기에 당신과 연결되는 무엇인가가 있는가?

어떻게 격려할 수 있나

아무리 치밀하게 준비해도 진전되지 않는 대화도 여전히 있을 것이다. 하지만 톰과의 일화를 보았듯 그중 일부는 추상적인 데이터와 정보가 아닌 살아 있는 경험에 대해 이야기하기 시작하면 예상치 못한 방향으로 전환될 수 있다. 그래서 나는 현실적이고 실용적이며 실행 가능한 해결책으로 서로를 격려하는 마지막 단계가 가장 중요하다고 생각한다.

스스로에게 물어보라. 내가 이야기하고 있는 사람이 누구든 흥미를 가질 수 있는 어떤 해결책을 꺼낼 수 있을까? 그들은 전 하원의원인 밥 잉글리스의 보수주의 환경단체 '리퍼블리큰 republicEn'처럼 기후변화에 대한 자유시장적인 해결책에 관심이 있을까? 그들은 맷 러셀처럼 땅에 탄소를 다시 넣는 스마트 농업 기술이 사람들에게 실질적으로 유용할 수 있는 농업 지역에 살고 있나? 그들은 솔라 시스터즈나 술라브 혹은 에너지 빈곤층의 삶에 혁명을 일으키는 다른 프로그램들에 대해 더 듣고 싶어 할까? 그들은 애완동물이 있고, 귀뚜라미를 이용한 음식에 대해 듣고 싶어 할까?

인종, 성별, 토착민의 정의가 교차하는 지점의 해결책이 그들의 관심을 끌까? 아마도 그들은 단지 당신이 LED 전등이나 새로운 플러그인 자동차를 얼마나 좋아하는지 듣고 싶어 할 수도 있다. 아니면 분수대를 청소하거나 쓰레기를 줍는 등 지역사회에 참여할 수 있는 자원봉사 활동이 영감을 줄 수도 있다. 아마도 그들은 '시민들의 기후 로비CCL' 지부나 지역 대학이 주최하는 흥미로운 프레젠테이션에 당신과 함께 갈 수도 있을 것이다. 당신은 교회 모임이나 공예 동아리를 만들어 크로셰 뜨개질로 따뜻한 줄무늬를 만들 수도 있을 것이다.

해결책의 목록은 사실상 끝이 없다. 그리고 이러한 대화를 위해서는 어떤 것을 제안할 수 있어야 한다. 제4장에서 내가 말한 사회과학은 분명한 메시지가 있다. 만약 우리가 사람들에게 문제나 도전을 제시하면, 심지어 정치화나 논쟁이 없는 것이라 해도

5부 당신이 변화를 가져올 수 있다

매력적인 해결책이 제시되지 않으면 사람들은 권리를 박탈당한 느낌이나 무력감을 갖게 된다.

그것은 우리가 트랜스 지방을 먹는 것이 우리에게 해롭다는 단순한 사실에 대해 이야기하든, 은퇴를 위해 어떻게 더 저축해야 하는지에 대해 이야기하든, 기후변화에 대처할 필요성에 대해 이야기하든 상관없다. 우리가 해결책을 제시하지 않으면, 상황은 극복할 수 없어 보인다. 우리 뇌에는 자연적 방어기제가 있는데, 그것은 그런 문제가 존재한다는 것을 잊기 위해 최선을 다하는 것이다.

내가 나눈 대화들

나는 어디를 가든 기후변화를 주제로 대화를 한다. 각각의 장소는 다르고, 저마다 독특하게 기후 영향에 취약하다. 그러나 각각의 장소에 있는 사람들은 같다. 그들은 지금 겪는 기후 영향에 대해 걱정하고, 미래에 대해 걱정하고, 어떻게 우리가 함께 이것을 해결할 수 있는지에 대한 아이디어로 가득하다.

캘리포니아에서 나는 최근 산불로 집을 떠나야 했던 동료들의 소식을 듣는다. 나는 차가운 수로에 사는 성게와 골뱅이들을 보호하는 데 열정적인 대학원생들과, 성게와 골뱅이에 직업이 달려 있는 지역 어업 및 수산업 종사자들을 만난다. 나는 내가 들어본 것 중 최고의 질문과 아이디어를 가지고 있는 학생들과 이야기를 나누기도 한다(그런데 조금 더 일찍 이 세계를 그들 젊은 세대에게 넘겨줄 수 있는 방법은 없을까?).

파리에서 나는 세계 최초의 탄소중립 에너지 제공업체가 되려는 거대 다국적 유틸리티 회사인 엔지Engie를 만났다. 나는 거의 100가지의 다양한 실제적인 기후 해결책을 연구하고 공부한, 영감을 주는 조직인 '프로젝트 드로다운Project Drawdown'을 언급했다. 그곳 최고 과학 책임자인 얀 메르텐스는 사려 깊게 말했다. "오, 네. 저는 일전에 그 목록을 검토했는데, 우리가 이미 그중 40%를 실행하고 있다고 생각합니다." 엔지는 후발주자가 아니라 선두주자이기 때문에 모범과 헌신으로 이끌면서 연이어 도전에 직면하고 있다. 하지만 그들은 포기하지 않고 있고 그들의 작업에 나도 격려를 받는다.

아일랜드에서 동료 과학자들은 "여러분이 전에 이것을 들어본 적이 있는지 잘 모르겠지만, 여기 사람들은 '우리는 문제의 아주 작은 부분이고, 우리가 하는 일은 아무것도 변화를 가져오지 못합니다'라고 말합니다. 이것을 어떻게 해결하시겠습니까?"라고 말했다. 나는 웃었다. 왜냐하면 나는 가는 곳마다 그런 말을 듣기 때문이다. 캐나다인과 노르웨이인, 심지어 미국인들도 "중국이 문제가 아닌가요?"라고 말하는 반면, 중국인들은 "미국의 1인당 온실가스 배출에 비하면 우리는 거의 아무것도 배출하지 않고 있습니다"라고 말한다. 우리는 인간으로서 같은 생각을 하기 때문에 같은 주장을 한다.

하지만 진실은 우리가 함께 고칠 수밖에 없다는 것이다. 그래서 나는 발표를 할 때 내가 있는 나라에 특정한 사실과 수치를 가지고 그것을 강조한다.

인도의 주州 재난 계획자들이 더 강력한 폭염, 강우 패턴의 변화, 물 공급의 감소에 대비하기 위해 사용할 수 있는 정보를 요청했다. 그들은 도시, 농부, 작은 마을, 자기들이 사는 주의 미래에 대해 걱정하고 있었다. 나는 당연히 좋다고 말했다. 이미 텍사스주 휴스턴에서 동일한 유형의 데이터를 작성하고 있었기 때문이다. 동료 개빈은 최근 휴스턴의 한 주차장에서 우리에게 전화를 걸어 기후 영향 회의에 참석하지 못하겠다고 말했다. 그는 하루 동안 그곳에 갇혀 있었다. 홍수가 너무 심해―5년 만에 500년 주기의 홍수가 다섯 번째 발생했다― 집이나 사무실에 갈 수 없었다.

나의 고향인 토론토에서 나는 이 지역에서 가장 큰 교회 중 한 곳에서 설교를 했는데, 기독교적 가치를 우리가 기후변화에 관심을 가져야 하는 이유와 연결시켰다. 사람들이 떠날 때, 나는 한 여성이 다른 여성에게 말하는 것을 우연히 들었다. "저는 기후변화에 대해 이전에 무엇을 해야 할지 전혀 몰랐습니다. 하지만 음식물 쓰레기가 기후변화의 큰 부분이라는 것을 알았기 때문에 이제 저는 무엇을 해야 할지 알겠어요. 우리 집에 남은 크리스마스 음식을 가족이 모두 먹게 하려고 합니다!"

스탠퍼드대학에서 나는 캐머런과 많은 다른 대학원생들을 만난다. 그들은 모두 매우 똑똑하다. 그들은 대부분 매우 걱정한다.

그리고 그들은 기후변화에 대해 이야기하고 싶어 하지만 어떻게 해야 할지 모른다. 캐머런은 이미 과학을 거부하는 보수적인 기독교인인 아버지와 수십 번의 대화를 통해 그것이 얼마나 좌절감을 줄 수 있는지 알고 있다. 하지만 그는 또한 불안에 대한 해독제가 행동이라는 것도 알고 있다. 그래서 그는 대학원생들을 모아 앱을 만들었다. 그것은 '클라이밋 마인드Climate Mind'라고 불리는데, 사람들이 기후변화에 대해 어떻게 이야기하는지를 알아내는 데 도움이 될 것이다. 무엇에 대해 유대감을 형성할 것인지, 기후변화의 어떤 영향을 관심 있는 것과 연결할 것인지, 사람들이 어떤 과학적인 주장을 제기해 반응할 수 있는지, 마지막으로 함께 이야기하고 참여할 수 있는 긍정적이고 건설적인 해결책을 어떻게 찾을 수 있는지 도울 수 있다. 이 앱은 온라인에서 확인할 수 있다.

대화를 시작하는 방법

나는 살면서 좋은 대담, 좋은 강연, 좋은 설교를 많이도 들었다. 강연자들은 내가 몰랐던 것들을 가르쳐주었고, 내 삶에 기억하고 적용하고 싶은 아이디어를 주었다. 내가 듣는 동안, 그 아이디어들은 확실히 명확해 보인다. 하지만 집에 가서 그 변화들을 실제 생활에서 실행하려고 하면 종종 실패하고 만다.

마치 대학교 친구들과 함께 등록한 무도회장 댄스 수업 같은

5부 당신이 변화를 가져올 수 있다

느낌이 든다. 강사가 스텝을 설명하는 동안 차차차는 너무 단순해 보였다. 그런데 5분이 지나면 나는 아무리 해도 어느 발이 어디로 가는지 알 수가 없었다.… 그러다 보면 어쨌든 어김없이 내 발이 밟히곤 했다.

나는 이 책이 설교나 댄스 수업과 같은 책이 아니길 바란다. 만약 당신이 읽는 동안 이 모든 것이 이해가 된다고 느낀다면, 하지만 여러분이 이 아이디어들 중 일부를 실행하려고 했을 때, 여러분의 아이디어가 여름 캠프에서 물놀이할 때 가지고 놀았던 미끄러운 수박처럼 슬그머니 사라졌다면, 이 장은 여러분을 위한 것이다. 다음에 어느 발을 내디뎌야 하는지 알 수 있을 것이다.

당신은 아마 1단계를 이미 해봤을 것이다. 이 책을 읽어오면서 당신이 대화를 나눌 수 있는 사람들을 적어도 한두 명은 생각해봤을 것이다. 그것은 동료, 테니스 파트너, 오랜 친구, 모임 동료, 학부모회PTA의 아는 부모, 또는 심지어 가족일 수도 있다.[10] 당신은 공통점을 확인했다. 두 사람이 공유하는 가치, 서로 즐기는 활동, 삶의 어느 영역에서 가질 수 있는 공통점을 확인했다(더 많은 아이디어가 필요하다면 2장과 3장으로 돌아가라).

두 번째 단계는 준비하는 것이다. 최초의 백신 중 일부를 만든 미생물학자 루이 파스퇴르는 "기회는 준비된 마음을 선호한다"

---

10 가족 구성원들과의 대화가 가장 힘들 수 있다는 것에 유의하라! 그것은 우리가 수십 년 동안 품고 다니는 낡은 생각 때문이다. 공원에서 길 가는 사람들에게 기후변화에 대한 말을 건넨 하워드처럼 덜 개인적인 대화를 몇 가지 나누는 것을 먼저 고려해보라.

고 말했다. 이 책을 읽음으로써 당신은 이미 많은 준비를 했다.

당신은 기후변화가 우리 모두가 관심 갖는 것들에 어떻게 영향을 미치는지, 지금 여기에서 아이들부터 대통령에 이르기까지 모든 수준의 사람들이 매일 하고 있는 실제 해결책에 대한 수십 가지 사례를 읽었다. 당신은 좋은 것들을 알고 있고 그것을 공유할 준비가 되어 있다.

기후변화에 대해 이야기하는 것은 당신이 아는 거의 모든 사람들과 함께해야 하는 중요한 일이며, 나는 당신이 편안하다고 느끼는 한 명 이상의 사람들과 함께 대화를 시작하는 것을 추천한다. 하지만 여러분이 더 많은 영향을 주고 싶다면, 의사 결정권자와 대화하는 것을 고려해보라. 당신이 살고 있는 지방자치단체 대표, 자녀 학교의 교장, 사무장, 대학의 관리자, 교회의 지도자, 체육관이나 요가 스튜디오의 소유자 같은 사람들 말이다. 당신이 할 수 있는 것보다 더 큰 규모의 에너지나 다른 자원 사용에 관해 구체적인 결정을 내릴 수 있는 모든 사람과의 대화를 고려해보라.

의사결정권자와의 대화를 통해 특정 행동이나 변화를 만들어 내려면 준비는 더욱 중요한 역할을 한다. 당신은 그들이 진정으로 원하는 것을 확인하고 싶어 하는 것만은 아니다. 재무적 수익, 평판 또는 구성원을 돌보는 데 관심을 가지면서 가능한 해결책을 제시하고자 한다.

문제를 해결할 방법에 대한 제안이 없다면 의사결정권자와 문

5부 당신이 변화를 가져올 수 있다

제에 대해 이야기해도 소용이 없다. 그들은 당신의 해결책을 받아들이지 않을 수도 있지만 적어도 그것은 올바른 방향으로 공을 굴리기 시작하고, 당신이 비판만 하는 것이 아니라 진정하고 실용적인 변화를 위해 그들과 협력하는 것에 관심이 있다는 것을 보여줄 것이다.

학교나 단체가 신경 쓸 만한 일이 무엇인지 알아보라. 아마도 예산을 줄이는 것이 변화를 고무하는 좋은 기반이 될 것이다. 에너지 회계감사는 비용을 절약하는 동시에 그들의 탄소 배출량을 줄일 수 있다. 만약 여러분이 조직이나 대학 또는 도시에 기후 목표를 약속하라고 요구한다면, 당신은 다른 사람들이 한 일(치열한 경쟁자들과의 비교는 효과적인 경향이 있음)과 그들이 다른 사람들과 행한 구체적 계약이 있는지 혹은 그들과 함께할 수 있는 프로그램이 무엇인지 알고 싶을 것이다. 만약 지속가능성을 공급망에 통합하는 방법에 대한 비즈니스를 이야기한다면, 이미 이 작업을 수행하고 성공한 다른 회사를 찾으라. 그것이 그 회사의 평판과 이익에 어떤 영향을 미쳤을까? 정치인과 이야기한다면, 믿지 않을 수도 있지만, 그들 역시 인간이다. 그들의 최우선 순위가 무엇인지 확인하고, 당신이 제안하는 해결책이 왜 적합한지 보여줄 준비를 하라. 누가 또는 무엇이 실질적인 변화를 만들 수 있는지, 무엇이 그들에게 그렇게 하도록 동기를 부여할 수 있는지 생각해보라. 그들의 논리는 당신에게 동기를 부여하는 것과는 완전히 다를 수 있다. 괜찮다. 톰이 내게 가르쳐준 것처럼 우리는 이유와 대상에 대해 반드시 동의할 필요는 없다.

세 번째 단계는 결과에 너무 집착하지 말라는 것이다. 당신이 성취할 수 있는 것과 성취할 수 없는 것에 대한 합리적인 기대를 설정하라. 당신은 다른 사람에게 개종을 하려 하거나 심지어 그들의 마음을 바꾸려고 하는 것이 아니다. 그런 것들은 당신의 책임이 아니다. **당신의 목표는 단순히 문을 열고, 대화를 시작하고, 당신이 관심 있는 것에 대해 말하는 연습을 하고, 다른 사람이 관심 있는 것에 대해서도 듣는 것이다.** 다시 말해 당신은 씨앗을 심을 수 있고, 비료를 주거나 물을 줄 수 있지만, 당신이 아무리 노력해도 그것이 자라도록 할 수는 없다. 그것은 당신이 할 수 있는 일이 아니다. 그리스 철학자 에픽테토스는 "인생의 핵심 과제는 간단하다. 내가 통제할 수 없는 외부적인 것과 내가 실제로 통제하는 선택과 관련이 있는 것을 나 자신에게 명확하게 말할 수 있도록 문제를 확인하고 분리하는 것이다"라고 말했다.

대화를 나누는 방법

이제 당신은 다이빙대의 가장자리로 올라섰으니, 물에 뛰어들 시간이다. 당신이 어떻게 물에 뛰어들지 또는 대화를 시작할지에 대해 생각해보라. 질문은 보통 성공할 가능성이 크다. 당신은 그들이 생각하거나 느끼는 것에 대해 열린 질문을 할 수 있다. 당신은 공원에서 하워드가 사람들에게 했던 것과 같은 척도를 제공할 수 있다. "1에서 10점 사이에서 당신은 X에 대해 몇 점을 주고 싶은가요?"라고 묻거나 흥미로운 정보로 시작할 수도 있다. 우리의 뇌는 새로운 정보에 이끌린다. 당신이 이제 알고 있는 것처럼 "X를 알고 있었나요?" 또는 "X에 대해 들어봤나요?"라고 묻는 것은 좋은 시작이다. 당신이 그 사람을 아는 만큼 당신의 느낌을 그만큼 공유할 수 있다. "저는 Y 때문에 X가 걱정됩니다"라고 말하거나 혹은 좋은 점에 대해 말할 수도 있다. "저는 X를 떠올리면 신이 납니다", 또는 "제가 방금 들은 건 정말 믿을 수 없을 정도인데요" 같은 말들도 공감을 불러일으킨다.

일단 물에 뛰어들고 나면, 그 시점에 해야 할 가장 중요한 일은 듣는 것이다. 일단 듣고, 그다음—기후소통가 캐린 커크가 주장하듯— 또 계속 들으라. 왜냐하면 당신이 더 오래 들을수록 상대방을 더 많이 이해할 수 있기 때문이다. 심리학자 타냐 이즈리얼은 그녀의 책 『거품 너머Beyond Your Bubble』에서 이렇게 설명했다.

"성공적인 대화를 원한다면 당신은 사람들을 이해하고, 그들이 안전하고 이해받는다고 느낄 수 있도록 도울 필요가 있다…. 사람들은 곤란한 상황에 직면하거나 공격을 받는다고 느낄 때, 그들은 문을 닫고 양극화된 관점에 훨씬 더 빠지게 된다…. 존중받는다는 것은 자신의 관점, 가치 또는 경험이 무시되지 않는다는 것을 의미한다."

당신이 동의하고 보충할 수 있는 것들에 귀를 쫑긋 세워라. 그리고 반응할 때는 공감하고 있다는 것을 충분히 알려라. 상대방의 의견에 동의하는 점을 강조하면서 그들이 한 말을 반복할 수 있는지 생각해보라.

심리학자 르네 러츠먼은 이 과정을 문자 그대로 우리 자신과 서로의 감정, 경험 및 관점에 맞춰 조정하는 '조율attunement'이라고 부른다. 당신이 그 순간에 얼마나 잘 연결되고 있는지 계속 주시해야 당신이 필요에 따라 방향을 수정할 수 있다고 그녀는 말한다. 조너선 하이트의 조언도 참고하길 바란다.

"당신은 사람들의 주장을 철저히 반박해도 그들의 마음을 바꿀 수 없다. 도덕적 또는 정치적 문제에서 누군가의 마음을 정말로 바꾸고 싶다면, 당신은 당신 자신뿐만 아니라 그 사람의 각도에서 사물을 볼 필요가 있다. 공감은 바른 것[11]에 대한 해독제다."

대화를 종료하는 방법

그러면 다음 단계, 즉 언제 대화를 멈춰야 하는지를 아는 단계로 이어진다. 감정이 점점 고조되어 더 이상 정중하게 개입할 수 없는 곳으로 치닫고 있거나, 상대방을 뒤로 밀거나 판단하려고 하거나, 혹은 상대방이 당신에게 같은 행동을 한다면 이제는 앞

---

11 righteousness. 조너선 하이트의 책 『Righteous Mind』는 국내에서 『바른 마음』이라는 제목으로 번역됐다. 조너선은 이 책에서 인간 본성은 본래 도덕적이기도 하지만, 도덕적인 체하고 비판과 판단도 잘한다는 뜻을 전하기 위해 도덕의 의미를 갖는 'moral'이 아니라 'righteous'라는 단어를 사용했다고 밝혔다.

으로 나아가거나, 필요하다면 우아하게 물러날 때이다. 당신은 단지 문을 열려고 하는 것이지, 누군가에게 집을 개조하도록 설득하려는 것은 아니라는 것을 기억해야 한다. 그리고 당신이 집을 개조하려고 하는 것도 아니라는 것을 분명히 해야 한다.

아직 완전히 끝난 건 아니다. 마지막 단계는 이것이다. 대화를 통해 배워라. 당신이 들은 것을 곰곰이 생각해보라. 기후변화 소통 전문기관인 클라이밋 아웃리치Climate Outreach의 유용한 매뉴얼인 '기후 이야기하기Talking Climate'에 언급돼 있는 것처럼 당신이 하는 모든 기후변화 대화는 가치가 있다. "이 경험을 통해 다른 사람들이 기후변화에 대해 어떻게 생각하는지, 기후변화 그 자체에 대해, 그리고 어떻게 좋은 대화를 하는지에 대해 배우는 기회로 여겨라. 모든 기후변화 대화의 교환은 작은 실험이다!" 매뉴얼은 계속해서 대화하고, 계속해서 연결하라고 조언한다.

매일의 좌절에도 불구하고 우리는 점점 더 양극화되고 분열되고 혼란스러운 이 세상에서 우리를 갈라놓는 것보다 우리를 이어주는 것이 훨씬 더 많다는 것을 알고 있다. 그러니 여러분이 누구든, 어디에 살든, 기후 대화를 할 수 있는 기회를 찾으라. 변화를 가져올 수 있다는 자신감을 가져라. 대화의 결과를 당장 확인하지 못한다 해도 지속하라. 당신의 대화가 지금 또는 앞으로 어떤 결과를 가져올 수 있을지를 생각하라. 그것이 얼마나 중요한지, 그리고 진정한 해결책은 어떤 것인지에 대한 정보를 함께 준비하라. 기후 대화를 나누고 공감하고, 그 경험을 통해 배워라. 그리고 만약 어떤 대화가 효과적이었다면, 혹은 당신이 상상했던 것보다 훨씬 더 극적으로 작동한다면, 혹은 내가 톰과 나눴던 대화보다 더 극적으로 실패했고 그것을 공유하고 싶다면, 나에게 그것을 알려달라. 나는 당신의 이야기를 듣고 싶다.

22장
희망과 용기 찾기

"그렇게 중요한 순간에 살아 있다는 것은 참으로 훌륭한 일입니다."
—캐서린 윌킨슨의 테드 토크 중에서

"희망에게는 아름다운 두 딸이 있습니다. 그들의 이름은 분노와 용기입니다. 일이 지금처럼 지속되는 것에 대한 분노, 그리고 지금에 머물러 있지 않는 것을 찾아내는 용기."
—성 아우구스티누스의 어록으로 알려짐

"무엇이 당신에게 희망을 주나요?"

나는 이 질문을 손자·손녀가 살아가는 세상에 대해 걱정하시는 어르신들과 새로운 생명을 이 세상에 데려와야 할지 궁금해하는 젊은 엄마들로부터 듣는다. 이 질문을 또 자신들의 메시지가 무시돼 좌절한 동료 과학자들에게서, 수년간 지지해온 결과물이 거의 보이지 않아 지쳐버린 활동가들에게서 듣는다. 요즘 뉴스를 읽는 거의 모든 사람들에게서 주요 뉴스들이 희망을 주지 않는다는 이야기를 듣는다. 우리가 보는 거의 모든 곳에서 기후가 이전에 생각했던 것보다 더 빠르게 또는 더 크게 변화하고 있다는 것이다. 빙하가 녹고 있고, 해수면이 상승하고 있다. 더 강력한 허리케인, 걷잡을 수 없는 산불, 기록적인 가뭄이 그것을 보여준다. 기본적인 사실조차 정치화하고 우리가 동의하지 않는 사람을 존중할 수 없을 것 같은 우리의 일면 무능함에 대해서는 말할 필요도 없다. 이 모든 것 가운데서 희망을 찾을 수 있을까?

~~~~~~~~~

릭 린드로스는 매디슨에 있는 위스콘신대학교의 생태학자다. 우리는 2000년대 초에 만나 기후변화가 오대호 지역 생태계에 미치는 영향을 평가하는 작업을 함께 하고 있었다. 그 이후로 나는 그를 훨씬 더 잘 알게 되었고, 내가 다니는 교회와 비슷한 그의 교회에서 이야기를 나누었으며, 동료 신도들의 상태와 과학, 그리고 세상에 대한 걱정과 좌절감을 나누었다.

릭과 그의 가족들은 화려한 소비 생활을 하지 않는다는 것을 쉽게 알 수 있다. 그는 신뢰할 수 있는 중형차 모델을 언급하며 "우리는 물건을 구입할 때 소위 '캠리 표준'이라는 것을 갖고 있어요. 좋은 품질의 물건을 구입하되 꼭 필요한 것이 아니면 구입하지 마세요"라고 말했다. 그들 가족은 단순하게 산다. 그는 "우리는 사람들이 탄소발자국이 무엇인지 알기 전에 환경발자국을 줄이고 있었다"라고 말했다.

사람들이 할 수 있는 가장 중요한 일들 중 하나는 일하는 곳과 관련하여 그들이 사는 곳을 결정하는 것이다. 릭의 가족은 조금 비싼 동네에 살기로 선택했고, 그 덕분에 그는 지난 30년 동안 그의 집에서 사무실까지 2마일 거리를 걷거나 자전거로 다닐 수 있었다. 그의 두 딸이 10대가 될 때까지 그들은 차를 한 대만 사용했다. 그들은 50년 된 집을 더 에너지 효율적으로 만드는 데 25년의 대부분을 보냈다. 단열재 설치, 고효율 가전제품 구입, 그리고 새 창문 설치 같은 것을 했다. "우리는 에어컨을 거의 사용하지 않습니다. 겨울 낮에는 17°C까지 난방을 하고, 밤에는 난로를 끕니다. 우리 집에 오는 사람들은 겨울이면 따뜻하게 입고, 여름이면 반바지 차림을 해야 해요." 과학자로서 그는 기후변화가 진행되고 있는 상황에 대해 그다지 희망적이지 않다. "저는 인류가 이러한 엄청난 재앙적인 고통의 원인을 완화시킬 만큼 시의적절한 방식으로 충분히 깨어날 것이라고 생각하지 않습니다"라고 그는 말했다.

하지만 그에게 희망이 전혀 없는 것은 아니다. 재생 가능 에너지와 저탄소 배출 차량을 포함한 저탄소 솔루션으로의 급속한 변화, 지난 1~2년 동안 고조된 사회 활동, 그리고 독자적으로 솔루션 찾기를 강화하는 기업들이 그가 보는 희망의 근거들이다.

그는 또한 적용 가능하고 실행 가능한 해결책을 생각해내는 인류의 능력, 즉 우리의 본성, 창의성, 회복력, 독창성에 대해 감사하게 받아들이고, 희망적으로 본다. 그는 "제 아이들과 같은 사람들, 이 문제를 심각하게 받아들이고 있는 사람들 때문에 희망을 갖습니다"라고 말했다.

무엇이 우리에게 희망을 주는가

나는 이 질문(무엇이 우리에게 희망을 주는가)을 돌려 전 세계 수백 명의 사람들에게 물었다. 릭의 말이 맞는 것으로 드러났다. 인간으로서 우리의 희망은 미래에 대한 생각에 기초하고 있으며, 우리 대부분에게 다음 세대는 그 미래를 실현한다. 나는 사람들에게 그들의 대답이 무엇을 의미하는지 설명해달라고 요청했고, 대부분의 설명은 매우 분명했다. 기후변화 대응을 촉구하는 학교 파업을 하고, 미래에 대한 권리를 확보하기 위해 연방정부를 고소하며, 조류 바이오 연료와 5달러짜리 물 필터를 발명해 과학박람회에서 우승한 모든 아이들의 기후행동은 고무적이다. 하지만 우리의 희망은 아이들이 우리를 위해 기후변화를 바로잡을 것이라는 기대에 기초하지 않는다. 오히려 우리가 그들을 위해 기후변화 문제를 바로잡으려는 것이다. **만약 미래가 없다면 우리는 누구를 위해 세상을 구하는 싸움을 할 것인가?**

P. D. 제임스의 책『인간의 아이들The Children of Men』은 더 이상 아이를 낳을 수 없는 인류의 절망을 기록하고 있다. 독감이 유행하고 전염병이 전 세계를 휩쓸고 지나간 후 사회는 붕괴되었다. 난민들이 위기를 겪고, 절망이 넘쳐난다. 등장인물 중 한 명이 이렇

게 말한다.

"더 정의롭고, 더 동정심 있는 사회를 위해 투쟁하고 고통받으며, 심지어 죽음까지 맞이하는 것은 도리에 맞는 일이었다. 하지만 미래가 없는 세상에서는 그렇지 않다. 너무도 갑자기 '정의', '동정', '사회', '투쟁', '악'이라는 단어들이 공허한 대기에서 아무도 귀 기울이지 않는 메아리가 될 것이었다."

'기후변화 인정'이라는 아름다운 에세이에서 컬럼비아대 로스쿨 제디아 브리튼퍼디 교수는 이 동전의 다른 면인 자신의 희망을 공유한다. 그것은 자연이 위험에 처해 있다는 것을 아들이 깨닫기 전에 자연 세계에 감탄하도록 가르치는 것이다. 그는 "기후 종말에 대한 생각이 도착할 때, 나는 아들이 왜 이 세상이 보존하기 위해 싸울 가치가 있는지 알도록 호기심과 즐거움으로 준비된 마음에 도착하기를 바란다"라고 썼다. 열여덟 살인 해너 알퍼도 여기에 동의한다. 그녀는 나와 같이 토론토 출신이고, 아홉 살 때부터 이 문제에 대해 블로그에 글을 쓰고 있다. 그녀는 "당신이 아무리 어리더라도, 당신은 변화를 가져올 수 있고 당신이 바로 변화 그 자체가 될 수 있어요"라고 말했다.

잘못된 희망

누군가 혹은 무언가, 자연이나 신 혹은 운명이 인간의 행동 없이도 우리를 위해 기후변화 문제를 해결해줄 것이라는 잘못된 희망과 운명론이 많이 있다. 이 두 가지 모두 우리가 덜 행동하게 하거나, 행동하는 다른 사람들을 덜 지지하게 한다. 왜냐하면 그런 인식을 가지면 우리가 아무것도 중요하지 않다고 느끼게 되기 때문이다.

어떤 기독교인들에게서는 이런 말을 자주 듣는다. 그들은 "하나님이 주관하시니 그냥 그분의 손에 맡겨두어야 하는 것 아닌가요?"라고 경건하게 말한다. 그럴 때마다 나는 그분들이 성경 말씀, 즉 뿌린 대로 거둔다는 내용을 읽지 않은 게 아닌가 하는 생각이 든다. 하나님께서는 우리 인간들이 잘못된 결정을 내려도 그 결과로부터 구해주시겠다고 약속하신 적이 없다.

오히려 정반대다. 잠언은 "악을 뿌리는 자는 재앙을 거두리니[12]…"라고 경고하고, 호세아서는 더욱더 간명하게 "그들은 바람을 심었으니 회오리바람을 거두리라[13]"라고 말한다. 일부 텔레비전의 복음 전도사들이 재앙이 닥칠 때마다 그 결과를 죄에 대한 처벌이라고 주장할 필요는 없다. 결과는 우리 모두가 물리학의 법칙을 따른다는 사실의 단순한 결과다. 인간이 대기 중에 열을 가두는 온실가스를 증가시키면 지구는 더워진다. 우리가 불쾌한 사실을 일부러 받아들이기를 거부하거나 긍정적인 태도를 가짐으로써 물리학을 거스를 수 있는 척하는 것은 단두대에서 칼이 떨어지기 전까지(그리고 떨어지면 더 놀라게 되는데) 약간 행복하게 해

---

12 잠언 22장 8절
13 호세아서 8장 7절

5부 당신이 변화를 가져올 수 있다

줄 뿐이다.

자기만족과 잘못된 낙관주의는 잘못된 희망의 또 다른 형태이며, 그것은 우리가 누구든 또는 어디에 사는지에 관계없이 특히 취약한 편견이다. 연구에 따르면 우리는 익숙하지 않은 위험을 과소평가하고 (특히 기후변화에 대해서는 확실히 그렇다!) 우리가 일반적으로 하는 것보다 상황을 더 많이 통제할 수 있다고 낙관적으로 가정한다. 인지신경과학자 탤리 섀럿은 자신의 책 『설계된 망각Optimism Bias』에서 이렇게 설명한다.

"우리는 상황이 마무리된 것보다 더 낫기를 기대한다. 사람들은 이혼, 실직 또는 암 진단을 받을 가능성을 매우 과소평가하고, 자신이 동료보다 더 많은 것을 달성한다고 상상하며, 자신의 가능한 수명을 (때로는 20년 또는 그 이상까지) 과대평가한다."

잘못된 희망은 우리의 방어기제에서 비롯된다. 우리는 직면해서 무력하다고 느끼는 문제, 또는 우리가 부정적 진단 결과를 예상하고 병원 가기를 미루는 것과 같은 듣기 싫은 나쁜 소식을 부정하고 주의를 흐트러뜨리기 위해 방어기제를 사용한다. 그러나 이러한 잘못된 희망은 단기적으로는 우리의 마음을 편하게 해주지만, 두려움은 여전히 우리 머릿속에서 맴돌고 지워지지 않는다.

그래서 진정한 희망은 위험을 인식하고 무엇이 위태로운지를 이해하는 데서 출발해야 한다. 이성적인 희망이 되려면 성공은 필연적인 것이 아니고 그저 상당한 가능성probable이라는 사실을 받아들여야 한다. 그러기 위해서는 용기가 필요한데, 우리가 의심스러울 때, 그럴 가능성이 희박하고 성공이 상당히 가능하다고 하기보다는 그저 불가능하지는 않을 때 우리를 앞으로 나아가게 하는 것이 바로 그 용기와 희망이다. 진정한 희망은 또한 우리가 살고 싶은 미래, 즉 에너지가 풍부하고 그것을 모두가 이용할 수 있는 곳, 경제가 안정적인 곳, 필요한 자원이 있는 곳, 우리의 삶이 지금보다 더 나은 곳의 비전을 제공한다. 그 희망은 미래를 실현하기 위해 이미 노력하고 있는 다른 모든 사람들이 알고 있는 희망이며, 우리가 왜 이런 일을 하고 있는지 이해할 수 있는 희망이다.

친구이자 동료 기후과학자인 피터 칼무스는 "우리는 단지 살기 좋은 행성을 위해 싸우는 게 아닙니다. 우리는 모두를 위해 작동하는 사회의 본거지인 이 행성, 폭동이 일어나고, 야생적이며, 화려하고, 관대하며, 기적적이고, 삶의 요람인 이 행성을 위해 싸우고 있습니다"라고 말했다.

그것이 우리 모두가 찾고 있는 것이다. 그리고 우리는 혼자가 아니다.

내 희망이 샘솟는 곳

하지만 진정한 희망이 저절로 바람직한 기회를 보여주는 건 아니다. 우리가 그것을 찾기를 원한다면, 우리는 소매를 걷어붙이고 밖으로 나가서 그것을 찾아야 한다. 우리가 그렇게 한다면 그것을 발견할 기회는 있다. 그리고 그것을 습관화해야 한다.

감정이나 가치보다는 실천(습관)으로서의 희망이라는 생각은 오래전부터 불교 철학에 뿌리를 내리고 있다. 철학자 조애너 메이시와 심리학자 크리스 존스턴은 그들의 저서 『액티브 호프: 암울한 현실에서 새로운 미래를 여는 적극적 희망 만들기 프로젝트!』에서 "적극적 희망은 실천(습관)이다"라고 썼다.

> "그것은 태극권이나 정원 가꾸기처럼 우리가 소유하지 않고 행하는 것이다…. 첫째, 우리는 현실에 대한 명확한 관점을 취한다. 둘째, 우리가 바라는 것이 무엇인지 확인한다…. 그리고 셋째, 우리는 자신을 또는 우리의 상황을 그 방향으로 나아가도록 하는 조치를 취한다. 희망을 느낄 때만 가능성을 저울질하고 나아가기보다는 우리의 의도에 초점을 맞추고 그것이 우리의 지침이 되도록 한다."

바로 내가 그렇게 하고 있다. 나는 희망을 실천한다. 나는 변화를 가져오는 사람들에 대한 이야기와 좋은 소식을 모으고 공유한다. 태양광 전지가 들어간 천[14], 홍수가 난 중국의 노천 탄광에 떠다니는 태양광발전소, 북극 외딴 마을의 수력발전 에너지 같은 뉴스들을 공유했다. 나는 행사에 참여하고 내 가치를 공유하며 지지와 행동을 장려하는 기관들과 협력한다. 박물관에서부터 선

---

14 solar fabric: 태양광 전지가 들어가 있어 햇빛이 비치면 전기를 충전하는 직물.

생님들의 프로그램, 신앙에 기초한 이니셔티브에도 참여한다. 나는 내가 가진 것, 즉 나의 전문 지식이나 시간, 기부 또는 능력 같은 것들을 제공한다. 나는 내 신념을 바라본다. 희망의 기원은 우리가 생각할 수 있는 곳이 아니라고 사도 바울이 말했다. 내 신념은 장밋빛 상황과 긍정적인 조건에 있지 않다. 모든 것이 우리의 뜻대로 진행되고 있을 때 희망이 도착하는 건 아니다. 로마인들에게 보낸 편지에서 사도 바울은 다음과 같이 말한다. "우리는 어려움이 포기하지 않는 법을 배우는 데 도움이 된다는 것을 알고 있다. 우리가 포기하지 않는 법을 배웠을 때 그것은 우리가 시험을 견뎠다는 것을 보여준다. 우리가 시험을 견뎌냈을 때 그것은 우리에게 희망을 준다."[15] 바울은 용기에 대해 언급하지 않지만, 그것은 전체 구절을 관통한다. 고통 속에서도 인내하려면 용기가 필요하고, 용기는 인격의 일부이며, 따라서 용기는 이성적이고 건설적인 희망의 필수 요소다. 그리고 나는 바울이 "희망은 결코 우리를 부끄럽게 만들지 않는다. 왜냐하면 하나님의 사랑이 우리 마음속에 들어왔기 때문이다"라고 마무리지은 말도 좋아한다. 사랑은 두려움을 내쫓고 수치심도 내쫓는다고 성경은 우리에게 말한다. **사랑은 세상의 모든 다른 세력들이 우리를 더 작고 작은 무리로 나누려고 할 때 우리를 하나로 모으는 접착제다.**

---

15 We know that troubles help us learn not to give up. When we have learned not to give up, it shows we have stood the test. When we have stood the test, it gives us hope. (Romans 5:3-4, New Life Version)

과학적 사실에 근거해서 보면 우리가 기후변화의 모든 영향을 피하기에는 너무 늦었다. 그 영향의 일부는 이미 지금 여기에 와 있다. 어떤 것은 우리가 과거에 내린 선택 때문에 불가피하며, 그 때문에 우리가 두려워할 수 있다. 과학적 사실은 또한 우리가 불을 켜는 것에서부터 점심을 먹는 것까지 우리가 하는 많은 부분이 문제를 더 심각하게 만들고 있다고 설명한다. 그 때문에 우리는 죄책감을 느끼게 된다. 그러나 내가 하는 연구의 메시지는 분명하다. **가장 심각하고 위험한 영향을 피하는 것은 아직 너무 늦지 않았다. 우리의 선택이 무슨 일이 일어날지를 결정할 것이다.**

우리가 집단적으로 직면하는 미래는 우리 자신의 행동에 의해 만들어질 것이다. 기후변화는 우리와 아슬아슬하고 신나는 미래 사이에 서 있다. 우리는 두려움이나 수치심으로 마비될 여유가 없다. 우리는 힘과 사랑, 그리고 건전한 정신을 갖고 행동해야 한다. 함께, 우리는 우리 자신을 구할 수 있다.

감사의 말

    테드 토크[1] 강연은 꽤나 스트레스를 주었다. 20분짜리 강연에서 원고를 전부 외워서 말해야 하는데 조금이라도 실수를 하면 스트레스는 더 심하다. 그 주에 벼락치기를 하면서 상당한 양의 콤부차를 마셨는데, 강연을 끝내고 나니 그 안도감은 이루 말할 수 없었다. 점심을 먹으러 가면서, 나는 마치 1,000파운드의 무게가 내 어깨에서 굴러 떨어진 것처럼 느꼈고, 누군가 내 이름을 부르는 것을 들었다. 그 여성은 "정말 멋진 강연이었어요, 혹시 책을 쓰고 싶으신가요?"라고 말했다. 행복감에 젖어 있던 나는 "왜 안 되겠어요?"라고 생각했고, 그것이 이 책의 시작이었다.

    무엇보다도 이 책의 틀을 짜고, 쓰고, 제목을 짓는 데 영감을 준

---

1   TED Talk

원 시그널의 훌륭한 편집자인 줄리아 치페츠와 유능한 동료 니콜러스 치아니와 아마라 발란에게 감사드린다. 또한 애초에 테드 강연을 하도록 설득하고, 기후과학에 관한 이야기를 하고 싶다는 내 제안을 단호히 거절했던 데이비드 비엘로에게도 감사드린다. 그분들이 없었다면 이 모든 것이 존재하지 않았을 것이다.

또한 원고에 대해 비판적이고 심층적인 피드백을 제공해준 소니아 스미스와 조지나 페리에게도 감사드린다. 나는 수년 전 소니아가 텍사스 월간지에 나에 대한 프로필을 쓸 때 그녀를 처음 만났다. 뛰어난 저널리스트인 그녀는 PBS 디지털 시리즈인 '글로벌 위어딩(Global Weirding, 지구 이상화)' 프로그램과 이 책에서 내가 이야기하는 흥미로운 사람들, 장소들, 그리고 기술들을 찾아내는 데 절대적인 천재였다. 조지나는 더 최근에 만났는데, 내가 2020년 4월 코로나19로 목숨을 잃은 선구적인 기후과학자 존 휴튼 경을 위해 네이처지에 쓴 부고를 편집한 사람이다. 그 원고에 대한 조지나의 코멘트는 너무나 훌륭해서 나는 그녀에게 이 책의 원고를 읽어달라고 간청했다. 사랑스러운 그녀는 그렇게 해주었다. 그녀는 영국인이기 때문에 내가 북미 문화권 밖의 사람들에게 친숙하지 않거나 적절하지 않은 내용에 대해서는 나에게 전화해서 알려주었다. 만약 당신이 그 그룹에 속한다면, 책을 훨씬 더 읽기 쉽게 만들어준 것에 대해 그녀에게 감사해야 한다!

또한 텍사스테크대 동료인 브라이언 김자, 트래비스 스나이더, 이언 스콧 플레밍과 내 여동생 크리스티 헤이호에게 엄청난 감사의 빚을 지고 있다. 이들은 각각 원고를 읽고 귀중한 비평과 통찰력과 조언을 주는 영웅적 임무를 맡았고, 문학 교수인 브라이언은 몇 가지 좋은 인용구를 제공했다. 과학자로서 나는 내가 쓰는 모든 것을 동료들과 함께 검토하는 것에 익숙해져 있는데, 특히 이 원고를 검토해준 훌륭한 동료들에게 감사한다. 그들의 피드백은 경제학, 사회과학, 신학 등 내 전문 분야가 아닌 주제에 대해서도 매우 귀중한 내용들이었고, 경우에 따라 전체 장을 해체하고 다시 쓰는 작업으로 이어졌다. 이 관대한 동료들은 다음과 같다. 페퍼다인대학교의 신학자 크리스 도란은 내 자신의 연구에 동기를 부여하는 믿음의 기초를 반영한 『기후변화 시대의 희망』이라는 책을 썼다. 생태학자에서 사회과학자로 변신한 예일대 기후 커뮤니케이션 프로그램의 젠 말론과 조지메이슨대학교의 건강·커뮤니케이션 연구원 에드 메이백의 자세한 여론 데이터는 나의 테드 강연 제목과 책의 첫 번째 3분의 1에 있는 토론의 많은 부분에 영감을 주었다. 커뮤니케이션 전문가 조지 마셜과 기후 아웃리치의 린 드레이그의 연구와 지혜는 언제나 나에게 영감을 안겨주었다. 오르후스대학교의 사회과학자 브랜디 모리스는 내가 두려움에 대한 그녀의 도전적 연구를 내 책에 쓰려고 애쓰고 있을 때 마침 내게 이메일을 보내서 적절하게 검토하게 해주었다. 그리고 뉴욕대학교의 경제학자 거노트 와그너, UC버클리의 맥스 오프해머, 그리고 앨버타대학교의 앤드루 리치는 나의 인식의 지평을 넓힌 탄소 가격과 배출권거래제에 대한 더 세밀하고 깊은 통찰력을 제공했다. 자연보호국 출신의 새 동료 데이비드 뱅크스는 나에게 자연에 기반한 해결책에 대해 집중 강의를 해주었다. 오리건대학교의 사회학자 카리 노가드는 우리가 기후행동을 하지 않는 복잡한 이유들을 풀어주었다. 레딩대학교의 에드 호킨스는 동료 기후과학자이자 가열화 줄무늬Warming Stripes 같은 많은 창조적이고 설득력 있는 기후 그래픽을 만들었다. 북애리조나대학교의 영구 동토층 전문가인 테드 슈어와 알래스카대학교의 케이티 앤서니는 북극 온난화가 우리 세계에 어떤 의미를 갖는지를 알아내기 위해 이 세계의 가장 먼 곳에서 삶의 대부분을 보내왔다. 생태학자 테리 채핀은 나를 알래스카로 초대해 영감을 주었고, 그의 사려 깊은 리더십은 과학 공동체에 많은 영향을 주었다. 선구적인 홍보 전문가이자 지칠 줄 모르는 기후 옹호자인 데이비드 펜턴은 나의 연구를 격려하고 여러 가지를 알려주었다. 비영리 단체들이 청정에너지에 투자하도록 돕는 리볼브RE-volv의 태양광 전문가인 안드레아 카렐라스는 영감을 주는 책『기후 용기: 기후변화를 해결하는 것이 미국에서 어떻게 공동체를 만들고, 경제를 변화시키며, 격차를 해소할 수 있을까』라는 책을 썼고, 나는 거기에 서문을 썼다. 내가 이 책에서 다루는 많은 주제들을 깊이 파고들어 이해할 수 있도록 해준 수백 편의 논문과 책들에 깊은 감사를 표한다. 그 자료들은 장 주석에 출처를 표시했다. 나는 그들의 지혜와 학문을 지지하며, 해석이나 사실의 오류는 전적으로 나에게 책임이 있다.

팩트(진실한 정보)는 중요하다. 하지만 신경과학자들은 우리에게 의사소통을 위해 이야기stories가 꼭 필요한 것이라고 말한다. 내가 언급했듯이, 이야기는 말 그대로 우리가 서로 감정이입을 할 때 우리의 뇌파를 동기화시킨다. 기후변화에 관해서는 특히 공감할 수 있는 것이 많다. 마지막으로 정말 매우 고맙게 생각하는 것이 있다. 이 책에서 이야기를 나눈 모든 분들, 특히 존 쿡, 사이먼 도너, 데이비드 폴랜드, 팀 풀먼, 글린 굿윈, 돈 리버, 릭 린드로스, 커스틴 밀크스, 르네 로스티우스 등 이 책을 위해 특별히 자신의 경험을 제공한 분들에게 진심으로 감사드린다. 그들의 이야기와 다른 많은 사람들의 이야기가 없었다면, 이 책은 읽기에 흥미가 훨씬 덜했을 것이다. 그리고 솔직히 이 모든 이야기들이 없었다면, 아마 이 책도 없었을 것이다. 이런 책을 쓰는 것도 변화를 가져올 수 있다는 것에 확신을 심어준 글린과 같은 사람들로부터 정보를 얻었기 때문이다.

나의 이야기에 당신도 공감하기를 바란다. 그리고 당신이 동의한다면 나는 당신의 이야기도 듣고 싶다.

주석

8장의 일부는 '맞아요, 날씨가 이상해지고 있어요'라는 제목으로 2017년 5월 포린 폴리시에 실었던 내용이다. 14장의 2개 문단은 PLOS SciComm 블로그에 '기후가 변화하고 있다. 그게 나에게 왜 중요하고 당신에게도 왜 중요해야 할까?'라는 글에 실렸다. 2장의 한 개 문단은 2019년 10월 뉴욕타임스에 '나는 신을 믿는 기후과학자입니다. 내 말을 끝까지 들어주세요'라는 제목으로 실렸던 글이다.

서문

11 거의 틀림없이, 미국은 진보와 보수가 가장 극단적으로 Michael Dimock and Richard Wike, "America Is Exceptional in the Nature of Its Political Divide," Pew Research Center, November 23, 2010, https://www.pewresearch.org/fact-tank/2020/11/13/america-is-exceptional-in-the-nature-of-its-political-divide/.

11 갈등극복연구소(Beyond Conflict Institute)의 2020년 보고서 Beyond Conflict, America's Divided Mind, June 2020, https://beyondconflictint.org/wp-content/uploads/2020/06/Beyond-Conflict-America_s-Div-ided-Mind-JUNE-2020-FOR-WEB.pdf.

12 기후변화가 가연성 주제의 최상위에 Pew Research Center, "Election 2020: Voters Are Highly Engaged, but Nearly Half Expect to Have Difficulties Voting," August 2020, https://www.pewresearch.org/politics/2020/08/13/election-2020-voters-are-highly-engaged-but-nearly-half-expect-to-have-difficulties-voting/.

12 50%가 넘는 성인이 기후변화에 Anthony Leiserowitz, Edward Maibach, Connie Roser-Renouf, Seth Rosenthal, and Teresa Myers, Global Warming's Six Ameri-cas, Yale Program on Climate Communication, https://climatecommunication.yale.edu/about/projects/global-warmings-six-americas/.

13 "강하게 느끼고 있다" Matthew Smith, "International Poll: Most Expect to Feel Impact of Climate Change, Many Think It Will Make Us Extinct," YouGov, December 14, 2019, https://yougov.co.uk/topics/science/articles-reports/2019/09/15/international-poll-most-expect-feel-impact-climate.

13 미국에서는 10명 가운데 American Psychological Association, "Majority of US Adults Believe Climate Change Is Most Important Issue Today," February 6, 2020, https://www.apa.org/news/press/releases/2020/02/climate-change.

15 자신의 도덕률을 갖고 있으며, 그에 따라 행동한다 Jonathan Haidt, The Righteous Mind: Why Good People Are Divided by Politics and Religion (New York: Random House, 2012).

1부 무엇이 문제이고 어떻게 해결할 것인가

1장

19 상식적인 대중 이론이 George Lakoff, Don't Think of An Elephant! (White River, VT: Chelsea Green Publishing, 2014).

23 1998년 갤럽 조사에서 Gallup, "Partisan Gap on Global Warming Grows," May 29, 2008, https://news.gallup.com/poll/107593/partisan-gap-global-warming-grows.aspx.

23 2008년에는 공화당 Michael O'Brien, "Gingrich Regrets 2008 Climate Ad with Pelosi," The Hill, July 26, 2011, https://thehill.com/blogs/blog-briefing-room/news/173463-gingrich-says-he-regrets-2008-climate-ad-with-pelosi.

24 2020년에 코로나19 Pew Research Center, "Election 2020: Voters Are Highly Engaged, but Nearly Half Expect to Have Difficulties Voting," August 2020, https://www.pewresearch.org/politics/2020/08/13/election-2020-voters-are-highly-engaged-but-nearly-half-expect-to -have-difficulties-voting/.

24 캐나다에서도 Yale Program on Climate Communication, "Canadian Climate Opinion Maps 2018," November 21, 2019, https://climatecommunication.yale.edu/visualizations-data/ccom/.

24 영국에서는 보수당 의원들이 Jonathan Watts and Pamela Duncan, "Tory MPs Five Times as Likely to Vote Against Climate Action," Guardian, October 11, 2019, https://www.theguardian.com/environ ment/2019oct/11/tory-mps-five-times-more-likely-to-vote-against-cli mate-action.

24 기후변화와 전혀 상관이 없다고 주장하기도 Timothy Graham and Tobias Keller, "Bushfires, Bots and Arson Claims: Australia Flung in The Global Disinformation Spotlight," The Conversation, January 10, 2020, https://theconversation.com/bushfires-bots-and-arson-claims-australia-flung-in-the-global-disinformation-spotlight-129556.

25 기후변화에 대한 사람들의 의견은 Matthew Hornsey, Emily Harris, Paul Bain, and Kelly Fielding, "Meta-Analyses of the Determinants and Outcomes of Belief in Climate Change," Nature Climate Change 6, no. 6 (2016): 622–626, https://doi.org/10.1038/nclimate2943.

25 양극화의 많은 부분이 감정적인 Greg Lukianoff and Jonathan Haidt, The Coddling of the American Mind: How Good Intentions and Bad Ideas Are Setting Up a Generation for Failure (London: Penguin Books/Random House U.K., 2018).

26 많은 사람들이 즉시 자신의 의견을 Cass Sunstein, How Change Happens (Cambridge: MIT Press, 2019).

26 "미디어는 반대의 관점을" Tania Israel, Beyond Your Bubble: How to Connect Across the Political Divide (Washington, DC: APA Life-Tools, 2020).

27 테드 크루즈 상원의원이 보수적 정치평론가 https://www.glennbeck .com/2015/10/29/ted-cruz-climate-change-is-not-science-its-religion/.

27 린지 그레이엄 상원의원이 Council on Foreign Relations, https://www.cfr.org/event/lindsey-graham-irans-nuclear-program.

28 지구온난화에 대한 미국인들의 여섯 가지 태도 Anthony Leiserowitz, Edward Maibach, Connie Roser-Renouf, Seth Rosenthal, and Teresa Myers, Global Warming's Six Americas, Yale Program on Climate Communication, https://climatecommunication.yale.edu/about/projects/global-warmings-six-americas/, accessed September 2020.

30 회의주의 과학 Skeptical Science, https://skepticalscience.com/.

31 인지언어학자 조지 레이코프의 George Lakoff, Don't Think of An Elephant! (White River, VT: Chelsea Green Publishing, 2014).

32 비행기 안전벨트 착용이나 Tali Sharot, The Influential Mind: What the Brain Reveals About Our Power to Change Others (New York: Henry Holt and Co., 2017).

2장

35 "기후변화에 대해 대중과 소통하고" Anthony Leiserowitz, Edward Maibach, Connie Roser-Renouf, Seth Rosenthal, and Teresa Myers, Global Warming's Six Americas, Yale Program on Climate Communication, https://climatecommunication.yale.edu/about/projects/global-warmings-six-americas/, accessed September 2020.

37 2만 6,500가지 독립적인 증거를 Cynthia Rosenzweig, David Karoly, Marta Vicarelli, Peter Neofotis, Qigang Wu, Gino Casassa, Annette Menzel, et al. "Attributing physical and biological impacts to anthropogenic climate change," Nature 453 (2008): 353–357, https://doi.org/10.1038/nature06937.

37 포트후드는 사용 전기의 45%를 American Association for the Advancement of Science, How We Respond: Community Responses to Climate Change (2019), https://howwerespond.aaas.org/community-spot light/fort-hood-embraces-renewable-energy-other-military-posts-follow -suit/.

38 2020년 현재 텍사스주에서 American Wind Energy Association, State Fact Sheets, https://www.awea.org/resources/fact-sheets /state-facts-sheets; Solar Energy Industries Association, States Map, https://www.seia.org/states-map.

41 '스포츠 일러스트레이티드'를 위해 Sports Illustrated staff, "Going, Going Green," Sports Illustrated, March 12, 2007, https://vault.si.com/vault/2007/03/12/going-going-green.

42 10억 명의 사람들을 Institute for Economics & Peace, Ecological Threat Register, 2020, https://ecologicalthreatregister.org/.

44 미국에서 백인 복음주의자들은 Frank Kummer, "Religious people believe climate change is a real threat, not a controversy, Yale poll finds," The Philadelphia Inquirer, October 23, 2020, https://www.inquirer.com/science/climate/climate-change-religion-amy-coney-20201023.html.

44 말했던 정치적 양극화와 John H. Evans and Justin Feng, "Conservative Protestantism and skepticism of scientists studying climate change," Climatic Change 121 (2013): 595–608, https://doi.org/10.1007/s10584-013-0946-6.

46 연구가 수없이 이루어졌다 Emily Kubin, Curtis Puryear, Chelsea Schein ,and Kurt Gray, "Personal experiences bridge moral and political divides better than facts," Proceedings of the National Academy of Science of the United States 118, no. 6 (2021): e2008389118, https://doi.org/10.1073/pnas.2008389118.

3장

50 미군들이 말하는 위험 증폭기 Department of Defense, 2014 Climate Change Adaptation Roadmap, https://www.acq.osd.mil/eie/Downloads/CCARprint_wForward_e.pdf.

56 오듀본 존 제임스를 기리는 오듀본협회 The National Audubon Society, "Survival by Degrees: 389 Bird Species on the

Brink," 2020, https://www.audubon.org/climate/survivalbydegrees.

57 오리건주와 아이다호주에서는 Pete Bisson, "Salmon and Trout in the Pacific Northwest and Climate Change," June 2008, U.S. Department of Agriculture, Forest Service, Climate Change Resource Center, www.fs.fed.us/ccrc/topics/aquatic-ecosystems/salmon-trout.shtml.

57 자연보호 단체인 덕스 언리미티드 Ducks Unlimited, "Climate Change and Waterfowl, 2020," https://www.ducks.org/Conservation/Public-Policy/Climate-Change-and-Waterfowl.

57 내가 미국 북동부 지역을 위해 한 연구에서 Peter Frumhoff, James McCarthy, Jerry Melillo, Suzanne Moser, and Donald Wuebbles, Confronting Climate Change in the U.S. Northeast: Science, Impacts, and Solutions: Synthesis Report of the Northeast Climate Impacts Assessment (NECIA) (Cambridge, MA: Union of Concerned Scientists, 2007).

57 야외 스포츠의 생존에 큰 영향 Priestley International Centre for Climate, "Game Changer: How Climate Change Is Impacting Sports in the U.K.," 2018, https://climate.leeds.ac.uk/wp-content/uploads/2018/02/Game-Changer-1.pdf.

58 텍사스 레인저스 야구팀이 Justin Fox, "It's Gotten Too Hot for Outdoor Baseball in Texas," Bloomberg Opinion, 2019, https://www.bloomberg .com/opinion/articles/2019-10-01/climate-change-ruined-globe-life-sta dium-for-the-texas-rangers.

58 야외 아이스 링크나 Nikolay Damyanov, Damon Matthews, and Lawrence Mysak, "Observed Decreases in the Canadian Outdoor Skating Season Due to Recent Winter Warming," Environmental Research Letters 7, no. 1 (2012): 014028, https://doi.org/10.1088/1748-9326/7/1/014028.

58 도쿄 같은 여름 올림픽 개최도시들은 Katherine Kornei, "Japan: Next Olympics Marathon Course Has Dangerous 'Hot Spots' for Spectators," Prevention Web: The Knowledge Platform for Disaster Risk Reduction, 2019, https://www.preventionweb.net/news/view/63205.

58 실외 테니스 대회는 Graham Readfern, "Is the Australian Open Tennis Feeling the Heat of Climate Change?," Guardian, January 16, 2014, https://www.theguardian.com/environment/planet-oz/2014/jan/16/australia-tennis-open-climate-change-extreme-heat.

58 모래 해변의 절반이 Michalis Vousdoukas, Roshanka Ranasinghe, Lorenzo Mentaschi, Theocharis Plomaritis, Panagiotis Athanasiou, Arjen Luijendijk, and Luc Feyen, "Sandy Coastlines Under Threat of Erosion," Nature Climate Change 10 (2020): 260–263, https://doi.org/10.1038/s41558-020-0697-0.

58 식물 내한성 구역 Arbor Day Foundation, "Zone Changes: 1990 USDA Hardiness Zones," 2020, https://www.arborday.org/media/map changes.cfm.

59 침입종은 1970년 이후 세계 경제에 Christophe Diagne, Boris Leroy, Anne Charlotte Vaissière, Rodolphe Gozlan, David Roiz, Ivan Jaric´, Jean- Michel Salles, Corey Bradshaw, and Franck Courchamp, "High and rising economic costs of biological invasions worldwide," Nature 592 (2021): 571–576, https://doi.org/10.1038/s41586-021-03405-6.

59 브로슈어와 웹사이트를 Bethany Bradley, Amanda Bayer, Bridget Griffin, Sydni Joubran, Brittany Laginhas, et al., "Gardening with Climate-Smart Native Plants in the Northeast, 2020" https://scholarworks.umass .edu/eco_ed_materials/8/ and https://www.risccnetwork.org/.

59 남부 온타리오에까지 이르렀다 Ontario Invasive Plant Council, Kudzu, https://www.ontarioinvasiveplants.ca/wp-content/uploads/2016/07/Kudzu-ENGLISH.pdf.

59 미국 가든 클럽은 Garden Club of America, "Position Paper: Climate Change," 2016, https://www.gcamerica.org/public/assets/pdf/GCAPositionPapersCompilation2016.pdf.

60 상추와 같은 녹색 채소들이 Maryn McKenna, "Can Lettuce Survive Climate Change?" Wired, February 7, 2019, https://www.wired.com/story/can-lettuce-survive-climate-change/.

60 필요한 물 공급이 Varun Varma and Daniel Bebber, "Climate change impacts on banana yields around the world," Nature Climate Change (2019) doi: 10.1038/s41558-019-0559-9.

60 20~40%를 파괴하는 Food and Agriculture Organization of the United Nations, "Plants vital to human diets but face growing risks from pests and diseases," April 4, 2016, http://www.fao.org/news/story/en/item/409158/icode/.

60 프랑스의 대표적 와인 재배 지역에서 Cornelis van Leeuwen and Philippe Darriet, "The Impact of Climate Change on Viticulture and Wine Quality," Journal of Wine Economics 11, no. 1: 150–167.

60 호프 수확량을 줄이고 Martin Mozny, Radim Tolasz, Jiri Nekovar, Tim Sparks, Mirek Trnka, and Zdenek Zalud, "The Impact of Climate Change on the Yield and Quality of Saaz Hops in the Czech Republic," Agricultural and Forest Meteorology 149, no. 6–7 (2009): 913–919 , https://doi.org/10.1016/j.agrformet.2009.02.006.

60 브루어리 기후 선언 Caitlyn Kennedy, "Climate and Beer," NOAA Climate.gov, 2016, https://www.climate.gov/news-

features/climate-and/climate-beer.

61 카사바 뿌리를 Andrea Shea, "Survival of the Greenest Beer? Breweries Adapt to a Changing Climate," NPR: The Salt, 2015, https://www.npr.org/sections/thesalt/2015/06/24/415538451/survival-of-the-greenest-beer-breweries-adapt-to-a-changing-climate.

61 강우 패턴의 변화는 Michon Scott, "Climate and Chocolate," NOAA Climate.gov, 2016, https://www.climate.gov/news-features/climate-and/climate-chocolate.

61 식물에서 수분을 짜내게 The International Center for Tropical Agriculture (CIAT), "CIAT Warns of Climate Change Impact on Cocoa Production," IISD/SDG Knowledge Hub, 2011, https://sdg.iisd.org/news/ciat-warns-of-climate-change-impact-on-cocoa-production/.

61 네스프레소(Nespresso)와 라바짜(Lavazza) 같은 커피 대기업은 Lavazza Foundation, "Coffee and Climate: Changing the Future One Cup at a Time," Guardian Labs, https://www.theguardian.com/lavazza-ethical-espresso/2019/feb/26/coffee-and-climate-changing-the-future-one-cup-at-a-time.

61 회복력을 높이는 프로그램을 Karen Carmichael, "Easing the Impact of Climate Change on Coffee Growers," National Geographic, 2020, https://www.nationalgeographic.com/science/2020/02/partner-content-impact-climate-change-on-coffee-growers/.

63 가열화 줄무늬 #showyourstripes, https://showyourstripes.info/.

2부 왜 팩트만으로 충분하지 않은가

4장

74 56개국 사람들을 분석한 결과 Matthew Hornsey, Emily Harris, Paul Bain, and Kelly Fielding, "Meta-Analyses of the Determinants and Outcomes of Belief in Climate Change," Nature Climate Change 6, no. 6 (2016): 622–626, https://doi.org/10.1038/nclimate2943.

76 스티븐 콜버트가 트윗(엑스)에 Stephen Colbert, Twitter post, November 18, 2014, 11:40 p.m., https://twitter.com/StephenAtHome/status/534929076726009856.

76 수학자이자 과학자인 장바티스트 조제프 푸리에는 Joseph Fourier, "Remarques generales sur les temperatures du globe terrestre et des espaces planetaires" (1824), Annales de chimie et de physique (Annals of Chemistry and of Physics) 23, no. 2 (1999).

77 자신의 논문을 읽은 최초의 여성 Eunice Newton Foote, "Circumstances Affecting the Heat of the Sun's Rays," Annual Meeting of the American Association for the Advancement of Science, August 23, 1856.

77 정확하게 계산할 수 있게 되었다 John Tyndall, "On the Absorption and adiation of Heat by Gases and Vapours . . ." Philosophical Magazine 4, 22 (1861): 169–194.

77 영국 엔지니어 가이 캘린더는 G. S. Callendar, "The Artificial Production of arbon Dioxide and Its Influence on Temperature," Quarterly Journal of the Royal Meteorological Society 64, no. 275 (1938): 223–240.

77 "몇 세기 안에 우리는" Ad Hoc Study Group on Carbon Dioxide and Climate, Carbon Dioxide and Climate: A Scientific Assessment, Climate Research Board, Assembly of Mathematical and Physical Sciences, National Research Council (Washington D.C.: National Academy of Sciences, 1979).

78 "위험한 인위적 간섭을 막기로" United Nations Framework Convention on Climate Change, 1992, https://unfccc.int/resource/docs/convkp/conveng.pdf.

78 파리 기후회의에서 비로소 United Nations Paris Agreement, 2015, https://unfccc.int/files/meetings/paris_nov_2015/application/pdf/paris_agreement_english_.pdf.

78 "주요 과학단체 리더들로서 우리는" Scientific Societies' Letter to Congress, June 28, 2016, https://www.eurekalert.org/images/2016climateletter6-28-16.pdf.

79 전 세계 198개 과학단체가 https://www.opr.ca.gov/facts/list-of-scientific-organizations.html.

80 북반구에서 겨울 온도는 Drew Shindell, Gavin Schmidt, Michael Mann, David Rind, and Anne Waple, "Solar Forcing of Regional Climate Change during the Maunder Minimum," Science 294, no. 5549 (2001): 2149–2152, https://doi.org/10.1126/science.1064363.

81 위성 방사선 측정기 데이터는 Chi Ju Wu, Natalie Krivova, Sami Solanki, and Ilya Usoskin, "Solar Total and Spectral Irradiance Reconstruction Over the Last 9,000 Years," Astronomy & Astrophysics 620 (2018): A120, https://doi.org/10.1051/0004-6361/201832956.

81 6,000만 톤 이상의 이산화황을 Achmad Djumarma Wirakusumah and Heryadi Rachmat, "Impact of the 1815 Tambora Eruption to Global Climate Change," IOP Conference Series: Earth and Environmental Science 71 (2016): 012007.

82 유럽 전역에 티푸스가 Clive Oppenheimer, "Climatic, Environmental and Human Consequences of the Largest Known Historic Eruption: Tambora Volcano (Indonesia) 1815," Progress in Physical Geography 27, no. 2 (2003): 230–259, https://doi.org/10.1191%2F0309133303pp379ra.

82 나폴레옹이 패배하게 되는 Matthew Genge, "Electrostatic Levitation of Volcanic Ash into the Ionosphere and Its Abrupt Effect on Climate," Geology 46, no. 10 (2018): 835–838, https://doi.org/10.1130/G45092.1.

82 자연의 지질학적 배출량은 Terry Gerlach, "Volcanic Versus Anthropogenic Carbon Dioxide," EOS Science News 92, no. 24 (2011): 201–202, https://doi.org/10.1029/2011EO240001.

83 밀루틴 밀란코비치가 그 이유를 Milutin Milanković, Canon of Insolation and the Ice-age Problem (Kanon Der Erdbestrahlung und Seine Anwendung Auf Das Eiszeitenproblem), 4th ed. (Agency for Textbooks, 1941).

84 지금으로부터 1,500년 안에 Chronis Tzedakis, James Channell, David Hodell, Helga Kleiven, and Luke Skinner, "Determining the Natural Length of the Current Interglacial," Nature Geoscience 5 (2012): 138–141, https://doi.org/10.1038/ngeo1358.

85 습한 날씨를 초래했다 Rebecca Lindsey, "Global impacts of El Niño and La Niña," NOAA Climate.gov, February 9, 2016, https://www.climate.gov/news-features/featured-images/global-impacts-el-ni%C3%B1o-and-la-ni%C3%B1a.

85 이른바 중세 온난기에는 Eystein Jansen, Jonathan Overpeck, Keith Briffa, Jean-Claude Duplessy, Fortunat Joos, Valerie Masson-Delmotte, Daniel Olago, et al., "Palaeoclimate," in Climate Change 2007: The Physical Science Basis. Contribution of Working Group I to the Fourth Assessment Report of the Intergovernmental Panel on Climate Change, eds. Susan Solomon, Dahe Qin, Martin Manning, Zhenlin Chen, Melinda Marquis, Kristen Averyt, Melinda Tignor, and Henry LeRoy Miller (Cambridge and New York: Cambridge University Press, 2007).

86 바다의 열 함량이 John Abraham, Molly Baringer, Nathan Bindoff, Tim Boyer, Lijing Cheng, John Church, Jessica Conroy, et al., "A Review of Global Ocean Temperature Observations: Implications for Ocean Heat Content Estimates and Climate Change," Reviews of Geophysics 51, no. 3 (2013): 450–483, https://doi.org/10.1002/rog.20022.

86 100% 이상 온난화의 Thomas Knutson, James Kossin, Carl Mears, Judith Perlwitz, and Michael Wehner, "Detection and Attribution of Climate Change," in Climate Science Special Report: Fourth National Climate Assessment, Volume I, eds. Donald Wuebbles, David Fahey, Kathy Hibbard, David Dokken, Brooke Stewart, and Thomas Maycock (Washington, DC: U.S. Global Change Research Program, 2018), http://doi.org/10.7930/J01834ND.

87 기후를 안정시킬 가능성이 충분했다 William Ruddiman, Plows, Plagues, and etroleum: How Humans Took Control of Climate, 2nd ed. (Princeton: Princeton University Press, 2016).

87 420ppm을 넘어섰다 Earth System Research Laboratories Global Monitoring Laboratory, "Carbon Cycle Greenhouse Gases: Trends in CO2," https://gml.noaa.gov/ccgg/trends/.

87 1,500만 년 전이었을 것이다 Aradhna Tripati, Christopher Roberts, and Robert Eagle, "Coupling of CO2 and Ice Sheet Stability Over Major Climate Transitions of the Last 20 Million Years," Science 326, no. 5958 (2009): 1394–1397, http://doi.org/10.1126/science.1178296.

87 5,500만 년 전이었다 Katharine Hayhoe, James Edmonds, Robert Kopp, Allegra LeGrande, Benjamin Sanderson, Michael Wehner, and Donald Wuebbles, "Climate Models, Scenarios, and Projections," in Climate Science Special Report: Fourth National Climate Assessment, Volume I, eds. Donald Wuebbles, David Fahey, Kathy Hibbard, David Dokken, Brooke Stewart, and Thomas Maycock (Washington, DC: U.S. Global Change Research Program, 2018), http://doi.org/10.7930/J0WH2N54.

87 해수면은 오늘날보다 60m Ibid.

88 10배나 빨리 대기 중으로 Richard Zeebe, Andy Ridgwell, and James Zachos, "Anthropogenic Carbon Release Rate Unprecedented During the Past 66 Million Years," Nature Geoscience 9 (2016): 325–329, http://doi.org/10.1038/ngeo2681.

5장

89 정치적 정체성에 너무 갇혀 Ezra Klein, Why We're Polarized (New York: Avid Reader Press / Simon & Schuster Inc., 2020).

90 2005년 기록적인 허리케인 시즌이 National Weather Service, "2005 Hurricane Season Records," https://www.weather.gov/tae/climate_2005review_hurricanes.

90 가장 기록적인 피해를 남겼다 Ibid.

93 홍보 전문가 짐 호건의 『광장의 오염』이라는 책 James Hoggan, I'm Right and You're an Idiot: The Toxic State of Public Discourse and How to Clean it Up, 2nd ed. (Gabriola Island, BC: New Society Publishers, 2019).

94 "보통의 과학 지능" Dan Kahan, " 'Ordinary Science Intelligence': A Science-Comprehension Measure for Study of Risk and Science Communication with Notes on Evolution and Climate Change," Journal of Risk Research 20, no. 8 (2016): 995–1016, https://doi.org/10.1080/13669877.2016 .1148067.

94 더 높은 점수를 받은 사람은 Anthony Leiserowitz, N. Smith, and Jennifer Marlon, "Americans' Knowledge of Climate Change," (New Haven: Yale University Project on Climate Change Communication, 2010).

95 "과학적 소양이 가장 높은 사람들" Dan Kahan, Ellen Peters, Maggie Wittlin, Paul Slovic, Lisa Larrimore Ouellette, Donald Braman, and Gregory Mandel, "The Polarizing Impact of Science Literacy and Numeracy on Perceived Climate Change Risks," Nature Climate Change 2 (2012): 732– 735, https://doi.org/10.1038/nclimate1547.

95 최신 연구에서도 비슷한 Gabriela Czarnek, Malgorzata Kossowska, and Paulina Szwed, "Right-Wing Ideology Reduce the Effects of Education on Climate Change Beliefs in More Developed Countries," Nature Climate Change 11 (2021): 9–13, https://doi.org/10.1038/s41558-020-00930-6.

98 어떤 것을 믿고 싶을 때 스스로에게 Thomas Gilovich, How We Know What Isn't So: The Fallibility of Human Reason in Everyday Life (New York, NY: The Free Press, 1991).

98 이런 형태의 동기화된 추론 D. Perkins, "Postprimary Education Has Little Impact on Informal Reasoning," Journal of Educational Psychology 77, no. 5 (1985): 562–571, https://psycnet.apa.org/doi/10.1037/0022-0663.77.5.562.

99 라스무스 베네스타가 위의 연구 결과들을 Rasmus Benestad, Dana Nuccitelli, Stephan Lewandowsky, Katharine Hayhoe, Hans Olav Hygen, Rob van Dorland, and John Cook, "Learning from Mistakes in Climate Research," Theoretical and Applied Climatology 126 (2016): 699–703, https://doi.org/10.1007/s00704-015-1597-5.

100 철학자 피터 버고지언과 물리학을 전공한 수학자 제임스 린지는 Peter Boghossian and James Lindsay, How to Have Impossible Conversations (New York: Lifelong Books, 2019).

101 정체성에 대한 개인적 공격 Stephan Lewandowsky, Ullrich Ecker, Colleen Seifert, Norbert Schwarz, and John Cook, "Misinformation and Its Correction: Continued Influence and Success," Psychological Science in the Public Interest 13, no. 3 (2012): 106–131, https://doi .org/10.1177%2F1529100612451018.

101 일종의 역효과로서 Jack Zhou, "Boomerangs Versus Javelins: How Polarization Constrains Communication on Climate Change," Environmental Politics 25, no. 5 (2016): 788–811, https://doi.org/10.1080/09644016.2016.1166602.

104 소속감의 가치는 Dan Kahan, Ellen Peters, Maggie Wittlin, Paul Slovic, Lisa Larrimore Ouellette, Donald Braman, and Gregory Mandel, "The Polarizing Impact of Science Literacy and Numeracy on Perceived Climate Change Risks," Nature Climate Change 2 (2012): 732–735, https://doi.org/10.1038/nclimate1547.

105 연구한 사례에 나오는 내용이다 Christopher Bail, Lisa P. Argyle, Taylor W. Brown, John P. Bumpus, Haohan Chen, M. B. Fallin Hunzaker, Jaemin Lee, Marcus Mann, Friedolin Merhout, and Alexander Volfovsky, "Exposure to Opposing Views on Social Media Increase Political Polarization," Proceedings of the National Academy of Sciences, 115, no. 37 (2018): 9216–9221, https://doi.org/10.1073/pnas.1804840115.

105 "정보를 얻으면 즐거워지도록" Tali Sharot, The Influential Mind: What the Brain Reveals About Our Power to Change Others (New York: Henry Holt and Co., 2017).

108 아이들에게 기후변화를 가르치는 것이 Danielle Lawson, Kathryn Stevenson, Nils Peterson, Sarah Carrier, Renee Strand, and Peter Seekamp, "Children Can Foster Climate Change Concern Among Their Parents," Nature Climate Change 9 (2019): 458–462, https://doi.org/10.1038/s41558-019-0463-3.

6장

110 "기후변화는 우리의 내재된" George Marshall, Don't Even Think About It: Why Our Brains Are Wired to Ignore Climate Change (New York: Bloomsbury USA, 2015).

110 "지구가 난장판이 됐나?" Eli Kintisch, " 'Is Earth F**ked?' AGU Scientist Asks," Science, December 2012, https://www.sciencemag.org/news/2012/12/earth-fked-agu-scientist-asks.

111 "지친 일련의 최고 기후학자들이" "Sighing, Resigned Climate Scientists Say to Just Enjoy Next 20 Years as Much as You Can," The Onion, February 23, 2018, https://www.theonion.com/sighing-resigned-climate-scientists -say-to-just-enjoy-1823265249.

112 "극적인 드라마가 최소화되는 상황을 우선시하는" Keynyn Brysse, Naomi Oreskes, Jessica O'Reilly, and Michael

Oppenheimer, "Climate change prediction: Erring on the side of least drama?," Global Environmental Change 23, no. 1 (2013): 327–337, https://doi.org/10.1016/j.gloenvcha.2012.10.008.

113 그러나 관찰된 다른 변화들과 Robert Kopp, Katharine Hayhoe, David Easterling, Timothy Hall, Radley Horton, Kenneth Kunkel, and Allegra LeGrande, "Potential Surprises—Compound Extremes and Tipping Elements, in Climate Science Special Report: Fourth National Climate Assessment, Volume I, eds. Donald Wuebbles et al. (Washington, D.C.: U.S. Global Change Research Program, 2017), pp. 411–429, https://doi.org/10.7930 /J0GB227J.

113 "기후 모델의 체계적 경향성은" Ibid.

114 비관적 메시지가 심지어 Brandi Morris, Polymeros Chrysochou, Simon Karg, and Panagiotis Mitkidis., "Optimistic vs. Pessimistic Endings in Climate Change Appeals," Humanities and Social Sciences Communications 7 (2020): 82, https://doi.org/10.1057/s41599-020-00574-z.

114 두려움은 행동보다 비행동을 유도하는 Tali Sharot, The Influential Mind: What the Brain Reveals About Our Power to Change Others (New York: Henry Holt and Co., 2017).

115 상당한 감정적 비용이 발생하며 Cass R. Sunstein, Too Much Information: Understanding What You Don't Want to Know (Cambridge, MA: The MIT Press, 2020).

116 쓴 동기도 두려움이었다 David Wallace-Wells, The Uninhabitable Earth: Life After Warming (New York: Tim Duggan Books, 2019).

117 "제가 해변에서 『사람이 살 수 없는 지구』를" Andy Revkin, "Thriving Online: Three Young Leaders Building Impact Networks for Sustainable Societies," pscp.tv, 2020, https://www.pscp.tv/Revkin/1YpKkNQoLqNxj?t=24m18s.

119 안드레아스는 더욱 궁금해져서 Andreas Karelas, Climate Courage: How Tackling Climate Change Can Build Community, Transform the Economy, and Bridge the Political Divide in America (Boston: Beacon Press, 2020).

120 효과적이라는 증거는 거의 없다 Saffron O'Neill and Sophie Nicholson-Cole, Fear Won't Do It: Promoting Positive Engagement with Climate Change Through Visual and Iconic Representations," Science Communication 30, no. 3 (2009), https://doi.org/10.1177/1075547008329201.

120 오히려 공포에 기반한 메시지는 Rebecca Huntley, How to Talk About Climate Change in a Way That Makes a Difference (Sydney: Murdoch Books, 2020).

120 "우리는 기후변화가 만들어내는 불안감을" George Marshall, Don't Even Think About It: Why Our Brains Are Wired to Ignore Climate Change (New York: Bloomsbury USA, 2015).

121 "인간의 뇌는 위해를 피하는 게 아니라" Tali Sharot, The Influential Mind: What the Brain Reveals About Our Power to Change Others (New York: Henry Holt and Co., 2017).

121 "우리의 몸이 스트레스 물질을 내뿜으면" Katie Patrick, How to Save the World: How to Make Changing the World the Greatest Game We've Ever Played (San Francisco: Hello World Labs, 2020).

122 비탄과 고통에 대해 이야기한다 Christiana Figueres and Tom Rivett-Carnac, The Future We Choose: Surviving the Climate Crisis (New York: Alfred A. Knopf, 2020).

7장

124 "누구도 저탄소 경제에 사는 것을" Leah Cardamore Stokes, "A Field Guide For Transformation," in All We Can Save: Truth, Courage, and Solutions for the Climate Crisis (New York: One World/Random House, 2020).

127 심리학자이자 마케팅 전문가인 로버트 Robert Cialdini, Influence, New and Expanded: The Power of Persuasion (New York: Harper Business, 2021).

127 "비행 수치심" William Wilkes and Richard Weiss, "German Air Travel Slump Points to Spread of Flight Shame," Bloomberg, December 18, 2019, https://www.bloomberg.com/news/articles/2019-12-19/german-air-travel-slump-points-to-spread-of-flight-shame.

131 사람들이 행동을 바꾸라는 얘기를 들으면 Risa Palm, Toby Bolsen, and Justin Kingsland, " 'Don't Tell Me What to Do': Resistance to Climate Change Messages Suggesting Behaviour Changes," Weather, Climate and Society 12, no. 4 (2020): 75–84, http://doi.org/10.1175/WCAS-D-19-0141.1.

132 전력 사용량이 평균 2% 하락해서 Hunt Allcott, "Social norms and energy conservation," Journal of Public Economics 95, no. 9–10 (2011): 1082–1095, https://doi.org/10.1016/j.jpubeco.2011.03.003.

132 10억 달러 이상을 절약했다 Robert Walton, "Opower hits 11 TWh in energy savings milestone," Utility Dive, June 13, 2016, https://www.utilitydive.com/news/opower-hits-11-twh-in-energy-savings-milestone/420787/.

132 "정치적으로 보수적이고" P. W. Schultz, J. Nolan, R. Cialdini, N. Goldstein, and V. Griskevicius, "The Constructive,

Destructive, and Reconstructive Power of Social Norms: Reprise," Perspectives on Psychological Science 13 (2018): 249–254, https://doi.org/10.1111%2Fj.1467-9280.2007.01917.x.

132 우리가 뭔가를 하는 것으로 수치심을 느꼈다고 Brandi Morris, Polymeros Chrysochou, Jacob Dalgaard Christensen, Jacob Orquin, Jorge Barraza, Paul Zak, and Panagiotis Mitkidis, "Stories vs. Facts: Triggering Emotion and Action-Taking on Climate Change," Climatic Change 154 (2019): 19–36, https://doi.org/10.1007/s10584-019-02425-6.

132 "못마땅함의 청교도 정신" Rebecca Huntley, How to Talk About Climate Change in a Way That Makes a Difference (Sydney: Murdoch Books, 2020).

132 선택에 대한 자부심을 기대하는 것은 Claudia Schneider, Lisa Zaval, Elke Weber, and Ezra Markowitz, "The Influence of Anticipated Pride and Guilt on Pro-Environmental Decision Making," PLOS One 12, no. 11 (2017): e0188781, https://doi.org/10.1371/journal.pone.0188781.

134 "대부분의 여성이 자신을 친환경주의자라고" https://potentialenergycoalition.org/.

134 "나는 사람들이 면죄 선언을 원한다고" Mary Annaïse Heglar, "I Work in the Environmental Movement. I Don't Care If You Recycle," Vox, June 4, 2019, https://www.vox.com/the-highlight/2019/5/28/18629833/climate-change-2019-green-new-deal.

135 이 체계가 또한 우리에게 Gabrielle Wong-Parodi and Irina Feygina, "Understanding and Countering the Motivated Roots of Climate Change Denial," Current Opinion in Environmental Sustainability 42 (2020): 60–65, https://doi.org/10.1016/j.cosust.2019.11.008.

139 "두려움은 기후행동을 위한" As quoted in Rebecca Huntley, How to Talk About Climate Change in a Way That Makes a Difference (Sydney: Murdoch Books, 2020).

139 "보장하는 것과 일치하도록" Gabrielle Wong-Parodi and Irina Feygina, "Understanding and Countering the Motivated Roots of Climate Change Denial," Current Opinion in Environmental Sustainability 42 (2020): 60–65, https://doi.org/10.1016/j.cosust.2019.11.008.

140 만약 우리의 뇌가 탤리 Tali Sharot, The Influential Mind: What the Brain Reveals About Our Power to Change Others (New York: Henry Holt and Co., 2017).

141 해나 맬컴은 신학자로 Hannah Malcolm, "Finding Words for the End of the World," A Rocha Blog, 2019, https://blog.arocha.org/en/finding-words-for-the-end-of-the-world/.

3부 위험 증폭기

8장

145 "부주의하게 항해하고 있습니다" Marcia Bjornerud, Timefulness: How Thinking Like a Geologist Can Help Save the World (Princeton: Princeton University Press, 2018).

147 북극의 해빙은 평균적으로 Florence Fetterer, Kenneth Knowles, Walter Meier, Matthew Savoie and Ann Windnagel, "Sea Ice Index, Version 3," National Snow & Ice Data Center (2016), https://doi.org/10.7265/N5736NV7.

147 해빙 두께가 1958년 이후 Julienne Stroeve, Andrew Barrett, Mark Serreze, and Axel Schweiger, "Using records from submarine, aircraft and satellites to evaluate climate model simulations of Arctic sea ice thickness," The Cryosphere 8 (2014): 1839–1854, https://doi.org/10.5194/tc-8-1839-2014.

149 온도 상승은 해충과 David Lobell and Christopher Field, "Global Scale Climate–Crop Yield Relationships and the Impacts of Recent Warming," Environmental Research Letters 2, no. 1 (2007), https://iopscience.iop.org/article/10.1088/1748-9326/2/1/014002/meta.

149 중견 방송인인 밥 내시는 Texas Department of Public Safety Historical Museum and Research Center, Twister! (1970), https://texasarchive.org/2009_00879.

150 가장 강력한 토네이도 가운데 Roger Edwards and Joe Shaefer, "Downtown Tornadoes," Storm Prediction Center, NOAA/National Weather Service, https://www.spc.noaa.gov/faq/tornado/downtown.html.

150 주먹만 한 눈 뭉치를 Jeffrey Kluger, "Senator Throws Snowball! Climate Change Disproven!" TIME, February 27, 2015, https://time.com/3725994/inhofe-snowball-climate/.

152 예일대 기후 커뮤니케이션 프로그램은 Jennifer Marlon, Peter Howe, Matto Mildenberger, Anthony Leiserowitz, and Xinran Wang, Yale Climate Opinion Maps 2020, https://climatecommunication.yale.edu/visualiza tions-data/ycom-us/.

152 심리적 거리 효과를 확인할 Matthew Goldberg, Abel Gustafson, Seth Rosenthal, John Kotcher, Edward Maibach, and

Anthony Leiserowitz, For the First Time, the Alarmed Are Now the Largest of Global Warming's Six Americas (New Haven: Yale Program on Climate Change Communication, 2020).

153 "확률이 낮을 경우 우리의 마음은" Daniel Kahneman, Thinking, Fast and Slow (New York: Farrar, Straus and Giroux, 2013).

154 자신의 삶과는 덜 관련 있는 Haoran (Chris) Chu and Janet Yang, "Taking Climate Change Here and Now—Mitigating Ideological Polarization with Psychological Distance," Global Environmental Change 53 (2018): 174–181, https://doi.org/10.1016/j.gloenvcha.2018.09.013.

154 지역 해수면 상승이 우리에게 Laurel Evans, Taciano L. Milfont, and Judy Lawrence, "Considering Local Adaptation Increases Willingness to Mitigate," Global Environmental Change, 25 (2014): 69–75, https://doi.org/10.1016/j.gloenvcha.2013.12.013.

159 문명의 쇠퇴에 기여했다 Harvey Weiss and Raymond Bradley, "What Drives Societal Collapse?" Science 291, no. 5504 (2001): 609–610, https://doi.org/10.1126/science.1058775.

159 나올 때보다 10배 빠르다 NASA Global Climate Change: Vital Signs of the Planet, "Climate Change: How Do We Know?" https://climate.nasa.gov/evidence/.

9장

160 "깊이 이해한 첫 세대이자" Kate Raworth, Doughnut Economics (White River Junction: Chelsea Green Publishing, 2017).

160 가장 날씨가 사나운 도시를 Jennifer Loesch, "Voters declare Lubbock Toughest Weather City," Lubbock Avalanche-Journal, April 5, 2013, https://www.lubbockonline.com/article/20130405/NEWS/304059799.

161 124회의 기상 재난이 있었다 "NOAA National Centers for Environmental Information (NCEI) U.S. Billion-Dollar Weather and Climate Disasters (2020)," https://www.ncdc.noaa.gov/billions/, doi: 10.25921/stkw-7w73.

163 400여 곳이 사상 최고 온도의 기록을 Nassos Stylianou and Clara Guibourg, "Hundreds of Temperature Records Broken Over Summer," BBC News, October 9, 2019, https://www.bbc.com/news/science-environment-49753680.

165 거의 25cm가 상승했다 Billy Sweet, Radley Horton, Robert Kopp, Allegra Le- Grande, and Anastasia Romanou, "Sea level rise" in Climate Science Special Report: Fourth National Climate Assessment, Volume I, eds. Donald Wuebbles, David Fahey, Kathy Hibbard, David Dokken, Brooke Stewart, and Thomas Maycock (Washington, DC: U.S. Global Change Research Program, 2018), http://doi.org/10.7930/J01834ND.

166 30% 빨리 상승하고 NASA, "Rising Waters: How NASA is Monitoring Sea Level Rise," (2020) https://www.nasa.gov/specials/sea-level-rise-2020/.

166 일련의 제방이 세워졌지만 North Carolina State University, "Study Finds Flooding Damage to Levees Is Cumulative—and Often Invisible," EurekAlert!, January 2020, https://www.eurekalert.org/pub_releases/2020-01/ncsu-sff012120.php.

166 1999년과 Richard M. Mizelle, Jr., "Princeville and the Environmental Landscape of Race," Open Rivers, spring 2016, https://editions.lib.umn.edu/openrivers/article/princeville-and-the-environmental-land scape-of-race/.

166 2016년에 연속된 "Troubled Waters," Landslide 2018, Grounds for Democracy, https://tclf.org/sites/default/files/microsites/landslide2018/princeville.html. 000 says resident Marvin Dancy "Princeville fears being wiped out third time," WRAL, September 10, 2018, https://www.wral.com/princeville-fears-being-wiped-out-third-time/17833981/.

166 7억 명이 저지대 해안가 Barbara Neumann, Athanasios T. Vafeidis, Juliane Zimmermann, and Robert J. Nicholls, "Future Coastal Population Growth and Exposure to Sea-Level Rise and Coastal Flooding—A Global Assessment," PLOS One 10, no. 6 (2015): e0131375. https://doi.org/10.1371/journal.pone.0131375.

169 석유와 가스관 건설에 연간 Blake Sobczak, "Thawing Permafrost Jeopardizes Massive Maze of Russian Pipelines," E&E News, January 30, 2013, https://www.eenews.net/stories/1059975505.

169 200개 이상의 북미 원주민 마을 U.S. Government Accountability Office (GAO), Alaska Native Villages: Limited Progress Has Been Made on Relocating Villages Threatened by Flooding and Erosion, GAO-09-551 (2019), https://www.gao.gov/products/GAO-09-551.

169 '겨울 도로'를 사계절 내내 Dan Levin, "Ice Roads Ease Isolation in Canada's North, but They're Melting Too Fast," New York Times, April 19, 2017, https://www.nytimes.com/2017/04/19/world/canada/ice -roads-ease-isolation-in-canadas-north-but-theyre-melting-too-soon .html.

173 대부분의 지구 표면 영구동토층이 Michael Meredith, Martin Sommerkorn, Sandra Cassotta, Chris Derksen, Aleksey

Ekaykin, Anne Hollowed, Gary Kofinas, et al., "Polar Regions," in IPCC Special Report on the Ocean and Cryosphere in a Changing Climate eds. Hans Otto Pörtner et al. (Cambridge, UK and New York, NY: Cambridge University Press, 2019), https://www.ipcc.ch/srocc/.

173 정신적, 실존적 고통을 Glenn Albrecht, "Negating Solastalgia: An Emotional Revolution from the Anthropocene to the Symbiocene," American Imago 77, no. 1 (2020): 9–30, https://doi.org/10.1353/aim.2020.0001.

177 "우리 모두가 키리바시와 같은" Anote Tong and Matthieu Rytz, "Our Island Is Disappearing but the President Refuses to Act," Washington Post, October 24, 2018, https://www.washingtonpost.com/news/theworldpost/wp/2018/10/24/kiribati/.

10장

178 "온난화의 모든 것이 중요하다" "Intergovernmental Panel on Climate Change: Summary for Policymakers," in Global Warming of 1.5°C., eds. Valerie Masson-Delmotte et al. (Cambridge: Cambridge University Press, 2018).

179 그 내용을 요약해 Svante A. Arrhenius, "On the Influence of Carbonic Acid in the Air Upon the Temperature of the Ground," Philosophical Magazine 41 (1896): 237.

180 이산화탄소 농도는 420ppm Earth System Research Laboratories Global Monitoring Laboratory, "Carbon Cycle Greenhouse Gases: Trends in CO2," https://gml.noaa.gov/ccgg/trends/.

182 알래스카의 원주민들은 거의 U.S. Government Accountability Office (GAO), Alaska Native Villages: Limited Progress Has Been Made on Relocating Villages Threatened by Flooding And Erosion (2009), GAO-09-551. https://www.gao.gov/products/GAO-09-551.

182 유럽에서 2003년의 폭염 Jean-Marie Robine, Siu Lan K. Cheung, Sophie Le Roy, Herman Van Oyen, Clare Griffiths, Jean-Pierre Michel, and François Richard Herrmann, "Death Toll Exceeded 70,000 in Europe During the Summer of 2003," Comptes Rendus Biologies 33, no. 2 (2008): 171–178, https://doi.org/10.1016/j.crvi.2007.12.001.

182 발생했을 가능성이 두 배나 Peter Stott, Dáithí Stone, and Myles Allen, "Human Contribution to the European Heatwave of 2003," Nature 432 (2004): 610–614, https://doi.org/10.1038/nature03089.

184 "우리는 위 세 가지를 각각" John Holdren, "Science and Technology for Sustainable Well-Being," Science 391, no. 5862 (2008): 424–434, https://doi.org/10.1126/science.1153386.

187 연구 결과는 큰 반향을 Katharine Hayhoe, Daniel Cayan, Christopher B. Field, Peter C. Frumhoff, Edwin P. Maurer, Norman L. Miller, Susanne C. Moser, et al., "Emissions Pathways, Climate Change, and Impacts on California," Proceedings of the National Academy of Sciences 101, no. 34 (2004): 12422–12427, https://doi.org/10.1073/pnas.0404500101.

188 행정명령 S-3-05로 불리는 Governor Arnold Schwarzenegger, Executive Order S-3-05, June 1, 2005, https://static1.squarespace.com/static/549885d4e4b0ba0bff5dc695/t/54d7f1e0e4b0f0798cee3010/1423438304744/California+Executive+Order+S-3-05+(June+2005).pdf.

11장

189 "여러분은 왜 우리의 지구를 위해" Gaurab Basu, Twitter post, November 30, 2020, 4:20 a.m., https://twitter.com/GaurabBasuMDMPH/status/1333370217125224450.

192 "미국인들은 지구온난화를 먼 위험이라고" John Kotcher, Edward Maibach, Marybeth Montoro, and Susan Joy Hassol, "How Americans Respond to Information About Global Warming's Health Impacts: Evidence from a National Survey Experiment," GeoHealth 2, no. 9 (2018): 262–275, https://doi.org/10.1029/2018GH000154.

194 가장 더운 여름이었던 당시 Jean Robine, Jean-Marie, Siu Lan K. Cheung, Sophie Le Roy, Herman Van Oyen, Clare Griffiths, Jean-Pierre Michel, and François Richard Herrmann, "Death Toll Exceeded 70,000 in Europe During the Summer of 2003," Comptes Rendus Biologies 331, no. 2 (2008): 171–178, https://doi.org/10.1016/j.crvi.2007.12.001.

194 "고온은 적대감을 직접적으로" Craig Anderson, "Heat and Violence," Current Directions in Psychological Research 10, no. 1 (2001): 33–38, https://doi.org/10.1111%2F1467-8721.00109.

194 "열 흡수 가스의 배출량을 줄이지 못한다면" Kristina Dahl, Erika Spanger-Siegfried, Rachel Licker, Astrid Caldas, John Abatzoglou, Nicholas Mailloux, Rachel Cleetus, Shana Udvardy, Juan Declet-Barreto, and Pamela Worth, Killer Heat in the United States: Climate Choices and the Future of Dangerously Hot Days (Cambridge, MA: Union of Concerned Scientists, July 2019), https://www.ucsusa.org/sites/default/files/attach/2019/07/killer-heat -analysis-full-report.pdf.

195 연간 900만 명이 조기 사망에 Karn Vohra, Alina Vodonos, Joel Schwartz, Eloise Marais, Melissa Sulprizio, and Loretta

Mickley, "Global mortality from outdoor fine particle pollution generated by fossil fuel combustion: Results from GEOS-Chem," Environmental Research 195 (2021), https://doi.org/10.1016/j.envres.2021.110754.

195 "단일 요소로는 최대의 환경적 건강 위험" Diarmid Campbell-Lendrum and Annette Prüss-Ustün, "Climate Change, Air Pollution and Noncommunicable Diseases," Bulletin of the World Health Organization 97 (2019):160–161, http://dx.doi.org/10.2471/BLT.18.224295.

195 미세먼지 노출이 20%만 높아져도 Matt Cole, Ceren Ozgen, and Eric Strobl, "Air Pollution Exposure Linked to Higher COVID-19 Cases and Deaths—New Study," The Conversation, July 13, 2020, https://theconver sation.com/air-pollution-exposure-linked-to-higher-covid-19-cases-and-deaths-new-study-141620.

195 죽을 가능성이 훨씬 크다 Xiao Wu, Rachel Nethery, Benjamin Sabath, Danielle Braun, and Francesca Dominici, Exposure to Air Pollution and COVID-19 Mortality in the United States (Harvard University School of Public Health), https://projects.iq.harvard.edu/files/covid-pm/files/pm_and_covid_mortality.pdf.

196 하버드 연구원들은 대기오염이 Alexandra Sternlicht, "Higher Coronavirus Mortality Rates for Black Americans and People Exposed to Air Pollution," Forbes, April 7, 2020, https://www.forbes.com/sites/alexandrasternlicht/2020/04/07/higher-coronavirus-mortality-rates-for-people-exposed-to-air-pollution-black-americans/#35af0c5a362f.

196 치매와 다른 신경퇴행성 질환의 Ruth Peters, Nicole Ee, Jean Peters, Andrew Booth, Ian Mudway and Kaarin Anstey, "Air Pollution and Dementia: A Systematic Review," Journal of Alzheimers Disease 70 (2019): S145–S163, https://doi.org/10.3233/JAD-180631.

196 새로 발달하는 뇌와 신경계에 Healthy Babies Bright Futures and George Mason University Center for Climate Change Communication, "The Link Between Fossil Fuels and Neurological Harm," Healthy Babies Bright Future (HBBF), 2019, https://www.hbbf.org/sites/default/files/documents/2018-06/LinkFossilFuelsNeurologicaHarm_04-06-18_v2.pdf.

196 인지 발달을 지연시키거나 John Kotcher, Edward Maibach, and Wen-Tsing Choi, "Fossil Fuels Are Harming Our Brains: Identifying Key Messages About the Health Effects of Air Pollution from Fossil Fuels," BMC Public Health 19 (2019): 1079, https://doi.org/10.1186/s12889-019-7373-1.

196 시카고를 위한 기후행동계획을 City of Chicago, "Chicago Climate Action Plan," Chicago.gov, 2020, https://www.chicago.gov/city/en/progs/env/climateaction.html.

197 그들은 상습 무더위 지역을 확인해 Climate Change Adaptation Resource Center (ARC-X), "Chicago, IL Uses Green Infrastructure to Reduce Extreme Heat," EPA.gov, https://www.epa.gov/arc-x/chicago-il-uses-green -infrastructure-reduce-extreme-heat.

197 미국 최대 전기버스단을 만드는 Monica Eng, Jessica Pupovac, and Mackenzie Crosson, "How Is Chicago Doing On Its Ambitious 2020 Climate Goals?," WBEZ 91.5 Chicago, June 2, 2019, http://interactive.wbez.org/curiouscity/climate-goals/?_ga=2.160216500.887932196.1558881195 -255549137.1543244588.

198 초래할 것이라는 것을 알았거나 Christina Davis, "Farmers Insurance Class Action Lawsuit Places Home Flooding Blame on City of Chicago," Top Class Actions, April 30, 2014, https://topclassactions.com/lawsuit-settlements/lawsuit-news/25162-farmers-insurance-class-action-lawsuit-places-home-flooding-blame-city-chicago/.

198 두 개의 새 저수지를 건설했다 Craig Dellimore, "Massive New Reservoir to Help Alleviate Chicago Area Flooding," CBS Chicago, September 1, 2015, https://chicago.cbslocal.com/2015/09/01/massive-new-reservoir-to-help-alleviate-chicago-area-flooding/.

198 매년 전 세계 300만 명 이상이 World Health Organization, WHO World Water Day Report, https://www.who.int/water_sanitation_health/tak ing charge.html.

199 40% 더 많은 강우량과 네 배나 Mark Risser and Michael Wehner, "Attributable Human-Induced Changes in the Likelihood and Magnitude of the Observed Extreme Precipitation During Hurricane Harvey," Geophysical Research Letters 44, no. 24 (2017): 12,457–12,464, https://doi.org/10.1002/2017GL075888.

199 네 배나 많은 경제적 피해가 David Frame, Michael Wehner, Ilan Noy, and Suzanne Rosier, "The economic costs of Hurricane Harvey attributable to climate change," Climatic Change 160 (2020): 271–281, https://doi.org/10.1007/s10584-020-02692-8.

199 피부 감염에서 설사병에 이르기까지 Juanita Constible, "The Emerging Public Health Consequences of Hurricane Harvey," NRDC.org, August 29, 2018, https://www.nrdc.org/experts/juanita-constible/emerging-public -health-consequences-hurricane-harvey.

199 오염돼 콜레라 환자가 급증했다 Erin Hulland, Saleena Subaiya, Katilla Pierre, Nickolson Barthelemy, Jean Samuel

Pierre, Amber Dismer, Stanley Juin, David Fitter, and Joan Brunkard, "Increase in Reported Cholera Cases in Haiti Following Hurricane Matthew: An Interrupted Time Series Model," American Journal of Tropical Medicine and Hygiene 100, no. 2(2019): 368–373, https://doi.org/10.4269/ajtmh.17-0964.

199 안전한 위생시설을 갖추지 못한 United Nations, "Goal 6: Ensure Availability and Sustainable Management of Water and Sanitation for All," sdgs.un.org, https://sdgs.un.org/goals/goal6.

200 "물이 기후변화에 맞서 싸우는 데" United Nations, "World Water Day Focusing on the Importance of Water and Climate Change," Sustainable Development Goals, March 22, 2020, https://sustainabledevelopment .un.org/index.php?page=view&type=13&nr=3280&menu=1634.

200 새너지(Sanergy)는 케냐의 도시 빈민가와 Sanergy, "Bold Solutions for Booming Cities: The Urban Sanitation Challenge," Sanergy.com, http://www .sanergy.com/.

200 술라브 인터내셔널은 Sulabh International Social Service Organisation, "Our Work," sulabhinternational.org, https://www.sulabhinterna tional.org/sulabh-technologies-bio-gas/.

200 천연가스 또는 바이오가스를 뽑아내는 Melanie Sevcenko, "Power to the Poop: One Colorado City Is Using Human Waste to Run Its Vehicles," Guardian, January 16, 2016, https://www.theguardian.com/environment/2016/jan/16/colorado-grand-junction-persigo-wastewater-treatment-plant-human-waste-renewable-energy.

200 2020년 푸에르토리코 에너지국은 Allen Brown, "Energy Insurrection," The Intercept, February 9, 2020, https://theintercept .com/2020/02/09/puerto-rico-energy-electricity-solar-natural-gas/.

201 "기후, 환경오염과 자연 재난은" United Nations, Global Compact on Refugees (New York: United Nations, 2018), https://www.unhcr.org/the-global-compact-on-refugees.html.

201 약 2,000만 명의 삶을 뿌리 뽑고 Oxfam International, "Forced from Home: Climate-Fuelled Displacement," Oxfam, December 2, 2019, https://www.oxfam.org/en/research/forced-home-climate-fuelled-displacement?cid=aff_affwd_donate_id201309&awc=5991_1580878311_86c6eba9dd6c9035f43d0e8c338aecb9.

202 엄청난㎢당 1만 2,000~3만 5,000톤) 양의 탄소가 S. Saatchi, R. Houghton, R. Dos Santos Alvala, J. Soares, and Y. Yu, "Distribution of aboveground live biomass in the Amazon basin," Global Change Biology 13, no. 4 (2007): 816–837, https://doi.org/10.1111/j.1365-2486.2007.01323.x.

202 산림 전용(轉用)을 30% 줄인다는 것을 Paul Ferraro and Rhita Simorangkir, "Conditional Cash Transfers to Alleviate Poverty Also Reduced Deforestation in Indonesia," Science Advances 6, no. 24 (2020): eaaz1298, https://doi.org/10.1126/sciadv.aaz1298.

202 네팔, 중국, 인도에서의 다른 프로그램들은 "Poverty Reduction and Forest Protection," The Borgen Project, https://borgenproject.org/poverty -reduction-and-forest-protection/.

203 옥스퍼드 사전은 '환경염려(eco-anxiety)' Oxford Languages, "Word of the Year 2019," Oxford University Press, https://languages.oup.com/word-of-the-year/2019/.

203 4,000%나 사용량이 늘었다 Ibid.

205 의학저널 랜싯의 연례보고서인 The Lancet Countdown 2020 Report, Lancet Countdown.org, https://www.lancetcountdown.org/2020-report/.

206 응답자 50% 이상이 극단적 폭염 John Kotcher, Edward Maibach, Seth Rosenthal, Abel Gustafson, and Anthony Leiserowitz, Americans increasingly understand that climate change harms human health. (New Haven: Yale Program on Climate Change Communication, 2020).

206 "우리의 환경을 보호하는 것은" Ronald Reagan, Remarks on Signing the Annual Report of the Council on Environmental Quality, July 11, 1984, https://www.reaganlibrary.gov/research/speeches/71184a.

207 전 유엔 기후변화협약(UNFCCC) 사무총장인 크리스티아나 Christiana Figueres and Tom Rivett-Carnac, The Future We Choose: Surviving the Climate Crisis (New York: Alfred A. Knopf, 2020).

4부 우리가 바로잡을 수 있다

12장

211 "부정론은… 두려움이나" Alastair McIntosh, Riders on the Storm: The Climate Crisis and the Survival of Being (Edinburgh: Birlinn, 2020).

213 실행가능성에 대해 점수를 매겼다 Katharine Hayhoe and Andrew Leach, "How The Four Federal Parties' Climate Plans Stack Up," Chatelaine, October 3, 2019, https://www.chatelaine.com/living/politics/2019-federal-election-

climate/.

214 10% 이상이 전기차이거나 Mark Kane, "10% of Norway's Passenger Vehicles are Plug Ins," InsideEVs, November 7, 2018, https://insideevs.com/news/341060/10-of-norways-passenger-vehicles-are-plug-ins/.

215 탄소 배출이 없는 자동차들이었다 Charles Riley, "Electric cars hit record 54% of sales in Norway as VW overtakes Tesla," CNN Business, January 5, 2021, https://www.cnn.com/2021/01/05/business/norway-electric-cars-vw-tesla/index.html.

215 투자를 철회하기로 결정했다 Dieter Holger, "Norway's Sovereign-Wealth Fund Boosts Renewable Energy, Divests Fossil Fuels," The Wall Street Journal, June 12, 2019, https://www.wsj.com/articles/norways-sovereign-wealth-fund-boosts-renewable-energy-divests-fossil-fuels-11560357485

215 카리는 그곳에서 수십 명의 노르웨이 사람들을 Kari Norgaard, Living in Denial: Climate Change, Emotions, and Everyday Life (Cambridge, MA: The MIT Press, 2011).

216 이 반직관적인 용어는 Troy Campbell and Aaron Kay, "Solution Aversion: On the Relation Between Ideology and Motivated Disbelief," Journal of Personality and Social Psychology 107, no. 5(2014): 809–824, https://doi.org/10.1037/a0037963.

220 기후책임연구소가 펴낸 탄소 배출 주요 기업 보고서 Climate Accountability Institute, the Carbon Majors Database, 2017, https://b8f65cb373b1b7b15feb -c70d8ead6ced550b4d987d7c03fcdd1d.ssl.cf3.rackcdn.com/cms/reports/documents/000/002/327/original/Carbon-Majors-Report-2017.pdf?1499691240.

221 "엑손모빌은 이미 반세기 전에" https://exxonknew.org/.

221 "대기 중의 이산화탄소 농도는" Geoffrey Supran and Naomi Oreskes, "Assessing ExxonMobil's Climate Change Communications (1977–2014)," Environmental Research Letters 12, no. 8 (2017), https://doi.org/10.1088/1748-9326/.

222 그녀는 2010년 놀라운 책 Naomi Oreskes and Eric Conway, Merchants of Doubt: How a Handful of Scientists Obscured the Truth on Issues from Tobacco Smoke to Global Warming (New York: Bloomsbury Publishing, 2011).

222 캐나다 홍보 전문가 짐 호건이 2009년에 발간한 James Hoggan, Climate Cover-up: The Crusade to Deny Global Warming (Vancouver, Canada: Greystone Books, 2009).

222 저명한 신문의 전면 광고 Hiroko Tabuchi, "How One Firm Drove Influence Campaigns Nationwide for Big Oil," New York Times, November 11, 2020, https://www.nytimes.com/2020/11/11/climate/fti-consulting.html.

222 모든 진영의 정치인들에 대한 후원이 Public Accountibility Institute, The Money Behind Empower Texans, September 25, 2019, https://public -accountability.org/report/the-money-behind-empower-texans/.

223 2019년 4월 보수 공화당원의 A. Gustafson, S. Rosenthal, P. Bergquist, M. Ballew, M. Goldberg, J. Kotcher, A. Leiserowitz, and E. Maibach, Changes in Awareness of and Support for the Green New Deal: December 2018 to April 2019(New Haven, CT: Yale Program on Climate Change Communication, 2019), doi: 10.17605/OSF.IO/P8ZBN.

226 "고착화된 생산 체제와 관련이 있다" Noel Healy, "Blood Coal: Ireland's Dirty Secret," Guardian, October 25, 2018, https://www.theguardian.com/environment/climate-consensus-97-per-cent/2018/oct/25/blood-coa l-irelands-dirty-secret.

227 "고통받는 환경에서 살고 있다" Emem Edoho, "Oil Spills in Nigeria: Health Risks and Environmental Degradation," https://www.gndr.org/programmes/advocacy/365-disasters/more-than-365-disasters-blogs/item/1450-oil-spills-nigeria.html.

227 연간 20만 명이 대기오염으로 사망하고 Fabio Caiazzo, Akshay Ashok, Ian, A. Waitz, Steve H. L. Yim, and Steven Barrett, "Air Pollution and Early Deaths in the United States, Part I: Quantifying the Impact of Major Sectors in 2005," Atmospheric Environment 79 (2013): 198-208, https://doi.org/10.1016/j.atmosenv.2013.05.081.

227 가장 부유한 나라와 가장 가난한 나라 사이의 경제적 격차를 Marshall Burke and Noah Diffenbaugh, "Global Warming Has Increased Global Economic Inequality," Proceedings of the National Academy of Sciences 116 no. 20 (2019): 9808–9813, https://doi.org/10.1073/pnas.1816020116.

227 50년 이상의 성과가 무효화되었으며 United Nations Human Rights Council, "U.N. Expert Condemns Failure to Address Impact of Climate Change on Poverty," June 25, 2019, https://www.ohchr.org/EN/News Events/Pages/DisplayNews.aspx?NewsID=24735&LangID=E.

228 평균소득이 75%나 줄어들 것이라고 Marshall Burke, Solomon Hsiang, and Edward Miguel, "Global Non-linear Effect of Temperature on Economic Production," Nature 527 (2015): 235–239, https://doi.org/10.1038/nature15725.

228 여성 농부들의 소득이 평균 35%나 World Bank, Kenya Agricultural Productivity and Agribusiness Project, 2015, https://projects.worldbank.org/en/projects-operations/project-detail/P109683?lang=en.

228 말리에서는 중등학교에 다니는 여성들이 UNESCO, "Education Counts: Towards the Millennium Development Goals," 2010, https://unes doc .unesco.org/ark:/48223/pf0000190214_eng.

228 어머니가 추가로 교육받을 때마다 John Cleland, "Survival in Developing Countries," Social Science & Medicine 27, no. 12 (1988): 1357–1368.

228 말라위에서는 5세 이전 사망률이 Liliana Adriano and Christiaan Monden, "The Causal Effect of Maternal Education on Child Mortality: Evidence from a Quasi-Experiment in Malawi and Uganda," Demography 56 (2019):1765–1790.

229 살아남을 가능성이 50%나 더 높다 UNESCO, "Education Counts: Towards the Millennium Development Goals," 2010, https://unesdoc.unesco.org/ark:/48223/pf0000190214_eng.

229 "너희가 서로 사랑하면 이로써" John 13:15 (New International Version).

229 "예수 안에서는… 가장 중요한 것은" Galatians 5:6 (New International Version).

13장

231 "공익에 대한 관심도 줄어들고" Eric Liu, You're More Powerful Than You Think: A Citizen's Guide to Making Change Happen (New York: Public Affairs/Perseus Books, 2017).

233 공유 자원으로서의 '공유지'의 기본 개념은 William Forster Lloyd, Two Lectures on the Checks to Population (Oxford: Oxford University, 1833).

233 "공유지의 비극" Garrett Hardin, "The Tragedy of the Commons," Science 162, no. 3859 (1968): 1243–1248.

233 엘리너 오스트롬은 실제 공유 자원은 The Nobel Prize, "Elinor Ostrom: Facts," 2009, https://www.nobelprize.org/prizes/economic-sciences/2009/ostrom/facts/.

233 우생학적 견해를 드러냈다 Matto Mildenberger, "The Tragedy of the Tragedy of the Commons," Scientific American, April 23, 2019, https://blogs.scientificamerican.com/voices/the-tragedy-of-the-tragedy-of-the-commons/.

235 미국의 많은 사람들처럼 정부를 Edelman, "Edelman 2020 Trust Barometer," January 19, 2020, https://www.pewresearch.org/politics/2019/04/11/public-trust-in-government-1958-2019/.

235 사실 최근의 여론조사들은 Pew Research Center, "Public Trust in Government:1958–2019," April 11, 2019, https://www.pewre search.org/politics/2019/04/11/public-trust-in-government-1958-2019/.

235 선지적 보고서가 있다 Worldwide Fund for Nature, "The Loss of Nature and the Rise of Pandemics: Protecting Human and Planetary Health," WWF International, March 2020, https://wwfeu.awssassets.panda.org/downloads/the_loss_of_nature_and_rise_of_pandemics___protect ing_human_and_planetary_health.pdf.

236 조기 사망자 6명 중 1명의 원인이라는 Philip Landrigan, Richard Fuller, Nereus J. R. Acosta, Olusoji Adeyi, Robert Arnold, Niladri Basu, et al., "The Lancet Commission on Pollution and Health," Lancet 391, no. 10119 (October 19, 2017): https://doi.org/10.1016/S0140-6736(17)32345-0.

237 베치 하트먼은 그녀의 고전 Betsy Hartmann, Reproductive Rights and Wrongs: The Global Politics of Population Control (Chicago: Haymarket Books, 2016).

238 글로벌 발자국 네트워크 Ecological Footprint Explorer, https://data.footprintnetwork.org/#/, accessed September 2020.

238 해마다 16톤의 이산화탄소를 대기 중에 U.S. Environmental Protection Agency, Inventory of U.S. Greenhouse Gas Emissions and Sinks, https://www.epa.gov/ghgemissions/inventory-us-greenhouse-gas-emissions-and-sinks.

238 호주인들은 17톤, Union of Concerned Scientists, "Each Country's Share of CO2 Emissions," https://www.ucsusa.org/resources/each-countrys-share-co2-emissions.

239 중형차를 몰고 지구 둘레를 U.S. Environmental Protection Agency, "Greenhouse Gas Emissions from a Typical Passenger Vehicle," https://www.epa.gov/greenvehicles/greenhouse-gas-emissions-typical-passenger-vehicle.

239 전 세계의 가장 부유한 10%가 Tim Gore, Confronting Carbon Inequality, Oxfam International, September 21, 2020, https://www.oxfam.org/en/research/confronting-carbon-inequality.

239 화석연료를 사용하는 단일 기관 중 가장 큰 곳은 Neta Crawford, Pentagon Fuel Use, Climate Change, and the Costs of War, Watson Institute (Providence, RI: Brown University, 2019), https://watson.brown.edu/costsofwar/files/cow/imce/papers/Pentagon%20Fuel%20Use%2C%20Climate%20Change%20and%20the%20Costs%20of%20War%20Revised%20November%202019%20Crawford .pdf.

240 개인의 탄소 부분이 추출돼 Mark Kaufman, "The carbon footprint sham," Mashable, July 17, 2020, https://mashable.com/feature/carbon-footprint-pr-campaign-sham/.

241 탄소중립 목표를 발표한 첫 번째 British Petroleum, "BP sets ambition for net zero by 2050, fundamentally changing

organisation to deliver," February 12, 2020, https://www.bp.com/en/global/corporate/news-and-in sights/press-releases/bernard-looney-announces-new-ambition-for-bp .html.

241 일단의 CEO들에게 제철이 아닐 때 Emily Gosden, "Strawberries in winter takes the biscuit, says Shell boss," The Times UK, June 12, 2019, https://www.thetimes.co.uk/article/strawberries-in-winter-takes-the-biscuit-says-shell-boss-t9c7w79dk.

242 8,000만 톤 이상의 탄소 Richard Heede, "Tracing anthropogenic carbon dioxide and methane emissions to fossil fuel and cement producers, 1854–2010," Climatic Change, 122 (2014): 229–241, https://doi.org/10.1007/s10584-013-0986-y.

242 2,000억 그루의 나무를 Calculation based on Joseph Veldman, Julie Aleman, Swanni Alvarado, Michael Anderson, Sally Archibald et al., "Comment on 'The global tree restoration potential,' " Science, 366, no. 6463 (2019), https://doi.org/10.1126/science.aay7976.

242 농경지가 다섯 배 이상 필요하다J. Elliott Campbell, David Lobell, Robert Genova, and Christopher Field, "The Global Potential of Bioenergy on Abandoned Agricultural Lands," Environmental Science & Technology, 42, no. 15 (2008): 5791–5794, https://doi.org/10.1021/es800052w.

14장

243 "떠나는 것은 선택 사항이" Mary Annaïse Heglar, "Home is Always Worth It" in All We Can Save: Truth, Courage, and Solutions for the Climate Crisis (New York: One World/Random House, 2020).

244 인도는 모든 백열등을 LED로 Republic of India, Ministry of Environment, Forest, and Climate Change, India's Intended Nationally Determined Contribution: Working Towards Climate Justice, https://www4.unfccc.int/sites/ndcstag ing/PublishedDocuments/India%20First/INDIA%20INDC%20TO%20UNFCCC.pdf.

244 배출량의 상한선을 정했다 Nina Chestney and Pete Harrison, "EU carbon cap greater under 30 pct emissions cut," Reuters, April 30, 2010, https://www.reuters.com/article/us-emissions-trading-europe-idUKTRE63T3H820100430.

244 부탄은 숲을 보호하기 위한 조치를 Royal Government of Bhutan, Ministry of Agriculture and Forests, "Press Release on COP21," December 10, 2015, http://www.moaf.gov.bt/press-release-on-cop21/.

245 감축안에 부합하지 않는다 "Climate Action Tracker," https://climateactiontracker.org/, accessed September 2020.

245 국가적 규모에 맞는 것을 가져오지 않고 Ibid.

247 경제적 인센티브를 제공할 수 있다 Niven Winchester, "Can Tariffs Be Used to Enforce Paris Climate Commitments?," World Economy 41, no. 10 (2018): 2650–2668, https://doi.org/10.1111/twec.12679.

248 1.5℃와 2℃ 온난화 영향을 구별하면서 Intergovernmental Panel on Climate Change. Summary for Policymakers. In: Global Warming of 1.5°C, eds. Valerie Masson-Delmotte et al. (Cambridge: Cambridge University Press, 2018).

249 "기후는 변화해왔고, 지금도 변하고 있다" Stephen Leahy, "Climate Science Report Contradicts Trump Administration Positions," National Geographic, November 4, 2017. https://www.nationalgeographic.com/news/2017/11/climate-change-usa-government-science-environment/.

249 "가장 극단적 시나리오에 근거한 것이고" James Cook, "Sounding an Alarm," BBC News, November 24, 2018, https://www.bbc.com/news/world-us-canada-46325168.

249 "관찰된 전 세계 탄소 배출량의 증가는" Katharine Hayhoe, James Edmonds, Robert Kopp, Allegra LeGrande, Benjamin Sanderson, Michael Wehner, and Donald Wuebbles, "Climate models, scenarios, and projections," in Climate Science Special Report: Fourth National Climate Assessment, Volume I, eds. Donald Wuebbles, David Fahey, Kathy Hibbard, David Dokken, Brooke Stewart, and Thomas Maycock (Washington, DC: U.S. Global Change Research Program, 2018), http://doi.org/10.7930/J0WH2N54.

249 우리는 여전히 파리협정을 지지한다 https://www.wearestillin.com/, accessed September 2020.

250 휴스턴 기후행동 계획을 발표했다 City of Houston Climate Action Plan, http://www.greenhoustontx.gov/climateactionplan/index.html, accessed September 2020.

251 EU는 세계 최초로 배출권 거래 European Commission, "EU Emissions Trading System," https://ec.europa.eu/clima/policies/ets_en.

251 각 섹터의 배출량은 2005년에 21%로 낮아졌다 Ibid.

251 이산화황 배출량을 줄이는 데 성공적으로 기여했다 Gabriel Chan, Robert N. Stavins, Robert C. Stowe, and Richard Sweeney, The SO2 Allowance Trading System and the Clean Air Act Amendments of 1990: Reflections on Twenty Years of Policy Innovation (Cambridge, MA: Harvard Environmental Economics Program, 2012).

251 탄소 배출을 줄이기 위해 사용되고 Northeast The Regional Greenhouse Gas Initiative, https://www.rggi.org.000 California since 2013 California Air Resources Board, "Cap-and-Trade Program," https://ww2.arb.ca.gov/our-work/programs/cap-and-trade -program.

252 『도넛 경제학』에서 설명하는 것처럼 Kate Raworth, Doughnut Economics (White River Junction: Chelsea Green Publishing, 2017).

253 탄소 가격이 매겨져 효과적으로 운영되고 The World Bank, "Carbon Pricing Dashboard," https://carbonpricingdashboard.worldbank.org/map_data.

253 이미 톤당 17달러의 탄소 가격 Kepos Carbon Barometer, ttps://www.carbonbarometer.com/#/#carbonBarometer.

253 40캐나다 달러로 가격이 매겨졌으며 Energy Hub, "Canadian Carbon Pricing Mechanisms," https://www.energyhub.org/carbon-pricing/.

253 전 세계적으로 평균 탄소 가격은 Ian Parry, Putting a Price on Pollution, International Monetary Fund, December 2019, https://www.imf.org/external/pubs/ft/fandd/2019/12/pdf/the-case-for-carbon-taxation-and-putting-a-price-on-pollution-parry.pdf.

253 노드하우스의 모델은 William Nordhaus, "An Optimal Transition Path for Controlling Greenhouse Gases," Science 258, no. 5086 (1992): 1315–1319, https://doi.org/10.1126/science.258.5086.1315.

255 0.25% 줄어들었다 Rohan Best, Paul Burke, and Frank Jotzo, "Carbon Pricing Efficacy: Cross-Country Evidence," Environmental and Resource Economics 77 (2020): 69–94, https://doi.org/10.1007/s10640-020-00436-x.

255 브리티시컬럼비아주 정부는 2008년에 탄소가격제를 도입해 "British Columbia's Carbon Tax," https://www2.gov.bc.ca/gov/content/environment/climate-change/planning-and-action/carbon-tax, accessed September 2020.

255 17%나 줄어들었다 Leyland Cecco, "How to Make a Carbon Tax Popular? Give the Proceeds to the People," Guardian, December 4, 2018, https://www.theguardian.com/world/2018/dec/04/how-to-make-a-carbon-tax-popular-give-the-profits-to-the-people.

255 배출량 감소는 효율성 개선에서 왔는데 Dave Sawyer and Seton Stiebert, "The True Measure of BC's Carbon Tax," Policy Options, May 2, 2019, https://policyoptions.irpp.org/magazines/may-2019/true -measure-bcs-carbon-tax/.

255 개인 지방소득세율은 캐나다에서 최저로 Stewart Elgie, "British Columbia's Carbon Tax Shift: An Environmental and Economic Success," World Bank Blogs, September 10, 2014, https://blogs.worldbank.org/climatechange/british-columbia-s-carbon-tax-shift-environmental-and-economic-success.

256 전체의 60%를 차지하는 Rachel Maclean, "Alberta's Carbon Tax Brought in Billions. See Where It Went," CBC, April 8, 2019, https://www.cbc.ca/news/canada/calgary/carbon-tax-alberta-election-climate-leadership-plan-revenue-generated-1.5050438.

256 4개 주에서 탄소 가격이 매겨졌고 Julia-Maria Becker and Maximilian Kniewasser, "These Provinces Led in Economic Growth. They Also Price Carbon Pollution," Hill Times, January 17, 2018, https://www.hilltimes.com/2018/01/17/provinces-led-economic-growth-also-price-carbon-pollution/131297.

256 온실가스 배출량의 22%를 차지한다 World Bank, "Carbon Pricing Dashboard," https://carbonpricingdashboard.worldbank.org/, accessed September 2020.

256 "협력해 설립된 국제 정책기관" Climate Leadership Council, https://clcouncil.org/, accessed September 2020.

257 2035년까지 온실가스를 57% 줄일 계획이다 Catrina Rorke and Greg Bertelsen, "America's Climate Advantage," Climate Leadership Council, September 2020, https://clcouncil.org/reports/americas-carbon-advantage.pdf.

257 "그린 패러독스" Hans-Werner Sinn, The Green Paradox: A Supply-Side Approach to Global Warming (Cambridge, MA: MIT Press, 2012).

257 중국에서는 석탄 소비가 2000년대 초 British Petroleum, "Statistical Review of World Energy 2020," https://www.bp.com/content/dam/bp/business-sites/en/global/corporate/pdfs/energy-economics/statistical-review/bp-stats-review-2020-full-report.pdf.

257 수백 개의 석탄 화력발전소를 건설하고 있어 Steve Inskeep and Ashley Westerman, "Why Is China Placing a Global Bet on Coal?," NPR World, April 29, 2019, https://www.npr.org/2019/04/29/716347646/why-is-china-placing-a-global-bet-on-coal.

257 파키스탄, 베트남 같은 다른 나라에서도 Richard Talley, "Why Is China Funding Unsustainable Coal Projects in Pakistan?," OilPrice.com, April 27, 2017, https://oilprice.com/Energy/Energy-General/Why-Is-China-Funding-Unsustainable-Coal-Projects-In-Pakistan.html.

258 "현명하게 관리되는 에너지는" Michael Webber, Power Trip: The Story of Energy (New York: Basic Books/Perseus Books, 2019).

258 에너지 빈곤은 현실이다 International Energy Agency, SDG7: Data and Projections (Paris: IEA, 2020) https://www.iea.org/reports/sdg7-data-and-projections.

259 글래디스는 탄자니아 도도마 지역의 Solar Sister, "Impact Story: Gladys," https://solarsister.org/impact-story/gladys/, accessed September 2020.

261 오지브웨이 네이션은 이 프로젝트의 지분 51%를 Energy and Mines, "AurCrest Gold Signs Letter of Intent with Cat Lake First Nation to Develop up to 40 MWs of Renewable Energy," March 23, 2016, https://energyandmines.com/2016/03/aurcrest-gold-signs-letter-of-intent-with-cat-lake-first-nation-to-develop -up-to-40-mws-of-renewable-energy/.

261 광산에서 나오는 혜택과 지역 발전의 기회를 Northern Ontario Business, "Indigenous Gold Explorer Looks to Power Up First Nation Communities," September 25, 2018, https://www.northernontariobusiness.com/industry-news/aboriginal-businesses/indigenous-gold-explorer-looks-to-power-up-first-nation-communities-1061456.

262 대부분의 개도국은 매장량이 풍부하지 않다 British Petroleum, "Statistical Review of World Energy 2019," https://www.bp.com/en/global/corporate/energy-economics/statistical-review-of-world-energy.html.

263 석탄보다 더 많은 전기를 생산할 International Energy Agency, https://iea.blob.core.windows.net/assets/3350006e-c203-4b21-aa45-faefd36f22ad/Renewables2020-ExecutiveSummary.pdf.

263 저탄소 에너지원 5대 신흥 시장은 BloombergNEF, "ClimateScope 2019," https://global-climatescope.org/.

263 비용 절감에 관한 한 선두주자가 BloombergNEF, "Developing Nations Assume Mantle of Global Clean Energy Leadership," November 27, 2018, https://about.bnef.com/blog/developing-nations-assume-mantle-global-clean-energy-leadership/.

263 새로운 전기의 70% 이상이 International Renewable Energy Agency, "Renewable Capacity Statistics 2020," March 2020, https://www.irena.org/publications/2020/Mar/Renewable-Capacity-Statistics-2020.

263 그 수치가 90% 이상으로 치솟았고 International Energy Agency, Renewables 2020, November 2020, https://www.iea.org/reports/renewables-2020.

264 "기후변화는 경제 발전의 한 기회이기도" Richard Schiffmann. "How Can We Make People Care About Climate Change?," Yale360, July 9, 2015, https://e360.yale.edu/features/how_can_we_make_people_care_about_climate_change.

264 23%는 풍력으로 발전이 이뤄져 Electric Reliability Council of Texas, "Fact Sheet February 2021," http://www.ercot.com/content/wcm/lists/219736/ERCOT_Fact_Sheet_2.12.21.pdf.

264 100% 혹은 그에 가까운 청정에너지 국가들로 International Renewable Energy Agency, "Renewable Capacity Statistics 2020," March 2020, https://www.irena.org/publications/2020/Mar/Renewable-Capacity-Statistics-2020.

265 재생에너지 가격이 크게 떨어져 Mark Chediak and Brian Eckhouse, "Solar and Wind Power So Cheap They're Outgrowing Subsidies," Bloomberg, September 19, 2019, https://www.bloomberg.com/news/features/2019-09-19/solar-and-wind-power-so-cheap-they-re-outgrowing -subsidies?srnd=premium.

265 2019년에는 18%로 상승했다 United Nations Environment Program, "Global Trends in Renewable Energy Investment 2019," September 11,2019, https://www.unenvironment.org/resources/report/global-trends-renewable-energy-investment-2019.

265 화석연료가 엄청난 보조금을 받는다 David Coady, Ian Parry, Nghia-Piotr Le, and Baoping Shang, Global Fossil Fuel Subsidies Remain Large: An Update Based on Country-Level Estimates, International Monetary Fund working paper, May 2, 2019, https://www.imf.org/en/Publications/WP/Issues/2019/05/02/Global-Fossil-Fuel-Subsidies-Remain-Large-An-Update-Based-on-Country-Level-Estimates-46509.

265 이는 국방 예산보다 조금 더 많고 National Priorities Project, "Federal Budget 101," https://www.nationalpriorities.org/campaigns/military-spending-united-states/, accessed September 2020.

266 미국 전체 전력망이 Amol Phadke, Umed Paliwal, Nikit Abhyankar, Taylor McNair, Ben Paulos, David Wooley, and Ric O'Connell, 2035 The Report (Goldman School of Public Policy, University of California Berkeley, 2020), https://www.2035report.com/.

266 "에너지 전환에 사용되는 1달러당" International Renewable Energy Agency, "Renewable Capacity Statistics 2019," March 2019, https://www.irena.org/publications/2019/Mar/Renewable-Capacity-Statistics-2019.

266 참고로 미국은 2001년 이후 '글로벌 테러와의 전쟁'에 Mark Thompson, "Adding Up the Cost of Our Never-Ending Wars," POGO (Project on Government Oversight), December 17, 2019, https://www.pogo.org/analysis/2019/12/adding-up-the-cost-of-our-never-ending-wars/.

266 시카고 외곽에 있는 인기 브랜드 메소드 비누 공장은 Chicago https://methodhome.com/beyond-the-bottle/soap-factory/, accessed September 2020.

266 누구보다 많은 재생에너지를 구입했으며 Jillian Ambrose, "Tech Giants Power Record Surge in Renewable Energy Sales," Guardian, January 28, 2020, https://www.theguardian.com/environment/2020/jan/28/google-tech-giants-spark-record-rise-in-sales-of-renewable-energy.

267 100% 청정에너지를 달성한 곳도 https://www.there100.org/re100-members, accessed November 2020.

268 캐나다와 미국은 공동 10위를 American Council for an Energy-Efficient Economy, "The International Energy Efficiency Scorecard 2018," https://www.aceee.org/portal/national-policy/international-scorecard.

268 2050년까지 미국의 탄소 배출량을 절반으로 Lowell Unger and Steven Nadel, "Halfway There: Energy Efficiency Can Cut Energy Use and Greenhouse Gas Emissions in Half by 2050," American Council for an Energy-Efficient Economy, September 18, 2019, https://www.aceee.org/research-report/u1907.

268 물리학자 사울 그리피스의 계획을 Saul Griffith, Sam Calisch, and Laura Fraser, Rewiring America, a Handbook for Winning the Climate Fight (Rewiring America: 2020), www.rewiringamerica.org/handbook.

268 교통수단 배출 가스의 IEA, Energy Technology Perspectives 2020, September 2020, https://www.iea.org/reports/energy-technology-perspectives-2020.

268 볼보자동차는 최근 2040년까지 탄소중립 "Volvo Cars Reveals Ambitious New Climate Plan," November 22, 2019, https://www.volvocars.com/au/About/Australia/I-Roll-eNewsletter/2019/November/Volvo-Cars-reveals-ambitious-new-climate-plan.

268 GM은 2035년까지 배출 가스 제로 차량만 Sam Abuelsamid, "GM To Make Only Electric Vehicles by 2035, Be Carbon Neutral By 2040," Forbes, January 28, 2021, https://www.forbes.com/sites/samabuelsamid/2021/01/28/general-motors-commits-to-being-carbon-neutral-by-2040/?sh=44cf5d656355.

269 2020년 현재 20개국 Kevin Joshua Ng, "List of Countries Banning Internal Combustion Engines in the Near Future," eCompareMo.com, https://www.ecomparemo.com/info/list-of-countries-banning-internal-combustion-engines-in-the-near-future.

270 산업 부문은 전 세계 온실가스의 U.S. Environmental Protection Agency, "Global Greenhouse Gas Emissions Data," https://www.epa.gov/ghgemissions/global-greenhouse-gas-emissions-data.

270 헬리오겐이라는 스타트업이 https://heliogen.com/, accessed September 2020.

270 카본큐어라고 불리는 캐나다 회사는 Bronte Lord, "This Concrete (Yes, Concrete) Is Going High-Tech," CNN Business, July 6, 2018, https://money.cnn.com/2018/06/12/technology/concrete-carboncure/index.html.

270 저탄소 부하 전력은 Michaja Pehl, Anders Arvesen, Florian Humpenoder, Alexander Popp, Edgar Hertwich, and Gunnar Luderer, "Understanding Future Emissions from Low-Carbon Power Systems by Integration of Life-Cycle Assessment and Integrated Energy Modeling," Nature Energy 2 (2017): 939–945, https://doi.org/10.1038/s41560-017-0032-9.

270 아이슬란드는 매년 지열 발전에서 Halldor Armannsson, Thrainn Fridriksson, and Bjarni Reyr Kristjansson, "CO2 Emissions from Geothermal Power Plants and Natural Geothermal Activity in Iceland," Geothermics 34, no. 3 (2005): 286–296, https://doi.org/10.1016/j.geothermics.2004.11.005.

271 20억 톤의 이산화탄소를 배출한다 U.S. Environmental Protection Agency, "Greenhouse Gas Emissions: Inventory of U.S. Greenhouse Gas Emissions and Sinks," https://www.epa.gov/ghgemissions/inventory-us-greenhouse-gas-emissions-and-sinks.

271 리튬 이온 배터리의 가격이 BloombergNEF, "Energy Storage Investments Boom as Battery Costs Halve in the Next Decade," July 31, 2019, https://about.bnef.com/blog/energy-storage-investments-boom-battery -costs-halve-next-decade/.

271 로스앤젤레스시는 1kWh당 3.3센트로 전기를 Sammy Roth, "Los Angeles OKs a Deal for Record-Cheap Solar Power and Battery Storage," Los Angeles Times, September 10, 2019, https://www.latimes.com/environment/story/2019-09-10/ladwp-votes-on-eland-solar-contract.

271 드그루사 구리·금 광산은 세계에서 Dale Benton, "Australia's Largest Ever Solar Power System Is Up and Running in DeGrussa Gold-Copper Mine," Mining, June 8, 2020, https://www.miningglobal.com/supply-chain -and- operations/australias-largest-ever-solar-power-system-and-run ning-degrussa-gold-copper-mine.

271 신문 헤드라인의 표현처럼 Akela Lacy, "South Carolina spent $9 billion to dig a hole in the ground and then fill it back in," The Intercept, February 6, 2019, https://theintercept.com/2019/02/06/south-caroline-green-new-deal-south-carolina-nuclear-energy/.

272 분산형 및 스마트 전력망은 National Renewable Energy Laboratory, "Distributed Optimization and Control," https://www.nrel.gov/grid/distributed-optimization-control.html, accessed November 2020.

272 최대 규모의 지열 폐쇄회로 시스템으로 Ball State University, "Geothermal Energy System," https://www.bsu.edu/About/Geothermal.

272 알래스카 주노의 탄소 배출량 Alaska https://juneaucarbonoffset.org/.

272 모듈식 마이크로 원자로는 "micro-nuclear" https://www.nuscalepower.com/, accessed September 2020.

272 아이다호 국립 연구소의 모듈식 원자력발전소 National Laboratory James Conca, "America Steps Forward to Expand Nuclear Power," Forbes, October 21, 2020, https://www.forbes.com/sites/jamesconca/2020/10/21/america-steps-forward-to-expand-nuclear-power/?fbclid=IwAR1ueGKTP8H0Hh352rnunceTK0Sco-ZxtrX9Ur_IVqQor1Lnf82SoE8PnTk&sh=178b5aeb72be.

273 롤스로이스가 향후 10년 내 15기의 소형 원자로를 https://www.rolls-royce.com/products-and-services/nuclear/small-modular-reactors.aspx#/, accessed September 2020.

273 국제원자핵융합실험로(ITER)가 Daniel Kramer, "ITER Disputes DOE's Cost Estimate of Fusion Project, Physics Today, April 2018, https://physicstoday.scitation.org/do/10.1063/PT.6.2.20180416a/full/.

273 중국은 2020년 12월 자체적으로 새 실험용 핵융합로를 "China Turns On Nuclear-Powered 'Artificial Sun,' " Phys.org, December 4, 2020, https://phys.org/news/2020-12-china-nuclear-powered-artificial-sun.html.

16장

276 어떻게 옥수수 에탄올에 관한 다큐멘터리를 how Michael Webber, Power Trip: The Story of Energy (New York: Basic Books/Perseus Books, 2019).

277 86%까지 온실가스 배출량을 줄일 수 https://www.regi.com/cleaner-fuels/basics.

278 인간의 영향 가운데 2~3%를 차지한다 International Marine Organization, Third GHG Study, http://www.imo.org/en/OurWork/Environment/PollutionPrevention/AirPollution/Documents/Third%20Greenhouse%20Gas%20Study/GHG3%20Executive%20Summary%20and%20Report .pdf.

278 항공 부문도 약 3%를 David Lee, David Fahey, Agnieszka Skowron, Myles Allen, Ulrike Burkhardt, Q. Chen, Sarah Doherty, et al., "The contribution of global aviation to anthropogenic climate forcing from 2000 to 2018," Atmospheric Environment 244 (2021): 117834, https://doi.org/10.1016/j.atmosenv.2020.117834.

278 최소한 50%의 탄소 배출량을 줄이겠다고 European Commission, "Reducing Emissions from the Shipping Sector," https://ec.europa.eu/clima/policies/transport/shipping_en.

278 2019년 그 첫 번째 선박이 출항했다 Victoria Klesty, "First Battery-Powered Cruise Ship Sails for the Arctic," Reuters, July 1, 2019, https://www.reuters.com/article/us-shipping-electric/first-battery-powered-cruise-ship-sails-for-the-arctic-idUSKCN1TW27E.

279 기존 화물선을 빠르게 개조할 수 있는 Jeff Spross, "Why Cargo Ships Might (Literally) Sail the High Seas Again, "The Week, February 26, 2019," https://theweek.com/articles/825647/why-cargo-ships-might-literally-sail-high-seas-again.

279 온난화 효과의 3분의 1만이 David Lee, David Fahey, Agnieszka Skowron, Myles Allen, Ulrike Burkhardt, Q. Chen, Sarah Doherty, et al., "The Contribution of Global Aviation to Anthropogenic Climate Forcing for 2000 to 2018," Atmospheric Environment 244 (2021):117834, https://doi .org/10.1016/j.atmosenv.2020.117834.

279 에비에이션은 2021년 650마일을 날 수 있는 Tara Patel, "Electric Planes to Debut for Airline Serving Nantucket, Vineyard," Bloomberg, June 18, 2019, https://www.in dustryweek.com/technology-and-iiot/article/22027767/electric-planes -to-debut-for-airline-serving-nantucket-vineyard.

279 라이트 일렉트릭으로 알려진 Wright Electric, https://weflywright.com/, accessed September 2020.

279 항공공학자 턴컨 워커는 화석연료를 장착한 Duncan Walker, "Electric Planes Are Here—But They Won't Solve Flying's CO2 Problem," The Conversation, November 5, 2019, https://theconversation.com/elec tric-planes-are-here-but-they-wont-solve-flyings-co-problem-125900.

280 영국 유니버시티칼리지런던(UCL)의 화학 엔지니어팀이 "UCL Academics Win British Airways' Sustainable Aviation Fuels Academic Challenge," University College London, May 7, 2019, https://www.ucl.ac.uk/news/2019/may/ucl-academics-win-british-airways-sustainable-aviation-fuels-academic-challenge.

280 프랑스와 네덜란드는 에어프랑스와 KLM에 David Meyer, "Airline Bailouts Highlight the Debate Over How Green the Coronavirus Recovery Should Be," Fortune, June 27, 2020, https://fortune.com/2020/06/27/airline-bailouts-green-pandemic-recovery/.

280 유나이티드에어라인은 2016년 이래 "Expanding Our Commitment to Powering More Flights with Biofuel," United Airlines, May 22, 2019, https://hub.united.com/united-biofuel-commitment-world-energy-2635867299.html.

281 "우리는 [항공 산업에서] 수십억 톤의" Russell Hotten, "Dubai Air Show: Emirates Boss Says He Took Too Long to Accept Climate Crisis," BBC News, November 20, 2019, https://www.bbc .com/news/business-50481107.

281 "농부와 시골 미국인들" Justin Worland, "How Climate Change in Iowa is Changing U.S. Politics," TIME, Sep 12, 2019, https://time.com/5669023/iowa-farmers-climate-policy/.

282 전 세계 배출량의 24%를 차지한다 U.S. Environmental Protection Agency, "Global Greenhouse Gas Emissions Data," https://www.epa.gov/ghgemissions/global-greenhouse-gas-emissions-data.

283 2조~3조 달러의 비용을 Project Drawdown, "Conservation Agriculture," https://www.drawdown.org/solutions/con servation-agriculture.

284 2020년 그들은 미국 웹 기반의 Jayme Lozano, "Lubbock Area Middle School Students Win National Awards for STEM Competition," Lubbock Avalanche Journal, July 5, 2020, https://www.lubbockonline.com/news/20200705/lubbock-area-middle-school-students-win-national-awards-for-stem-competition.

285 새로운 유형의 생물학적으로 활성인 퇴비를 만들어 https://symsoil.com/category/soil-food-web/, accessed September 2020.

286 암석을 갈아서 이산화탄소와 반응시키고 Corey Myers and Takao Nakagaki, "Direct Mineralization of Atmospheric CO2 Using Natural Rocks in Japan," Environmental Research Letters 15, no. 12 (2020): https://doi.org/10.1088/1748-9326/abc217.

286 바닷물에 효소를 첨가해 Adam Subhas, Jess Adkins, Sijia Dong, Nick Rollins, and William Berelson, "The Carbonic Anhydrase Activity of Sinking and Suspended Particles in the North Pacific Ocean," Limnology and Oceanography 65, no. 3 (2019): 637–651, https://doi.org/10.1002/lno.11332.

286 합성생물학 연구진이 건강한 사람의 장에 Alex Orlando, "Scientists Just Created a Bacteria That Eats CO2 to Reduce Greenhouse Gases," Discover, November 27, 2019, https://www.discover magazine.com/environment/scientists-just-created-a-bacteria-that-eats -co2-to-reduce-greenhouse-gases.

287 스위스의 작은 회사 클라임웍스(Climeworks)는 https://www.climeworks.com/, accessed September 2020.

287 탄소로 만들어 판매할 수 있는 제품에 Maria Gallucci, "Capture Carbon in Concrete Made with CO2," IEEE Spectrum, February 7, 2020, https://spectrum.ieee.org/energywise/energy/fossil-fuels/carbon-capture -power-plant-co2-concrete.

287 석유와 가스 산업에 곧바로 응용돼 Jesse Jenkins, Financing mega-scale energy projects: A case study of the Petra Nova carbon capture program, Paulson Institute, October 2015, https://energy.mit.edu/news/a-case-study-of-the-petra-nova-carbon-capture-project/.

287 훨씬 더 비싼 옵션이며 June Sekera and Andreas Lichtenberger, "Assessing Carbon Capture: Public Policy, Science, and Societal Need," Biophysical Economics and Resource Quality 5, no. 3 (2020): 1–28, https://doi.org/10.1007/s41247-020-00080-5.

288 탄소만 방출하기 때문에 탄소중립이 될 수 있다 https://carbonengineering.com/, accessed September 2020.

288 1조 그루의 나무를 심으면 Thomas Crowther, Understanding Carbon Cycle Feedbacks to Predict Climate Change at Large Scale, AAAS Annual Meeting, February 16, 2019, https://www.eurekalert.org/pub_releases/2019-02/ez-pcc021119.php.

288 그 팀은 이미 2,200만 그루가 넘는 나무를 심었다 https://team trees .org/, accessed September 2020.

289 1조 그루의 나무 이니셔티브 http://1t.org.

289 앤트 포레스트 Ant Group, "Alipay Gallery: Ant Forest Tree-Planting Spring 2019," Medium, April 30, 2019, https://medium.com/alipay-and-the -world/alipay-gallery-ant-forest-tree-planting-spring-2019-dc4e0578cc7c.

289 그것들을 수정해보면 Joseph Veldman, Julie Aleman, Swanni Alvarado, Michael Anderson, Sally Archibald et al., "Comment on 'The global tree restoration potential,'" Science, 366, no. 6463 (2019), https://doi.org/0.1126/science.aay7976.

289 아프리카 숲 탄소 촉매제 프로그램은 The Nature Conservancy, https://www.nature.org/en-us/about-us/where-we-work/africa/forest-carbon-catalyst/.

290 63개의 도시가 이 프로그램에 가입했다 https://cities4forests.com/, accessed September 2020.

290 감축량의 3분의 1 이상이 될 수 Bronson Griscom, Justin Adams, Peter Ellis, Richard Houghton, Guy Lomax, Daniela Miteva, William Schlesinger et al., "Natural climate solutions," Proceedings of the National Academy of Sciences 114, no.44 (2017): 11645-11650, https://doi.org/10.1073/pnas.1710465114.

290 엄청난 양의 탄소는 전례가 없었다 Katharine Hayhoe and Robert Kopp, "What Surprises Lurk Within the Climate System?," Environmental Research Letters 11, no. 12 (2016): https://doi.org/10.1088/1748-9326.

292 30% 더 산성화되어 있다 Richard Feely, Christopher Sabine, Kitack Lee, Will Berelson, Joanie Kleypas, Victoria Fabry and Frank Millero,"Impact of anthropogenic CO2 on the CaCO3 system in the oceans," Science 305, no. 5682 (2004):362–366, https://doi.org/10.1126/science.1097329.

17장

294 "이 행성은 살아남을 것입니다" Christiana Figueres and Tom Rivett-Carnac, The Future We Choose: Surviving the Climate Crisis (New York: Alfred A. Knopf, 2020).

295 필요한 모든 기술을 가지고 있지 않다 Solomon Goldstein-Rose, The 100% Solution: A Plan for Solving Climate Change (New York: Melville House, 2020).

295 10배 느린 속도로 이뤄지고 있다 James Temple, "At This Rate, It's Going to Take Nearly 400 Years to Transform the Energy System," MIT Technology Review, March 14, 2018, https://www.technologyreview.com/2018/03/14/67154/at-this-rate-its-going-to-take-nearly-400-years-to-transform-the-energy-system/.

297 미국의학협회와 American Association of Public Health Physicians, "American Medical Association Resolution: Divest from Fossil Fuels," June 21, 2018, https://medsocietiesforclimatehealth.org/medical-society-policy-statements/ama-resolution-divest-fossil-fuels/.

297 영국의학협회는 Brian Owens,. 2014, "BMA votes to end investment in fossil fuels," CMAJ. 186(12): E442, https://doi.org/10.1503/cmaj.109-4857.

298 북극 석유 탐사에 더 이상 투자하지 않겠다고 Goldman Sachs, "Environmental Policy Framework: D. Climate Change Guidelines," December 2019, https://www.goldmansachs.com/s/environmental-policy-framework/#climateChangeGuidelines.

298 씨티그룹의 최고경영자(CEO) 마이클 코뱃은 Jennifer Surane, "Citi CEO Says Banks Must Walk If Clients Won't Reduce Emissions," Bloomberg Green, August 19, 2020, https://www.bloomberg.com/news/articles/2020-08 -19/citi-ceo-says-banks-must-walk-if-clients-won-t-reduce-emissions.

298 전 세계 주요 도시 12곳이 추가로 C40 Cities, "Divesting from Fossil Fuels, Investing in a Sustainable Future Declaration," September 22, 2020, https://www.c40.org/press_releases/cities-commit-divest-invest.

298 2020년 기준으로 https://gofossilfree.org/divestment/commitments/, accessed February 2021.

299 화석연료 매장량의 상당 부분이 Michael Jakob and Jerome Hilaire, "Climate Science: Unburnable Fossil-Fuel Reserves," Nature 517 (2015): 150–152, https://doi.org/10.1038/517150a.

299 최대 4조 달러 "Stranded Assets and Renewables: How the Energy Transition Affects the Value of Energy Reserves, Buildings and Capital Stock," International Renewable Energy Agency (IRENA), 2017, www.irena.org/remap.

300 "기후변화는 미국 금융 시스템의 안정성과" Climate-Related Market Risk Subcommittee, Market Risk Advisory Committee of the U.S. Commodity Futures Trading Commission, Managing Climate Risk in the U.S. Financial System, September 2020, https://www.cftc.gov/sites/default/files/2020-09/9-9-20%20Report%20of%20the%20Subcommittee%20on%20Climate-Related%20Market%20Risk%20-%20Managing%20Climate%20Risk%20in%20the%20U.S.%20Financial%20System%20for%20posting.pdf.

300 "공급망 및 투자의 노출을 이해" VeRisk Maplecroft, "Climate Change Vulnerability Index," https://www.maplecroft.com/risk-indices/climate-change-vulnerability-index/, accessed September 2020.

300 2020년 1월 글로벌 CEO들에게 보낸 편지에서 Larry Fink, "A Fundamental Reshaping of Finance," BlackRock, January 2020, https://www.blackrock.com/us/individual/larry-fink-ceo-letter.

301 칠레의 공학자 루이 치푸엔테스와 Luis Cifuentes, Victor Borja-Aburto, Nelson Gouveia, George Thurson, and Devra Lee Davis, "Climate Change: Hidden Health Benefits of Greenhouse Gas Mitigation," Science 293, no. 5533 (2001): 1257–1259, https://doi.org/10.1126/science.1063357.

301 모건스탠리는 전 세계적으로 Andrew Harmstone, "Five Sectors That Cannot Escape Climate Change," Morgan Stanley, March 23, 2020, https://www.morganstanley.com/im/en-us/individual-investor/insights/articles/five-sectors-

that-cannot-escape-climate-change.html.

301 호주 학자들의 추정치는 Tom Kompas, Van Ha Pham, and Tuong Nhu Che, "The Effects of Climate Change on GDP by Country and the Global Economic Gains from Complying with the Paris Climate Accord," Earth's Future, 2018, https://doi.org/10.1029/2018EF000922.

302 국가 GDP가 10% 감소하지만 Solomon Hsiang, Robert Kopp, Amir Jina, James Rising, Michael Delgado, Shashank Mohan, D. J. Rasmussen et al., "Estimating Economic Damage from Climate Change in the United States," Science 356, no. 6345 (2017): 1362–1369, https://doi.org/10.1126 /science.aal4369.

302 캐나다, 일본, 뉴질랜드와 같은 국가는 Matthew Kahn, Kamiar Mohaddes, Ryan N. C. Ng, M. Hashem Pesaran, Mehdi Raissi, and Jui-Chung Yang, "Long-Term Macroeconomic Effects of Climate Change: A Cross-Country Analysis," NBER working paper, 2019, doi: 10.3386 /w26167.

302 22조 달러에 Gita Gopinath, "A Race Between Vaccines and the Virus as Recoveries Diverge," International Monetary Fund, January 26, 2021, https://blogs.imf.org/2021/01/26/a-race-between-vaccines-and-the-virus-as-re coveries-diverge/.

302 "가장 많이 배출하는 15개국에서" World Health Organization, COP24 Special Report: Health and Climate Change, December 5, 2018, https://unfccc.int/sites /default/files/resource/WHO%20COP24%20Special%20Report_final.pdf.

302 22조 달러에 이를 것으로 추정된다 United Nations Environment Program, Emissions Gap Report, November 26, 2019, https://www.unenvironment.org /resources/emissions-gap-report-2019.

303 "스탠더드오일의 설립자인 존 D. 록펠러는" Reuters, "Philanthropies, Including Rockefellers, and Investors Pledge $50 Billion Fossil Fuel Divestment," Scientific American, September 22, 2014, https://www.scientificamerican.com/article/philanthropies-including-rockefellers-and-investors-pledge-50-billion-fossil-fuel-divestment1/.

5부 당신이 변화를 가져올 수 있다

18장

310 "홍역이나 수두의 발병 과정에 더 가깝다" Robert Frank, Under the Influence: Putting Peer Pressure to Work (Cambridge, MA: MIT Press, 2020).

311 두 지리학자가 미국 코네티컷주에 있는 Marcello Graziano and Kenneth Gillingham, "Spatial Patterns of Solar Photovoltaic System Adoption: The Influence of Neighbors and the Built Environment," Journal of Economic Geography 15, no. 4 (2014): 815–839, https://doi.org/10.1093/jeg/lbu036.

311 태양광 전지판의 얼리 어답터(조기 수용자)들은 Kimberly Wolske, Paul Stern, and Thomas Dietz, "Explaining Interest in Adopting Residential Solar Photovoltaic Systems in the United States: Towards an Integration of Behavioral Theories," Energy Research & Social Science 25 (2017): 134–151, https://doi.org/10.1016/j.erss.2016.12.023.

311 정보에 귀를 기울이고자 하는 준비와 열망만 Varun Rai and Scott Robinson, "Agent-Based Modeling of Energy Technology Adoption: Empirical Integration of Social, Behavioral, Economic, and Environmental Factors," Environmental Modelling & Software 70 (2015): 163–177, https://doi.org/10.1016/j.envsoft.2015.04.014.

311 스웨덴 Alvar Palm, "Peer Effects in Residential Solar Photovoltaics Adoption: A Mixed Methods Study of Swedish Users," Energy Research & Social Science 26 (2017): 1–10, https://doi.org/10.1016/j.erss.2017.01.008.

311 중국 Teng Zhao, Ziqiang Zhou, Yan Zhang, Ping Ling, and Yingjie Tian, "Spatio-Temporal Analysis and Forecasting of Distributed PV Systems Diffusion: A Case Study of Shanghai Using a Data-Driven Approach," IEEE Xplore 5 (2017): 5135–5148, https://doi.org/10.1109/ACCESS.2017.2694009.

311 독일에서도 Johannes Rode and Alexander Weber,. "Does Localized Imitation Drive Technology Adoption? A Case Study on Rooftop Photovoltaic Systems in Germany," Journal of Environmental Economics and Management 78 (2016): 38–48, https://doi.org/10.1016/j.jeem.2016.02.001.

311 스위스의 한 연구는 Hans Christoph Curtius, Stefanie Lena Hille, Christian Berger, Ulf Joachim Jonas Hahnel, and Rolf Wustenhagen, "Shotgun or Snowball Approach? Accelerating the Diffusion of Rooftop Solar Photovoltaics Through Peer Effects and Social Norms," Energy Policy 118 (2018): 596–602, https://doi.org/10.1016/j.enpol.2018.04.005.

312 호주 가정의 21%가 Australian Renewable Energy Agency, https://arena.gov.au/renewable-energy/solar/, accessed September 2020.

312 사우스마이애미시는 새로 짓는 Bobby Magill, "Miami Makes Solar Mandatory for New Houses," GreenBiz, Jul 26, 2017, https://www.greenbiz.com/article/miami-makes-solar-mandatory-new-houses.

312 세계 옥상 태양광 산업은 Global Industry Analysts, Global Rooftop Solar PV Industry, April 2021, https://www.reportlinker.com/p05959926/Global-Rooftop-Solar-PV-Industry.html?utm_source=GNW.

312 현재 미국 전역에서 Dave Merrill and Lauren Leatherby, "Here's How America Uses Its Land," Bloomberg, July 31, 2018, https://www.bloomberg.com/graphics/2018-us-land-use/.

312 인브에너지 프로젝트가 발표됐는데 Darrell Proctor, "Invenergy Unveils Plan for Largest U.S. Solar Project," Power News & Technology for the Global Energy Industry, November 25, 2020, https://www.powermag.com/invenergy-unveils-plan-for-largest-u-s-solar-project/.

313 미국에서 두 번째로 큰 태양광 발전 시설을 Solar Energy Industries Association, "Solar State By State," 2020, https://seia.org/states-map.

313 그리고 텍사스에는 얼리 어답터가 Varun Rai and Ariane Beck, "Public Perceptions and Information Gaps in Solar Energy in Texas," Environmental Research Letters 10, no. 7 (2015), https://doi.org/10.1088/1748-9326.

314 이 회사는 석유 노동자들을 고용해서 "Unemployed Oil Workers Find New Home in Solar Industry," MarketPlace, June 7, 2016, https://www.marketplace.org/2016/06/07/unemployed-oil-workers-find-new-home-solar-industry/.

315 "자신의 능력에 대한 믿음" Albert Bandura, "Self-Efficacy: Toward a Unifying Theory of Behavioral Change," Psychological Review 84, no. 2 (1977): 191–215, https://doi.org/10.1037/0033-295X.84.2.191.

315 기후변화에 관한 사람들의 효능감이 YouGov International Climate Change Survey, June–July 2019, https://d25d2506sfb94s.cloudfront.net/cumulus_uploads/document/7m7cjxikzo/YouGov%20-%20International%20climate%20change%20survey.pdf.

315 미국에서 한 설문조사는 50% 이상의 미국인들이 A. Leiserowitz, E. Maibach, S. Rosenthal, J. Kotcher, P. Bergquist, M. Ballew, M. Goldberg, and A. Gustafson, "Climate Change in the American Mind," Yale Program on Climate Change Communication, November 2019, https://climatecommunication.yale.edu/wp-content/uploads/2019/12/Climate_Change_American_Mind_November_2019b.pdf.

315 "어디서부터 시작해야 할지 모르겠다" American Psychological Association, "Majority of US Adults Believe Climate Change Is Most Important Issue Today," February 6, 2020, https://www.apa.org/news/press/releases/2020/02/climate-change

316 평균적인 개도 소비하는 음식은 Pim Martens, Bingtao Su, and Samantha Deblomme, "The Ecological Paw Print of Companion Dogs and Cats," BioScience. 69, no. 6 (2019): 467–474, https://doi.org/10.1093/biosci/biz044.

317 임상심리학자 루빈 호담이 지적한 바와 같이 Rubin Khoddam, "The Myth of Motivation," Psychology Today, August 2017, https://www.psychologytoday.com/us/blog/the-addiction-connection/201708/the-myth-motivation.

318 그것은 우리가 행동할 가능성을 높여줄 뿐만 아니라 Subaru Ken Muroi and Edoardo Bertone, "From Thoughts to Actions: The Importance of Climate Change Education in Enhancing Students' Self-Efficacy," Australian Journal of Environmental Education (2019), doi.org/10.1017/aee.2019.12.

318 다른 사람들을 지원할 수 있도록 해준다 Philipp Jugert, Katharine Greenaway, Markus Barth, Ronja Buchner, Sarah Eisentraut, and Immo Fritsche, "Collective Efficacy Increases Pro-Environmental Intentions Through Increasing Self-Efficacy," Journal of Environmental Psychology 48 (2016): 12–23, https://doi.org/10.1016/j.jenvp.2016.08.003.

318 기후변화에 대해 불안해하는 젊은이들은 Marvin Helferich, Rouven Doran, Daniel Hanss, and Jana Kohler, "Associations Between Climate Change–Related Efficacy Beliefs, Social Norms, and Climate Anxiety Among Young People in Germany," presented at EARA (European Association for Research on Adolescence) Conference, 2020.

319 딥워터 호라이즌호 기름 유출 사고 John Kaufman, Zachary Goldman, Danielle Sharpe, Amy Wolkin, and Matthew Gribble, "Mechanisms of Resiliency Against Depression Following the Deepwater Horizon Oil Spill," Journal of Environmental Psychology 65 (2019): 101329, https://doi.org/10.1016/j.jenvp.2019.101329.

319 브라이트액션(BrightAction)을 만든 리사 https://brightaction.app/.

323 다른 사람들과 연결하는 것은 우리에게 Kathryn Doherty and Thomas Webler, "Social Norms and Efficacy Beliefs Drive the Alarmed Segment's Public-Sphere Climate Actions," Nature Climate Change 6 (2016): 879–884, https://doi.org/10.1038/nclimate3025.

19장

325 "유기농 음식을 먹는 것은 좋지만" David Wallace-Wells, The Uninhabitable Earth: Life After Warming (New York: Tim Duggan Books, 2019).

325 자신의 탄소발자국을 더 심각하게 받아들이는 기후과학자들은 Shahzeen Attari, David Krantz, and Elke Weber,

"Climate Change Communicators' Carbon Footprints Affect Their Audience's Policy Support," Climatic Change 154 (2019): 529–545, https://doi.org/10.1007/s10584-019-02463-0.

328 차가운 물로 옷을 세탁하거나 Pierre Delforge, "Home Idle Load: Devices Wasting Huge Amounts of Electricity When Not in Active Use," National Resources Defense Council Issue Paper, July 14, 2015, https://www.nrdc.org/resources/home-idle-load-devices-wasting-huge-amounts-electricity-when-not-active-use.

328 대기 전력으로 약 190억 달러 Pierre Delforge, "Home Idle Load: Devices Wasting Huge Amounts of Electricity When Not In Active Use," National Resources Defense Council, July 14, 2015, https://www.nrdc.org/resources/home-idle-load-devices-wasting-huge-amounts-electricity-when-not-active-use.

328 자라고 길러진 음식의 3분의 1이 Project Drawdown, "Food Waste," https://www.drawdown.org/solutions/reduced-food-waste, accessed September2020.

329 충분한 양의 음식을 매일 자신의 접시나 Jimmy Nguyen, USDA Food Waste Challenge Team, "Creative Solutions to Ending School Food Waste," USDA, August 26, 2014, https://www.usda.gov/media/blog/2014/08/26/creative-solutions-ending-school-food-waste.

329 '세컨드 하베스트'는 캐나다에서 생산된 음식의 58%가 Second Harvest, "The Avoidable Crisis of Food Waste," https://secondharvest.ca/research/the-avoidable-crisis-of-food-waste/.

329 "제가 저녁거리를 살 때는 그 앱을 이용합니다" "Food Waste: There's an App for That (a Few, Actually)," CBC News, October 10, 2019, https://www.cbc.ca/news/technology/what-on-earth-newsletter-thanksgiving-food-waste-app-1.5316720.

330 먹이사슬에서 아래쪽에 있는 음식을 먹을수록 Joseph Poore and Anthony Nemecek, "Reducing Food's Environmental Impacts Through Producers and Consumers," Science 360, no. 6392 (2018): 987–992, https://doi.org/10.1126/science.aaq0216.

330 300억 마리 이상의 육지 동물들을 Food and Agriculture Organization of the United Nations, "FAOSTAT: Live Animals," (2019) http://www.fao.org/faostat/en/#data/QA.

330 온실가스 배출량의 14%를 차지한다 United Nations Food and Agriculture Organization, Tackling climate change through livestock, October 21, 2014, http://www.fao.org/ag/againfo/resources/en/publications/tackling_climate_change/index.htm.

330 kg당 100kg의 Joseph Poore and Anthony Nemecek, "Reducing Food's Environmental Impacts Through Producers and Consumers," Science 360, no. 6392 (2018): 987–992, https://doi.org/10.1126/science.aaq0216.

331 브로큰애로 목장은 https://brokenarrowranch.com/.

331 러브버그(Lovebug)라고 불리는 https://www.lovebugpetfood.com/.

331 루트랩(RootLab)이라 불리는 RootLab Corinne Gretler and Deena Shankar, Purina Wants to Feed Your Dog Crickets and Fish Heads," Bloomberg, January 29, 2019, https://www.bloomberg.com/news/arti cles/2019-01 -29/purina-wants-your-dog-to-save-the-planet-by-eating-fish-heads.

332 코로나바이러스가 기승을 부릴 때 가정 쓰레기가 Yelena Dzhanova, "Sanitation Workers Battle Higher Waste Levels in Residential Areas as Coronavirus Outbreak Persists," CNBC, May 16, 2020, https://www.cnbc .com/2020/05/16/coronavirus-sanitation-workers-battle-higher-waste -levels.html.

333 재활용을 위한 공급망이 붕괴되었다 Scott Horsley, " 'Hard, Dirty Job': Cities Struggle to Clear Garbage Glut in Stay-at-Home World," Morning Edition, NPR, September 21, 2020, https://www.npr.org/2020/09/21/914029452/hard-dirty-job-cities-struggle-to-clear-garbage-glut-in-stay-at-home-world.

333 아이를 갖지 않는 것이 개인이 할 수 있는 가장 큰 Kim Nicholas, "Personal Choices to Reduce Your Contribution to Climate Change," http://www.kimnicholas.com/uploads/2/5/7/6/25766487/fig1full.jpg.

334 맬컴 글래드웰은 자신의 책 『티핑 포인트』 Malcolm Gladwell, The Tipping Point: How Little Things Can Make a Big Difference (New York: Little, Brown and Company, 2000).

334 내 동료 마이클 만이 2019년 타임지 에세이 Michael Mann, "Lifestyle Changes Aren't Enough to Save the Planet. Here's What Could," TIME, September 12, 2019, https://time.com/5669071/lifestyle-changes-climate-change/.

20장

336 "사람들이 규범 때문에" Cass Sunstein, How Change Happens (Cambridge: MIT Press, 2019).

338 새로운 환경과 지속가능성 전략에 Wandsworth Borough Council, Wandsworth Environmental and Sustainability Strategy 2019–2030, https://wandsworth.gov .uk/media/6769/wandsworth_environment_and_sustainability_stra

413   주석

tegy_2019_30.pdf.

339 그들은 목소리를 높이고 싶어 하고 Nathaniel Geiger, "Untangling the Components of Hope: Increasing Pathways (Not Agency) Explains the Success of an Intervention That Increases Educators' Climate Change Discussions," Journal of Environmental Psychology 66 (2019): 101366, https://doi.org/10.1016/j.jenvp.2019.101366.

339 여론조사 데이터에 따르면 Jennifer Marlon, Peter Howe, Matto Mildenberger, Anthony Leiserowitz, and Xinran Wang, "Yale Climate Opinion Maps 2020," September 2, 2020, https://climatecommunication .yale.edu/visualizations-data/ycom-us/.

340 에드 메이백은 지난 20년 동안 Edward Maibach, "Increasing Public Awareness and Facilitating Behavior Change: Two Guiding Heuristics," in Biodiversity and Climate Change: Transforming the Biosphere eds. Thomas Lovejoy and Lee Hannah (New Haven: Yale University Press, 2019).

340 당신의 뇌파는 이야기하는 사람의 뇌파와 동기화하기 Elena Renken, "How Stories Connect and Persuade Us: Unleashing the Brain Power of Narrative," 89.3 KPPC, April 11, 2020, https://www.scpr.org/news/2020/04/11/91857/how-stories-connect-and-persuade-us-unleashing-the/.

341 아직 넷제로의 "any company that hasn't already got a net-zero" Robin Pomeroy, "COVID, Climate and Inequality: This Week's Great Reset Podcast," World Economic Forum, September 25, 2020, https://www.weforum.org/agenda/2020/09/covid -climate-and-inequality-this-weeks-great-reset-podcast/.

342 "코로나 팬데믹이 끔찍한 것만큼 기후변화는" Bill Gates, "COVID-19 Is Awful. Climate Change Could Be Worse," August 4, 2020, https://www.gatesnotes .com/Energy/Climate-and-COVID-19.

342 미 태평양사령부 참모총장인 새뮤얼 로클리어 3세는 Bryan Bender, "Chief of US Pacific forces calls climate change biggest worry," Boston Globe, March 9, 2013, https://www.bostonglobe.com/news/nation/2013/03/09/admiral-samuel-locklear-commander-pacific-forces-warns-that-climate-change-top-threat/BHdPVCLrWEMxRe9IXJZcHL/story.html.

342 "가뭄과 극심한 폭풍이 대규모 난민 이동을" "General Ron Keys: Air Force General (ret'd), Climate Advocate," New Climate Voices, http://www.newclimatevoices.org/ron-keys/.

343 "코로나19는 [백신 덕분에] 결국 끝날" Amanda Millstein, "Opinion: It's Climate Change That Keeps This Bay Area Doctor Up at Night," Mercury News, September 24, 2020, https://www.mercurynews.com/2020/09/24/opinion-its-climate-change-that-keeps-this-doctor-up-at-night/.

343 TV 기상예보관 중 3분의 1만이 Edward Maibach, Sara Cobb, Erin Peters, Carole Mandryk, David Straus, Dann Sklarew, et al., "A National Survey of Television Meteorologists About Climate Change: Education," George Mason University Center for Climate Change Communication, 2011, http://climatechangecommunication.org/wp-content/uploads/2016/03/June-2011-A-National-Survey-of-Television-Meteorologists-about-Climate-Change-Education.pdf.

344 미디어 시장에서는 Teresa Myers, Edward Maibach, Bernadette Woods Placky, Kimberley Henry, Michael Slater, and Keith Seitter, "Impact of the Climate Matters Program on Public Understanding of Climate Change," Weather, Climate, and Society 12, no. 4 (2020): 863–876, https://doi.org/10.1175/WCAS-D-20-0026.1.

344 대부분의 미국 방송 기상학자들이 기후는 변화하고 David Perkins, Kristin Timm, Teresa Myers, and Edward Maibach, "Broadcast Meteorologists' Views on Climate Change: A State-of-the-Community Review," Weather, Climate, and Society 12, no. 2 (2020): 249–262, https://doi.org/10.1175/WCAS-D-19-0003.1.

347 기후변화에 관심이 있는 사람들이 기후변화에 대해 이야기하지 Meaghan Guckian, Social Signals for Change: Examining the Role of Interpersonal Communication for Positive Ecological Progress, University of Massachusetts dissertation, 2019.

347 "당신의 테드(TED) 강연으로 내 친구 하워드가" Howard Kirkham, "Climate Conversations in the Forest," https://www.oursafetynet.org/2020/03/17/what-i-learned-when-i-talked-to-strangers-about-the-climate-crisis/.

348 『어떻게 불가능한 대화를 할 수 있는가』 Peter Boghossian and James Lindsay, How to Have Impossible Conversations (New York: Lifelong Books, 2019).

350 대화를 하는 단순한 행동이 진정한 Matthew Goldberg, Sander van der Linden, Edward Maibach, and Anthony Leiserowitz, "Discussing Global Warming Leads to Greater Acceptance of Climate Science," Proceedings of the National Academy of Sciences 116, no. 30 (2019): 14804–14805, https://doi.org/10.1073/pnas.1906589116.

21장

352 "대부분의 사람들은 이해하려는" Stephen Covey, The 7 Habits of Highly Effective People (New York: Free Press, 1989).

363 프로젝트 드로다운 Paul Hawkins, Drawdown: The Most Comprehensive Plan Ever Proposed to Reverse Global Warming (New York: Penguin Books, 2017).

365 클라이밋 마인드 https://climatemind.org/.

369 "인생의 핵심 과제는 간단하다" Epictetus, Discourses, 2.5.4–5.

370 당신이 더 오래 들을수록 상대방을 더 많이 Karin Kirk, "What Conversations with Voters Taught Me About Science Communication," Scientific American, November 10, 2020, https://www.scientificamerican.com/ar ticle/what-conversations-with-voters-taught-me-about-science-communication/?amp;text=What.

370 "성공적인 대화를 원한다면" Tania Israel, Beyond Your Bubble: How to Connect Across the Political Divide (Washington, D.C.: APA LifeTools, 2020).

370 "그들의 마음을 바꿀 수 없다" Jonathan Haidt, The Righteous Mind: Why Good People Are Divided by Politics and Religion (New York: Random House, 2012).

371 우리 자신과 서로의 감정, 경험 및 관점에 맞춰 조정하는 Project InsideOut, "Be a Guide: Our Guiding Principles," 2020, https://projectinsideout.net/wp-content/uploads/2020/09/Be-a-Guide.pdf.

372 "배우는 기회로 여겨라" Robin Webster and George Marshall, Talking Climate Handbook: How to Have Conversations About Climate Change in Your Daily Life (Oxford: Climate Outreach, 2019), https://climateoutreach.org/reports/how-to-have-a-climate-change-conversation-talking-climate/.

22장

378 "사회를 위해 투쟁하고" P. D. James, The Children of Men (New York: Vintage, 2006, reissue).

378 "기후 종말에 대한 생각이 도착할 때" Jedediah Britton-Purdy, "The Concession to Climate Change I Will Not Make," Atlantic, January 6, 2020, https://www.theatlantic.com/science/archive/2020/01/becoming -parent-age-climate-crisis/604372/.

378 "당신이 아무리 어리더라도" Sheena Lyonnais, "Yonge Interviews: 10-Year-Old Activist Hannah Alper," Yonge Street, September 11, 2013, http://www.yongestreetmedia.ca/features/hannahalper091113.aspx.

379 "악을 뿌리는 자는 재앙을 거두리니" Proverbs 22:8 (New International Version).

379 "그들은 바람을 심었으니 회오리바람을 거두리라" Hosea 8:7 (King James Version).

380 익숙하지 않은 위험을 과소평가하고 Susana Gouveia and Valerie Clarke, "Optimistic Bias for Negative and Positive Events," Health Education 101, no. 5 (2001): 228–234, https://doi.org/10.1108/09654280110402080.

380 상황을 더 많이 통제할 수 있다고 Cynthia Klein and Marie Helweg-Larsen, "Perceived Control and Optimistic Bias: A Meta-Analytic Review," Psychology and Health 17, no. 4 (2002): 437–446, https://doi.org/10.1080/0887044022000004920.

380 "우리는 상황이 마무리된 것보다 더 낫기를 기대한다" Tali Sharot, The Optimism Bias: A Tour of the Irrationally Positive Brain (New York: Vintage, 2012).

381 우리를 앞으로 나아가게 하는 것이 바로 그 용기와 희망 Simon Bury, Michael Wenzel, and Lydia Woodyatt, "Against the Odds: Hope as an Antecedent of Support for Climate Change Action," British Journal of Social Psychology 59, no. 2 (October 7, 2019): 289–310, https://doi.org/10.1111/bjso.12343.

381 "싸우는 게 아닙니다" Peter Kalmus, Twitter post, February 2, 2020, 12:13 p.m., https://twitter.com/climatehuman/status/1224018042520137734.

382 "적극적 희망은 실천(습관)이다" Joanna Macy and Chris Johnstone, Active Hope: How to Face the Mess We're in Without Going Crazy (New York: New World Library, 2012).

383 "어려움이 포기하지 않는 법을 배우는 데 도움이" Romans 5:3–4 (New Life Version).

옮긴이: 정현상

전 동아일보사 기자. 대학에서 영문학을 공부하고 영국 리즈대 지속가능성 석사를 마쳤다.
서울과학종합대학원 경영학 박사를 수료하고, 숙명여대, 한양대 겸임교수를 지냈다.
『100대 기업 ESG 담당자가 가장 자주 하는 질문』의 공저자.
번역서로『그린 이코노미』, 『꿀벌이 사라지고 있다』, 『바다 쓰레기의 비밀』 등이 있다.

세이빙 어스

1판 1쇄 인쇄 | 2025년 2월 7일
1판 1쇄 발행 | 2025년 2월 17일

지은이 | 캐서린 헤이호

옮긴이 | 정현상
발행인 | 용호숙
펴낸곳 | 말하는나무
주소 | 경기도 양평군 양서면 왯재길 89
전화 | 031-774-5807
팩스 | 0504-394-6920
이메일 | brahms.hsj@gmail.com

출판등록 | 2006년 3월 31일 제2024-00023호

ISBN 979-11-989664-1-4 03450